W0255767

Springers
Angewandte Informatik
Herausgegeben von Helmut Schauer

Graphische Datenverarbeitung

Werner Purgathofer

Zweite, verbesserte Auflage

Springer-Verlag Wien New York

Dipl.-Ing. Dr. techn. Werner Purgathofer
Institut für Praktische Informatik
Technische Universität
Wien, Österreich

Mit 133 Abbildungen

CIP-Kurztitelaufnahme der Deutschen Bibliothek

Purgathofer, Werner:
Graphische Datenverarbeitung / Werner Purgathofer.
2., verb. Aufl. — Wien; New York: Springer, 1986.
(Springers angewandte Informatik)
ISBN-13:978-3-211-81954-8

ISSN 0178-0069
ISBN-13:978-3-211-81954-8 e-ISBN-13:978-3-7091-7586-6
DOI: 10.1007/978-3-7091-7586-6

Geleitwort

Computer bevölkern zunehmend unseren Lebensraum — unseren Arbeitsplatz, unsere Schule, unsere Freizeit.

Gleichzeitig wächst die Leistungsfähigkeit der Rechner, auch der kleinen, mit atemberaubendem Tempo, was immer mehr Menschen das Tor zum Computereinsatz öffnet. Inmitten dieser rasanten Entwicklung kann selbst der Fachmann seinen Überblick kaum mehr bewahren und einen tatsächlichen Nutzen der Flut am Markt angebotener Produkte (Software wie Hardware) abschätzen.

Hier will nun die Reihe „Springers Angewandte Informatik" unterstützend eingreifen. Jeder Band widmet sich einem ausgewählten und aktuellen Schwerpunktthema und präsentiert dazu den Stand der Technik in umfassender Weise, wobei in Frage kommende Produkte firmenneutral dargestellt und objektiv verglichen werden.

Dadurch kann der professionelle Informatiker und EDV-Anwender auf dem laufenden bleiben, der Student kann sein Basiswissen abrunden, der begeisterte Amateur wird viele anregende Tips finden, und der verunsicherte EDV-Aspirant wird klarer sehen, welchen Gewinn die neue Technologie für ihn bereithält und was er für sein Geld verlangen kann.

Helmut Schauer

Vorwort

Die graphische Datenverarbeitung ist ein so weitläufiges Gebiet, daß ein vollständiges Nachschlagewerk den vielfachen Umfang dieses Bandes beanspruchen würde. In kleinerem Rahmen will ich daher lehrbuchartig eine gründliche Übersicht über die graphische Datenverarbeitung vermitteln und ihre wesentlichen Begriffe erläutern. Dabei habe ich mich bemüht, den Stoff nicht komplizierter darzustellen, als er ist. Einfache Grundkenntnisse der allgemeinen Datenverarbeitung werden allerdings vorausgesetzt — der Leser sollte z. B. wissen, was eine Programmiersprache oder ein Speicher ist. Auf die Grundlagen der graphischen Datenverarbeitung hingegen wird ausführlich eingegangen.

Mit Hilfe einfacher, teils modellhafter Konzepte werden die großen Zusammenhänge sichtbar gemacht und das Verständnis für die jeweilige Fragestellung gefördert. Auf Details, die eher verwirren würden, habe ich verzichtet. Verallgemeinerungen, die einer strengen Prüfung teilweise nicht ganz standhalten würden, waren manchmal nicht zu vermeiden, ersparen aber den häufigen Gebrauch umständlicher Phrasen wie „im allgemeinen", „meist" oder „im wesentlichen" usw.

Bei den Fachausdrücken greife ich meistens auf die englische Terminologie zurück, denn viele der eingedeutschten Begriffe halte ich für sehr unglücklich gewählt und oft unverständlich. Überdies erleichtern die englischen Wörter den Zugang zu weiterführender englischsprachiger Fachliteratur. Das Glossar soll hier als zusätzliche Brücke dienen.

Allgemeine Bezeichnungen wie „Benutzer", „Programmierer", „Arbeitnehmer" usw. habe ich der Einfachheit halber in der üblichen männlichen Form verwendet. Zum Glück sind aber gerade in der Datenverarbeitung als technischem Fach überdurchschnittlich viele Frauen tätig. Sie mögen sich durch diese Ausdrücke ebenfalls angesprochen fühlen.

Literaturhinweise im Text wurden weggelassen, weil ich glaube, daß sie ein Lehrbuch eher belasten. Doch findet sich im Anhang eine Übersicht über weiterführende Bücher und Zeitschriften.

Allen Kollegen, die mir beim Korrekturlesen geholfen haben,

danke ich herzlich. Vor allem gilt dieser Dank Herrn Dipl.-Ing. A. A. Clauer, Herrn Dipl.-Ing. E. Dworzak, Herrn Dipl.-Ing. M. Gervautz, Frau I. Göttler und meiner Frau Brigitte. Viele Stilblüten und fachliche Unklarheiten konnten so ausgemerzt werden. Bedanken möchte ich mich auch bei den Firmen Sysgraph, Prime-Datamed, Volkswagenwerk AG sowie bei Herrn Dipl.-Ing. E. Wilmersdorf vom Magistratischen Rechenzentrum in Wien, die mir Abbildungen zur Verfügung stellten. Die Abbildungen im Abschnitt 3.4 wurden mit einem Programm von Herrn W. König und Herrn P. Weißenlechner erstellt.

Wien, im März 1985

Werner Purgathofer

Vorwort zur zweiten Auflage

Diese neue und verbesserte Auflage wurde schon kurze Zeit nach dem Ersterscheinen des Buches notwendig. Das zeigt, daß das Konzept richtig war und einen Bedarf nach einer abgerundeten und leichtverständlichen deutschsprachigen Einführung in die Graphische Datenverarbeitung befriedigt. Ich hoffe, daß dieses Buch auch weiterhin vielen Interessierten den Einstieg in dieses Fachgebiet, das ständig an Bedeutung gewinnt, erleichtert.

Wien, im September 1985

Werner Purgathofer

Inhalt

1. Einführung in die graphische Datenverarbeitung

1.1 Überblick 1

1.2 Komponenten der graphischen Datenverarbeitung 3
1.2.1 Geräte der graphischen Datenverarbeitung 3
Graphische Ausgabegeräte 3
Eingabegeräte für die graphische Datenverarbeitung 14
1.2.2 Graphische Dialogformen 23
1.2.3 Graphischer Arbeitsplatz 25

1.3 Einige Anwendungen der graphischen Datenverarbeitung 27
1.3.1 Präsentationsgraphik 27
1.3.2 Computer Aided Design (CAD) 31
1.3.3 Kartographie 35
1.3.4 Animation 35

1.4 Ergonomische und soziale Aspekte 38
1.4.1 Ergonomie 38
Hardware-Ergonomie 38
Software-Ergonomie 39
1.4.2 Soziale Aspekte 41

2. Graphische Programmierung

2.1 Steuerung der graphischen Geräte 45
2.1.1 Plotter 46
2.1.2 Bildschirme 47
2.1.3 Graphisches Tablett 52
2.1.4 Verwendung von Unterprogrammen 53

2.2 Modelle für graphische Objekte 53
2.2.1 2D-Modelle 54
Lineales Modell 55
Areales Modell 55
2.2.2 3D-Modelle 56
Drahtmodell 56
Flächenmodell 56
Volumenmodell 57

2.3 Datenstrukturen für graphische Objekte 58
2.3.1 Organisation eines Bildwiederholspeichers 59

2.3.2 Datenstrukturen in einem Programm . . . 60
Lineare Liste . . . 61
Linear verkettete Liste . . . 62
Verkettete Listen mit Querverkettung . . . 63
Bildbaum beim Volumenmodell . . . 67
Quadtrees und Octrees . . . 67
2.3.3 Graphische Datenbanken . . . 69

2.4 Graphische Unterprogrammsysteme . . . 70
2.4.1 Entwurfsregeln . . . 70
2.4.2 Systemstruktur . . . 71
2.4.3 Beispiel für ein graphisches Unterprogrammsystem . . . 72
Graphische Primitive . . . 72
Fensterfunktionen . . . 73
Diverse Prozeduren . . . 74
Beispiele für die Verwendung von EGP . . . 75
2.4.4 Segmente . . . 77
2.4.5 Transformationen . . . 79
2.4.6 Eingabefunktionen . . . 81

2.5 Das Graphische Kernsystem . . . 82
Graphische Arbeitsplätze (Workstations) . . . 83
Graphische Grundelemente (Primitive) . . . 84
Segmente . . . 85
Attribute . . . 86
Koordinatensysteme und Transformationen . . . 86
Bilddateien (Metafiles) . . . 87
Graphische Eingabe . . . 88
Zustandslisten und Abfragefunktionen . . . 88
GKS-Leistungsstufen . . . 89
Sprachschalen . . . 89

2.6 Höhere graphische Programmiersprachen . . . 90
2.6.1 GRAF — Eine FORTRAN-Erweiterung . . . 90
2.6.2 GPL/I — Eine PL/I-Erweiterung . . . 92
2.6.3 PASCAL/Graph — Eine PASCAL-Erweiterung . . . 93
Sprachelemente . . . 93
Implementierung . . . 103

3. Mathematische Grundlagen und Algorithmen

3.1 Transformationen . . . 109
3.1.1 Window-Viewport-Transformationen . . . 109
3.1.2 Geometrische Transformationen . . . 111
Transformationsmatrizen . . . 112
Homogene Koordinaten . . . 113
Zusammensetzen von Transformationen . . . 115
Dreidimensionale geometrische Transformationen . . . 117
3.1.3 Abbildungen vom Raum auf eine Bildebene . . . 118
Parallelprojektion . . . 118
Perspektivische Projektion . . . 119

3.2 Clipping . . . 121

3.2.1 Clippen von Linien 122
Algorithmus von Cohen und Sutherland 123
Midpoint-Subdivision 125
Clippen von Schrift 126
Clippen von Kreisen 127
3.2.2 Clippen von Flächen 128
Algorithmus von Hodgman und Sutherland 129

3.3 Sichtbarkeit 130
Depth-Sort-Algorithmus 131
Prioritätsverfahren 133
Z-Puffer- und Alpha-Puffer-Algorithmus 133
Scan-Line-Algorithmus 134
Area-Subdivision-Algorithmus 135
Sichtbarkeit durch Ray-Tracing 137

3.4 Kurven und Flächen 138
3.4.1 Analytische Kurven und Flächen 140
3.4.2 Interpolierende Kurven 142
Interpolation durch Polynome 143
Kubische Splines 144
Akima-Interpolation 145
Ebene Interpolation 146
3.4.3 Approximierende Kurven 148
Bezier-Kurven 148
B-Splines 151
3.4.4 Flächen 153
Coons-Flächen 154
Bezier-Flächen 154
B-Spline-Flächen 155

3.5 Raster- und Farbgraphik 155
3.5.1 Farben 156
3.5.2 Raster-Konversion 159
Symmetrischer DDA 160
Einfacher DDA 161
Algorithmus von Bresenham 161
Kreise und Kreisbögen 163
3.5.3 Flächenfüllen 163
(YX)-Algorithmus 164
Y-X-Algorithmus 165
Grenzen Ausfüllen 166
Sichtbarkeit von Flächen 166
3.5.4 Schattierungen 167
Ray-Tracing 168
Schattierungsmodell 169
3.5.5 Anti-Aliasing 172

Anhang A. Vektor- und Matrizenrechnung 181
B. Glossar 185

Literatur 195

Sachverzeichnis 197

1. Einführung in die graphische Datenverarbeitung

1.1 Überblick

Die Bezeichnung „Graphische Datenverarbeitung" ist eigentlich grammatikalisch nicht exakt. Denn es wird keine Datenverarbeitung mit graphischen Methoden betrieben, sondern es werden graphische Daten verarbeitet. Es müßte daher richtig heißen „Graphische Daten"-Verarbeitung. Weniger gebräuchlich ist „Computergraphik".

Es gibt mehrere Bereiche in der Datenverarbeitung, in denen mit Bildern und Bildinformationen hantiert wird. Man sollte daher zuerst klar abgrenzen, was unter graphischer Datenverarbeitung im eigentlichen Sinn zu verstehen ist. In folgenden Bereichen werden graphische Informationen verarbeitet (Abb. 1.1):

- Generative graphische Datenverarbeitung: Bilder werden aus Beschreibungen erstellt, manipuliert und gezeichnet.
- Bildverarbeitung: „Schlechte" Bilder werden „verbessert", um eine einfachere Weiterverarbeitung durch den Menschen oder durch den Computer zu ermöglichen (z.B. Entfernen von Fehlern, Kontrastieren, Ermittlung von Kanten und uniformen Gebieten, ...).
- Mustererkennung: Es werden aus Bildern bestimmte Informationen herausgelesen, man erhält aus dem Bild eine Beschreibung desselben.

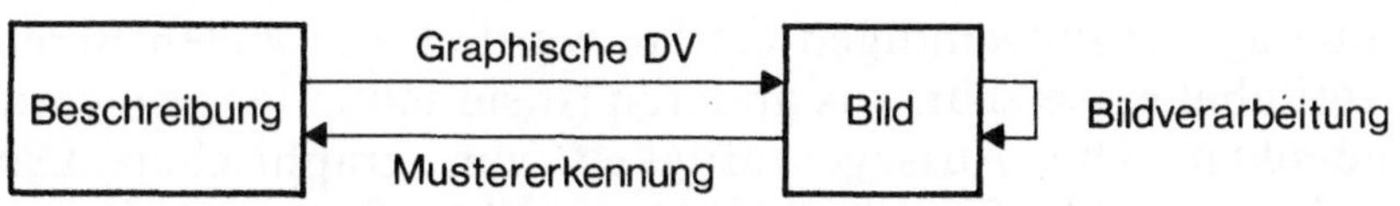

Abb. 1.1. Zusammenhang zwischen graphischer Datenverarbeitung, Bildverarbeitung und Mustererkennung

Wir wollen unter graphischer Datenverarbeitung im wesentlichen die *generative graphische Datenverarbeitung* verstehen, wobei die Interaktivität ein Bestandteil derselben ist. Natürlich gibt es keine scharfen Abgrenzungen. So werden die Methoden der generativen graphischen Datenverarbeitung sehr oft bei Ausgabeprozessen der Bildverarbeitung angewandt. Andererseits kommt es bei der Ausgabe künstlich generierter Bilder oft zu einer Nachbehandlung, die thematisch eigentlich in die Bildverarbeitung fällt. Die interaktive Eingabe bei graphischen Systemen muß sich auch oft der Methoden der Mustererkennung bedienen.

Die Bedeutung der graphischen Datenverarbeitung läßt sich am besten durch eine Übersicht über die Anwendungsmöglichkeiten beschreiben. Die folgende Aufstellung ist sicherlich nicht vollständig, sie kann aber einen Eindruck von der Vielzahl der Gebiete vermitteln, in denen graphische Datenverarbeitung benötigt wird.

- Computer Aided Design (CAD), also automatisiertes Entwerfen, Konstruieren, Planen, z.B. Maschinenzeichnungen, Schaltpläne, VLSI-Entwurf, FE-Methoden, Architektur, usw;
- Medizinische Anwendungen, z.B. Kardiogramme, Tomographien usw., wobei gerade hier eine starke Vermischung von Bildverarbeitung, Mustererkennung und generativer graphischer Datenverarbeitung gegeben ist;
- Kartographie, oft auch mit militärischem Hintergrund;
- Präsentationsgraphik („Business Graphics“), z.B. Histogramme, Tortendiagramme;
- Computerspiele, das vielleicht am weitesten verbreitete Einsatzgebiet der graphischen Datenverarbeitung, z.B. Kampfspiele, Schach, Autorennen, usw;
- Simulation von Umwelt, z.B. Piloten-Training;
- Trickfilme („Animation“);
- Computerkunst.

Die graphische Datenverarbeitung gehört zu den am stärksten expandierenden Wirtschaftszweigen, selbst innerhalb des Gesamtkomplexes der elektronischen Datenverarbeitung. Durch die rasante Verbilligung der notwendigen Geräte wurde sie in vielen Bereichen erst profitabel einsetzbar, aus anderen ist sie schon lange nicht mehr wegzudenken. Die Aussagekräftigkeit von graphischen Darstellungen bewirkt den Einsatz von graphischen Systemen für immer neue Zwecke. Umsatzsteigerungen von über 50% pro Jahr sind für viele Geräte- und Softwarehersteller keine Utopie. Die Verzehnfachung des Marktes bei CAD-Systemen in den USA von ca. 200 Millionen Dollar auf 2 Milliarden Dollar in nur sechs Jahren (1978—1984) ist sicherlich imponierend. Eine weitere Verzehnfachung in den nächsten fünf Jahren wird erwartet!

1.2 Komponenten der graphischen Datenverarbeitung

1.2.1 Geräte der graphischen Datenverarbeitung

Grob muß man in graphische Ausgabegeräte und Eingabegeräte unterteilen. Bei den Ausgabegeräten gibt es wiederum solche, die Bilder in fester Form erzeugen (auf Papier, Film, ...), und solche, deren Bilder flüchtig sind, also nur vorübergehend existieren (Bildschirme). Bei den Eingabegeräten, die für graphische Dialogsysteme Verwendung finden, gibt es solche, die auch außerhalb der graphischen Datenverarbeitung verwendet werden (z.B. Tastaturen), und solche, die ausschließlich oder hauptsächlich bei graphischen Programmen zur Anwendung gelangen (z.B. Tablett).

Graphische Ausgabegeräte

A) Hardcopy-Geräte

Hardcopy-Geräte sind numerisch gesteuerte Maschinen, die die automatische Herstellung von nichtflüchtigen Bildern ermöglichen, also entweder auf Papier, auf Film oder Mikrofilm, auf Overheadfolien oder auf ähnlichem Material. Es gibt viele Arten von Hardcopy-Geräten, die sich nach Bauweise, Fähigkeiten und dem Material, auf dem die Bilder entstehen, unterscheiden. Diese Maschinen

Abb. 1.2. Beispiel für einen Tisch- oder Flachbettplotter

werden zum Teil auch als Plotter bezeichnet; unter Plottern im engeren Sinn versteht man jedoch nur Geräte, die auf mechanischem Weg mit Zeichenstiften arbeiten.

Tischplotter

Bei Tisch- oder Flachbettplottern (Abb.1.2) wird ein Wagen mit einem Schreibstift über ein flach liegendes Blatt Papier geführt. Der Antrieb erfolgt über Elektromotoren und mechanische Bauelemente. Diese heben und senken den Stift und bewegen ihn in horizontaler und vertikaler Richtung über die Zeichenfläche, während das Papier nicht bewegt wird. Vorrichtungen zum automatischen Wechseln des Stiftes ermöglichen mehrfarbige Darstellungen. Die maximale Zeichengeschwindigkeit hängt hauptsächlich von der Bauart des Stiftes ab und kann bis zu 1m/sec betragen.

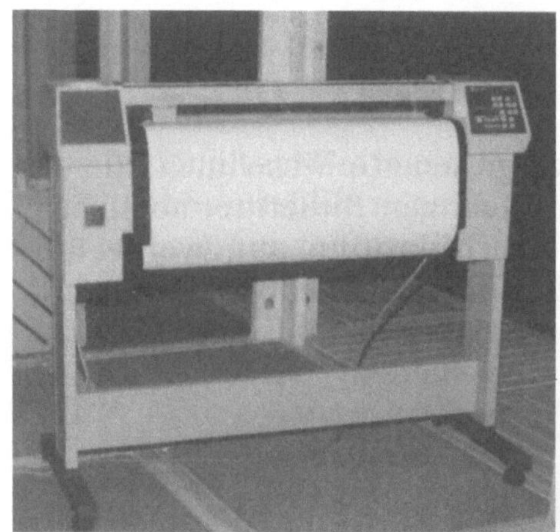

Abb. 1.3. Beispiele für Trommelplotter; die beiden oberen Geräte können im Format DIN A0 zeichnen, das untere ist ein DIN A3-Gerät

Trommelplotter

Im Prinzip arbeiten Trommelplotter (Abb.1.3) genauso wie Tischplotter, mit dem Unterschied, daß der Wagen mit dem Schreibstift nur in horizontaler Richtung fährt, während das Papier in vertikaler Richtung bewegt wird. Dadurch kann das Papier in einer Richtung beliebig lang sein. Die Wiederholgenauigkeit, das ist die Genauigkeit, mit der eine Position wiederholt angesteuert werden kann, wird entweder durch perforiertes Papier ermöglicht oder durch Gummirädchen, die gegen kleine Kristalle drücken. Diese Kristalle erzeugen beim ersten Durchlaufen winzige, praktisch unsichtbare Einkerbungen im Papier, die bei weiteren Durchläufen immer genau getroffen werden; dadurch erfolgt das Vor- und Zurückschieben des Papieres sehr exakt.

Tisch- und Trommelplotter sind in den Größen DIN A5 bis DIN A0 erhältlich. Sie haben beide den Nachteil, daß ausgefüllte Flächen nur sehr mühsam erzeugt werden können.

Photographische Geräte

Vielfach werden Geräte verwendet, die ein Bild von einem eingebauten Bildschirm photographieren, der relativ hohe Auflösung hat und speziell für das Photographieren geeignet ist (abgedunkelt, entzerrt, scharf, ...) (Abb.1.4). Diese Bilder sind meist von schlechterer

Abb. 1.4. Beispiel für Photo-Hardcopygerät

Qualität und für viele Anwendungen nicht zu gebrauchen. Man hat aber den Vorteil, durch die Wahl des Filmes und auch der Kamera auf die Art und Qualität des Ergebnisses Einfluß nehmen zu können, z.B. Dias oder Sofortbilder zu erzeugen. Außerdem ist es eine relativ preiswerte Art, Hardcopies von Rasterbildern zu erzeugen, was mit einem Plotter mühsam bis unmöglich ist. Es gibt auch Geräte, die mit einem Schwarz/Weiß-Bildschirm arbeiten und durch dreimaliges Belichten mit drei verschiedenen Filtern (rot, grün, blau) Farbbilder erzeugen können.

Tintenspritz-Plotter (Ink-Jet-Plotter)

Die Bildinformationen werden gerastert und in die drei Grundfarben Gelb, Magenta (rötliches Lila) und Cyan (helles, etwas grünliches Blau) zerlegt. Mittels Spritzpistolen, die die Grundfarben enthalten, wird das Bild punktweise erzeugt. Subtraktive Farbmischung ermöglicht die Wiedergabe von insgesamt acht verschiedenen Farben. Durch Verwendung geeigneter Flächenmuster kann man aber noch weit mehr Farben vortäuschen. Typische Auflösungen liegen zwischen 3 und 6 Punkten pro Millimeter.

Graphikfähiger Matrixdrucker

Matrixdrucker erzeugen jeden Buchstaben aus einer Menge von Punkten, die aus einer kleinen Matrix ausgewählt werden (typischerweise 5×7 bis 7×9 Matrizen). Bei geeignetem Interface können dabei natürlich auch graphische Darstellungen wiedergegeben

Abb. 1.5 Beispiel für einen graphikfähigen Farbmatrixdrucker

werden. Durch Verwendung mehrfärbiger Farbbänder werden auch bunte Bilder ermöglicht (Abb.1.5). Die Farbmischung funktioniert genau wie bei den Ink-Jet-Plottern.

Abb.1.6 zeigt ein Bild, das mit einem Matrixdrucker erstellt wurde. Wie man sieht, entstehen durch die schlechte Auflösung Ecken, sodaß die Bildqualität nur niederen Ansprüchen genügt. Matrixdrucker mit wesentlich besserer Auflösung sind allerdings bereits erhältlich.

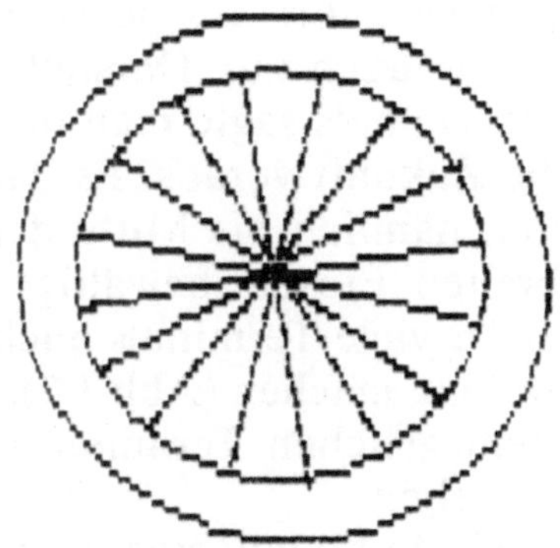

Abb. 1.6. Typisches Bild eines schlechtauflösenden Matrixdruckers

Tintenspritz-Geräte und graphikfähige Drucker ermöglichen in besonderer Weise die Ausgabe von Bildern, die bereits in gerasterter Form vorliegen, und zur Darstellung von flächigen Bildern.

Elektrostatischer Plotter

Das darzustellende Bild wird ebenfalls in Punktraster aufgelöst und als elektrostatische Ladung auf das Papier gebracht. Ähnlich wie bei Kopierern werden die Ladungen durch einen Entwicklungsvorgang sichtbar gemacht. Diese Art der Bilderzeugung ist sehr schnell und hochwertig (bis zu 15 Punkte/mm). Um Farbdarstellungen zu erhalten wird der Zeichenvorgang für jede Farbe getrennt durchgeführt. Bei Verwendung von drei Grundfarben werden also drei Durchgänge benötigt, bis das Bild fertig ist. Sehr oft wird (wie übrigens auch bei den Ink-Jet-Plottern) Schwarz als zusätzliche Farbe verwendet, um eine saubere Linienführung ohne farbige Ränder zu ermöglichen, auch wenn das Gerät einmal nicht optimal justiert sein sollte.

Elektrostatische Farbplotter werden für sehr große Formate hergestellt (bis A0 bzw. mit Endlospapier), allerdings sind sie noch sehr teuer.

Mikrofilmplotter

Das Bild wird auf elekronisch-photooptischem Weg direkt auf Mikrofilm oder andere photographische Datenträger belichtet. Bis zu 360 DIN A4-Seiten können auf DIN A6-Filme mit bis zu 12 Bildern/sec gebracht werden. Mikrofilmplotter werden sehr häufig zu Archivierungszwecken verwendet.

B) Graphikfähige Bildschirme

Bereits Anfang der 60er Jahre wurde erstmals erfolgreich versucht, Bildschirmterminals auch zur Darstellung von graphischen Elementen auszunutzen. Damals sagte man der graphischen Datenverarbeitung eine große Zukunft voraus. Es dauerte jedoch wesentlich länger als vermutet, nämlich bis Mitte der 70er Jahre, bis die Probleme für einen breiten Einsatz bewältigt waren. Heute ist es selbstverständlich, daß für viele Terminals auch Platinen angeboten werden, die sie graphikfähig machen (Abb.1.7). Dadurch erhält man die Möglichkeit mit dem gleichen Terminal alphanumerische und graphische Daten auszugeben.

Prinzipiell gibt es drei Methoden, eine Kathodenstrahlröhre, wie sie auch bei Schwarz/Weiß-Fernsehgeräten verwendet wird, zur Darstellung von Zeichnungen zu verwenden: Bildwiederholschirme,

Abb. 1.7. Beispiel für ein graphikfähiges Terminal

Bildspeicherschirme und Rasterschirme. Für letztere verwendet man immer häufiger auch Farbmonitoren.

Bildwiederholschirm

Ein Kathodenstrahl-Emitor erzeugt einen Elektronenstrahl, der gebündelt auf eine mit Phosphor beschichtete Glasplatte trifft. An dieser Stelle leuchtet der Phosphor für die Dauer der Bestrahlung und kurz danach. Durch elektromagnetische Ablenkvorrichtungen kann dieser Strahl an jede Stelle des Bildschirms gelenkt werden. Ein permanent sichtbarer Punkt muß je nach Phosphorart mindestens 25 bis 60 mal pro Sekunde aktiviert werden, damit er nicht flimmert. Bei sehr kurzer Nachleuchtdauer wird das Bild eher flimmern, man spricht von hartem Phosphor, bei längerem Leuchten werden schnelle Bildänderungen etwas verschwimmen, man nennt diesen Phosphor weich.

Der Elektronenstrahl wird nun von einem Punkt am Bildschirm zum nächsten gelenkt, um eine Gerade zu erzeugen. Wenn das oft genug wiederholt wird, entsteht der Eindruck einer permanenten Linie. Man nennt diese Form der Bilderzeugung auch kalligraphisch.

Die Information, welche Punkte angesteuert werden sollen, muß natürlich in geeigneter Form vorliegen. Die Bilder werden dabei durch einfache Instruktionen beschrieben. Diese liegen in einem Speicherbereich, der „Display-File" genannt wird. Das Display-File kann sich entweder im steuernden Computer befinden, oder bereits im Terminal selbst, was die Zentraleinheit natürlich erheblich entlastet. Die gespeicherten Instruktionen werden von einer Kontrolleinheit interpretiert und entsprechend aufbereitet an das Ablenkungssystem des Elektronenstrahls weitergegeben.

Einerseits ist es zwar nicht möglich, beliebig viele Vektoren flackerfrei zu zeichnen (von einigen hundert bis zu einigen zig-tausenden), andererseits kann aber durch den speziellen Aufbau der Bildinformation das dargestellte Bild sehr schnell geändert werden. Dadurch sind gute Vektorwiederholschirme um einiges flexibler verwendbar als andere Schirme. Da ein gutes Gerät aber noch immer sehr teuer ist (im Gegensatz etwa zu Rasterschirmen), ist eine weite Verbreitung unterblieben.

Der Phosphor einer Kathodenstrahlröhre kann entweder grün, gelb, rot, blau oder weiß leuchten (durch Beimengungen von Calcium, Cadmium, Zink und dgl.). Welche Farbe für das Auge die günstigste ist, ist noch nicht ganz geklärt, und möglicherweise subjektiv verschieden. Teilweise werden auch schon Farbbildschirme verwendet; diese funktionieren mit mehreren verschiedenfarbigen Phosphorschichten, die man getrennt aktivieren kann.

Bildspeicherschirm

Eine Bildspeicherröhre ist auch ein Kathodenstrahlgerät, bei dem das Bild direkt auf dem Bildschirm gespeichert wird. Zusätzlich zum Elektronenstrahl, der das Bild erzeugt, gibt es einen dauernden Flutelektronenstrahl, der den ganzen Bildschirm trifft. Er ist zu schwach, um nichtleuchtenden Phosphor zum Leuchten zu bringen, aber stark genug, um leuchtenden Phosphor weiterleuchten zu lassen (einige Stunden).

Diese Technologie ist wesentlich weniger aufwendig als die Wiederholtechnik und ermöglicht auch eine einfachere Schnittstelle zur Steuerung. Bildspeicherschirme waren eine Zeit lang bei weitem die billigste, meist auch die einzige rentable Möglichkeit, graphische Datenverarbeitung zu betreiben. Deshalb fanden sie eine sehr weite Verbreitung.

Mit diesen Geräten können auch sehr komplexe Bilder flackerfrei gezeichnet werden. Leider haben sie einen entscheidenden Nachteil: man kann nicht selektiv einzelne Teile des Bildes löschen, sondern muß dazu den ganzen Schirm löschen und das Restbild neu zeichnen. Das dauert oft sehr lange und macht eine interaktive Verwendung schwierig.

Rasterschirm

Rastergeräte scheinen derzeit den beiden vorgenannten Kathodenstrahlgeräten den Rang abzulaufen. Der Hauptgrund dafür ist sicherlich die enorme Verbilligung von Speicher in den letzten Jahren, aber auch die Verwendung vieler Komponenten, die für die Fernsehindustrie in großen Mengen erzeugt werden. Anders als bei den Wiederhol- und Speicherschirmen, welche das Bild gewissermaßen mit dem Elektronenstrahl am Schirm nachziehen, wird hier das Bild zeilenweise von oben nach unten erzeugt wie bei einem Fernseh-

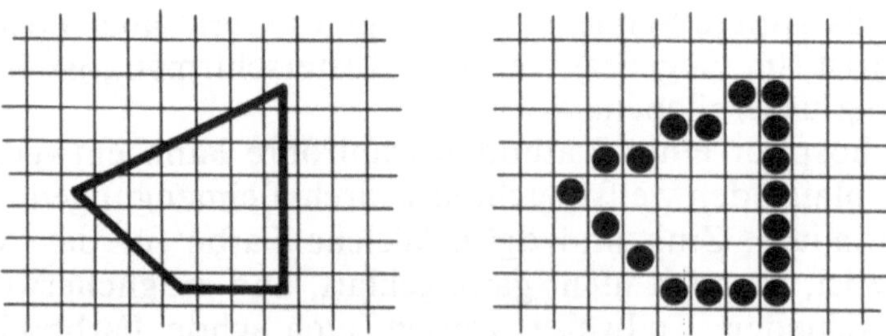

Abb. 1.8. Darstellung eines Bildes auf einem Vektorschirm (links) und einem Rasterschirm (rechts)

gerät. Das Bild wird also aus einzelnen Punkten zusammengesetzt, die Bildpunkte oder „Pixels" (picture elements) genannt werden, und sich auf den horizontalen Zeilen befinden (Abb.1.8).

Die Anzahl der Zeilen und der Punkte pro Zeile wird als *Auflösung* bezeichnet. Bildschirme sind mit Auflösungen von ca. 200 × 300 Punkten bis 4000 × 4000 Bildpunkten erhältlich. Im Vergleich dazu hat ein Fernsehapparat eine Auflösung von etwas weniger als 600 Zeilen zu je 800 Punkten. Ab einer Auflösung von 768 × 1024 Bildpunkten spricht man von hochauflösend.

Die Wiederholraten der üblichen Monitoren liegen zwischen 25 und 60 Bildern pro Sekunde. Der Elektronenstrahl führt dabei eine fortlaufende Zick-Zack-Bewegung über den Bildschirm aus (Abb.1.9). Beim Schwenken von links nach rechts leuchtet er jeweils der Helligkeit der einzelnen Bildpunkte entsprechend.

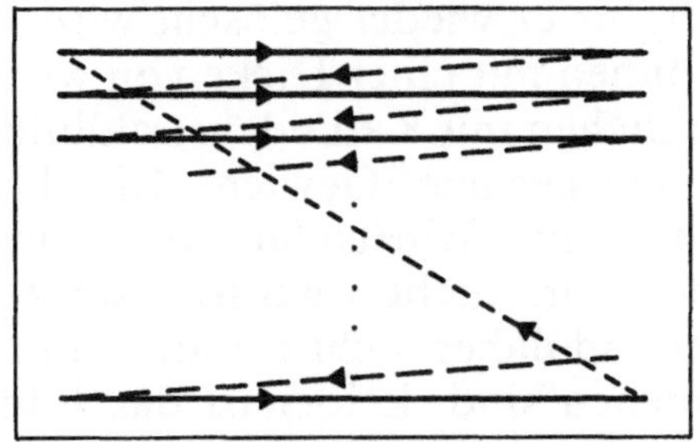

Abb. 1.9. Bewegung des Elektronenstrahls bei Rasterschirmen (ohne Interlacing)

Unter „Interlacing" in diesem Zusammenhang versteht man die Technik, in einer Bildwiederholphase nur jede zweite Zeile wiederzugeben, und in der darauffolgenden die restlichen. Dadurch kann man die Bildwiederholrate auf das Doppelte erhöhen (halb so viele Zeilen pro Durchgang). Da waagrechte Linien jedoch auf diese Weise nur halb so oft aufgefrischt werden wie schräge oder senkrechte Linien, flimmern sie auffallend stärker. Um diesen Effekt abzuschwächen, kann man waagrechte Linien doppelt zeichnen, d.h. zwei waagrechte Linien knapp nebeneinander zeichnen. Dadurch wird die Linie bei jedem Bildwiederholzyklus aufgefrischt.

LCD-Schirm

LCD-Schirme sind zwar eigentlich auch Rasterschirme, arbeiten aber nach einem völlig anderen Prinzip. Der Bildschirm besteht aus einer Glasplatte mit vielen parallel aufgebrachten transparenten Elektroden und einer eng anliegenden Hintergrundplatte mit orthogonal dazu angebrachten Elektroden. Das ganze sieht also wie ein Netz aus, und dazwischen befinden sich Flüssigkristalle. Wenn zwei Elektroden unter Spannung gesetzt werden, ändert sich der Zustand der am Kreuzungspunkt liegenden Kristalle so, daß sie das einfallende Licht anders reflektieren als vorher. Alle anderen Punkte entlang der stromführenden Zeilen- und Spaltenelektroden erhalten dabei auch einen Impuls; dieser ist aber zu schwach, um einen sichtbaren Effekt zu haben. Die Bildfläche besteht also aus allen Kreuzungspunkten zweier Elektroden und wird als rechteckige Matrix angesprochen.

Es gibt zwei verschiedene Techniken, auf diese Art ein Bild zu erzeugen. Entweder mittels eines Auffrischverfahrens, bei dem jeder Punkt nur kurz nach der Aktivierung andersfarbig erscheint, und das Bild daher öfter in der Sekunde neu gezeichnet werden muß. Oder man erreicht durch eine Kombination von thermischer Energie und einem elektrischen Feld, daß jeder Punkt seinen Zustand solange behält, bis er wieder gelöscht wird.

LCD-Schirme können mit einer Dicke von wenigen Zentimetern erzeugt werden. Verglichen mit Kathodenstrahlbildschirmen (CRTs) haben sie auch ein sehr geringes Gewicht. Dies bewirkt neben dem geringeren Platzbedarf am Arbeitsplatz auch eine erhöhte Transportabilität. Daneben darf nicht vergessen werden, daß sie keine Strahlung emittieren und daher nicht blenden, und damit wesentlich angenehmer zu bedienen sind. Leider ist das Bild noch nicht sehr scharf und kontrastreich. Außerdem ist der Blickwinkel eher limitiert, d.h. das Bild ist bei schräger Blickrichtung nur sehr schwer oder gar nicht zu erkennen. Man rechnet damit, daß Ende der Achtziger-Jahre etwa 10 bis 12 Prozent der Bildschirmarbeitsplätze mit solchen und ähnlichen flachen Schirmen (z.B. Plasmabildschirm) ausgerüstet sein werden.

Plasmabildschirm

Der Bildschirm besteht aus zwei Glasplatten, auf die viele feine Goldleiterbahnen parallel aufgedampft sind. Die Platten sind so angeordnet, daß die Leitungen senkrecht zueinander liegen und damit ein Netz bilden. Die beiden Platten haben einen Abstand von wenigen tausendstel Millimetern, dazwischen befindet sich ein Edelgas. Durch eine kurze Überspannung zweier sich kreuzender Drähte wird das Gas an dieser Stelle (permanent) zum Leuchten gebracht, bis es durch den gegenteiligen Vorgang wieder gelöscht wird. Die Platte reagiert so, als ob sie in viele Gaszellen aufgeteilt wäre. Jeder Punkt hat zwei Dauerzustände, die sich beliebig lang halten. Plasmabildschirme sind ebenfalls sehr flach.

Weitere Schirme

Außer den beschriebenen Techniken gibt es noch Laserstrahlbildschirme, sowie einige andere flache Schirme am Markt und in den Forschungslabors. Die rasante Entwicklung wird in den kommenden Jahren sicherlich noch etliche weitere Bildschirmarten hervorbringen.

3-D Geräte

Die zweidimensionale Wiedergabe von Objekten des Raumes wurde von jeher als unbefriedigend angesehen. Deshalb wurden viele Versuche unternommen, diesen Mangel zu beheben. Die nachfolgend beschriebenen Geräte sind sicher zum Teil über das Laborstadium nicht hinausgekommen, und keine der verwendeten Technologien wird auf breiter Basis angewendet. Trotzdem ist es interessant zu sehen, mit welchen Methoden man versucht, die dritte Dimension ins Bild zu bekommen.

So gibt es verschiedene Geräte, die zwei Bildschirme verwenden. Das Objekt wird aus zwei dem menschlichen Augabstand entsprechenden Blickrichtungen wiedergegeben, es werden also stereoskopische Bilder erzeugt. Durch ein optisches System werden die zwei Bilder den Augen so dargebracht, daß jedes Auge eines sieht. Dabei entsteht ein räumlicher Eindruck. Durch die Verwendung polarisierter Brillen oder Rot-Grün-Brillen kann dieser Eindruck ebenfalls erzielt werden, obwohl nur eine Bildfläche verwendet wird, das funktioniert dann wie bei 3-D-Filmen.

Man kann von einem Objekt auch verschiedene Tiefenschnitte sehr schnell nacheinander zeichnen. Durch die Verwendung eines vibrierenden Spiegels oder einer vibrierenden Mattscheibe werden die einzelnen Bilder optisch in die jeweils richtige Position versetzt. Dabei entsteht ein echtes dreidimensionales Bild, das man sich aus verschiedenen Richtungen ansehen kann. Die benötigte Bildfrequenz beträgt jedoch 30 mal der Anzahl der Tiefenschnitte (mindestens 20); man kommt also mit Standardschirmen nicht aus.

Die Technik, mittels Computer schnell hochwertige Hologramme herzustellen, die bekanntlich unter monochromem Lichteinfluß (z.B. Laser) ein dreidimensionales Bild wiedergeben können, ist noch im Versuchsstadium.

Etwas aus der Reihe fallen Computer-gesteuerte Fräsen (NC-Fräsen), die automatisch aus einem sehr weichen Material schnell eine Plastik herausarbeiten. Es wird also ein echtes räumliches Modell erstellt. Solche weichen Materialien können z.B. weiches Holz, Schaumstoff, fester Schaum und ähnliches sein.

Eingabegeräte für die graphische Datenverarbeitung

Anders als bei der nichtgraphischen Datenverarbeitung, bei der als Interaktionsmedium meist eine Tastatur ausreicht, braucht man bei graphischen Dialogen die Möglichkeit, die Zeichenfläche direkt anzusprechen. Dafür erwies sich eine Tastatur als kaum geeignet, sofern nicht graphische Daten durch Bezeichnungen oder Koordinatenwerte angesprochen werden können.

Es gibt zwei grundlegende Arten graphischer Interaktion. Einerseits das Auswählen einer Position (*Positionieren*) im jeweiligen Koordinatensystem zum Zwecke des Einfügens irgendwelcher Elemente, andererseits das Zeigen auf bereits vorhandene graphische Objekte zu deren Identifikation, zum Beispiel zum Löschen (*Identifizieren*). Nach diesem Gesichtspunkt lassen sich auch die graphischen Eingabegeräte einteilen. Im Idealfall ist ein Eingabegerät für beide Zwecke gleich gut geeignet, in Wirklichkeit sind einzelne Geräte jedoch für den einen oder anderen Zweck besser verwendbar.

Die einzelnen Geräte werden nachfolgend in ihrer Funktionsweise näher beschrieben; dabei werden jeweils die besonderen Vor- und Nachteile angeführt.

Tastaturen

Tastaturen werden nicht nur in der graphischen Datenverarbeitung verwendet, sondern sind bei den meisten Dialogsystemen das Kernstück der Interaktion. Neben der Standard-Schreibmaschinen-

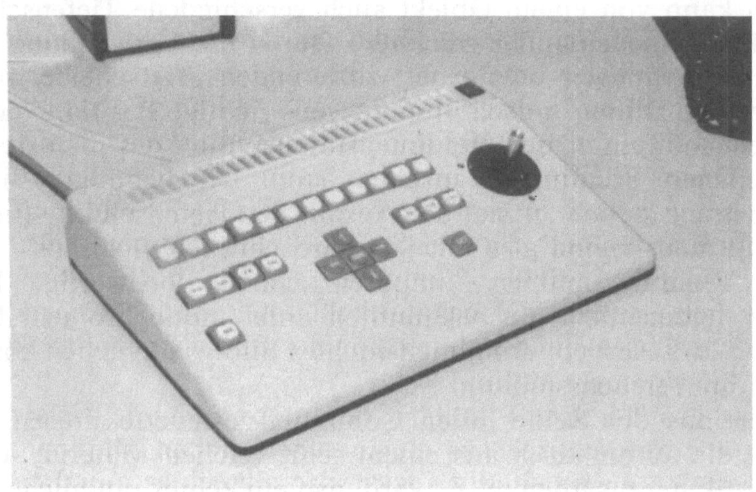

Abb. 1.10. Beispiel für eine Funktionstastatur; in diesem Fall ist auch ein Joystick integriert

Tastatur finden in der graphischen Datenverarbeitung immer mehr auch sogenannte Funktionstastaturen Verwendung, durch die häufig wiederkehrende Anweisungen erheblich vereinfacht werden können. Statt den auf vielen Terminal-Tastaturen angebrachten Zusatztasten werden dabei eigene Tastenbretter zur Dialogsteuerung herangezogen (Abb.1.10). Jede Taste entspricht einem Befehl. Manchmal werden auch alle zu einem Zeitpunkt gültigen Befehle jeweils beleuchtet, so daß eine sehr übersichtliche Bedienungshilfe bereitgestellt ist.

Graphisches Tablett

Der Benutzer hält einen bleistiftähnlichen Stift in der Hand, der mit dem Gerät verbunden ist. Diesen Stift kann er nun auf dem Tablett, einer rechteckigen Unterlage (Abb.1.11), bewegen. Dabei entspricht die Tablettfläche (oder ein Teil davon) der Bildschirmfläche,

Abb. 1.11. Arbeiten mit einem graphischen Tablett

auf der die jeweilige Position des Stiftes unmittelbar durch eine Markierung (Cursor) angezeigt wird. Durch Bewegen des Stiftes kann also der Cursor direkt gesteuert werden, und durch das Drücken auf Tasten können ausgewählte Positionen fixiert werden. Bei vielen Geräten genügt zur Auswahl einer Position ein stärkeres Aufdrücken mit dem Stift.

Häufig wird statt des Stiftes auch ein Puck (Abb.1.12) verwendet, der mit Hilfe eines Fadenkreuzes auf der Unterlage exakt positioniert werden kann. Dieser liegt sehr gut in der Hand und kann leicht an einer bestimmten Position einfach liegengelassen werden.

Abb. 1.12. Verwendung eines Pucks statt eines Stiftes

Es gibt verschiedene Funktionsweisen für ein derartiges Gerät. Am häufigsten werden wahrscheinlich Geräte verwendet, bei denen unter der Tablettoberfläche zwei orthogonal zueinander liegende Schichten paralleler Drähte angebracht sind. Diese werden mit unterschiedlichen elektrischen Impulsen beschickt. Wird der Stift nahe genug an die Fläche herangeführt (z.B. berühren), so werden die am nächsten liegenden Impulse registriert. Daraus läßt sich leicht die Position berechnen. Verwendet werden auch akustische Tabletts, bei denen an zwei benachbarten Rändern Streifenmikrophone angebracht sind. Der Stift sendet in regelmäßigen Abständen kleine Signale aus (z.B. Ultraschall); auf Grund der Empfangslautstärke oder -zeit kann wieder die Position ermittelt werden.

Tabletts sind in Größen von etwa 20×20 cm bis 1×1 m üblich. Sie stellen die vielleicht allgemeinste graphische Eingabemöglichkeit dar und sind auch ergonomisch vertretbar, da einerseits der Arm auf dem Tisch aufliegen kann, andererseits die direkte Cursorkontrolle sehr benutzerfreundlich ist. Mit einem Tablett lassen sich sowohl Positionier- als auch Identifizieraufgaben zufriedenstellend bewerkstelligen.

Digitizer (Digitalisierer)

Eigentlich ist ein Digitalisierer dasselbe wie ein großes Tablett (z.B. 150x200cm). Um auf einer derart großen Fläche eine ausreichende Genauigkeit der Dateneingaben zu erhalten, wird das Posi-

Abb. 1.13. Großer Digitalisiertisch

tionierwerkzeug manchmal wie der Wagen eines Tischplotters an Gestängen befestigt, aus deren jeweiliger Lage die Position bestimmt wird. Dieses Gestänge kann auch ähnlich wie der Zeichenarm eines herkömmlichen Zeichentisches mit Drehpotentiometern in den Gelenken aufgebaut sein.

Die Rückkoppelung der jeweiligen Position erfolgt auch hier häufig durch einen Cursor an einem angeschlossenen Bildschirm. Bei vielen Geräten ist eine zusätzliche digitale Anzeige im Gerät integriert. Dies ermöglicht es, auch exakte Werte einzugeben.

Es besteht auch ein Unterschied in der Art, wie Digitalisierer im allgemeinen verwendet werden. Um größere Datenmengen graphischer Art von einer Zeichnung direkt in den Computer zu bringen, werden die Linien der Vorlage einfach nachgezogen. Dazu werden die Eingabegeräte den speziellen Anforderungen und Gewohnheiten der technischen Zeichner weitgehend angepaßt (Abb.1.13) und oft auch wie ein Lichttisch mit einer Beleuchtung von unten versehen.

Auf solchen größeren Flächen ist das selektive Auswählen bestimmter Teile (Identifizieren) natürlich etwas mühsamer. Sie werden meist zur eher passiven Dateneingabe verwendet.

Joystick und Rollkugel

Beim Joystick oder (Steuer-)Knüppel (Abb.1.14) wird durch Bewegen eines Hebels nach vier oder acht Richtungen ein Cursor auf dem Schirm in die entsprechende Richtung bewegt. Ist der gewünschte Punkt erreicht, so kann er durch Knopfdruck, durch Pressen des Hebels nach unten oder durch eine Tastatureingabe angesprochen werden. Mit diesem Gerät sind größere Entfernungen aber nur sehr mühsam zu überwinden.

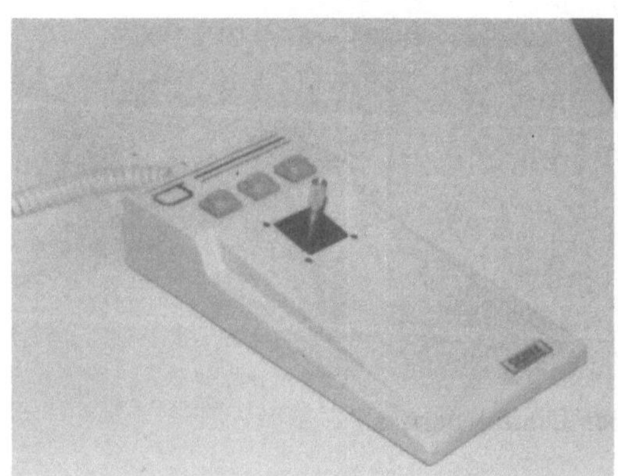
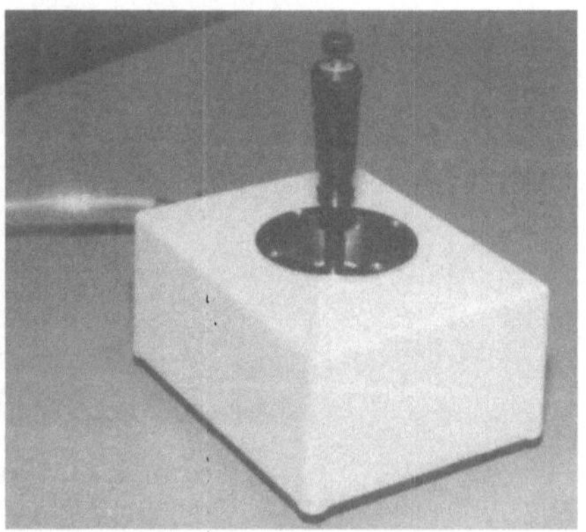

Abb. 1.14. Beispiele für Joysticks

Abb. 1.15. Gelenkige Taste zur Cursorsteuerung

Eine Abart des Joysticks ist eine flache Taste, die sich gelenkig bewegen läßt. Der Cursor verschiebt sich in die Richtung der Seite der Taste, auf die man drückt (Abb.1.15).

Bei der Rollkugel wird durch Drehen einer Kugel, die in einer Umrahmung in alle Richtungen beweglich ist (Abb.1.16), ebenfalls ein Cursor auf dem Bildschirm direkt gesteuert. Dabei übertragen sich die Drehgeschwindigkeit und -richtung auf den Cursor.

Abb. 1.16 Beispiel für eine Rollkugel

Diese beiden Geräte sind relativ einfach zu bedienen und unmittelbar zu verstehen. Durch die Veränderung des Cursors in exaktem Verhältnis zur Handbewegung ist eine gute Rückkoppelung gegeben, die ein rasches Beherrschen des Gerätes garantiert.

Abb. 1.17. Beispiel für eine Maus

Maus

Eine Maus ist ein etwa seifenstückgroßes Gerät, das mit der Hand auf einer Unterlage oder direkt auf dem Tisch bewegt wird (Abb.1.17). Diese Bewegungen werden wieder direkt durch einen Cursor nachvollzogen. Mehrere integrierte Knöpfe ermöglichen es, an einer Stelle verschiedene Aktionen auszuführen, ohne die Maus auszulassen.

Der Unterschied zwischen einem Tablett mit Puck und einer Maus ist oft nur sehr klein, insbesondere wenn die Maus eine Unterlage braucht. Dennoch ist ein Unterschied wesentlich: bei einer Maus werden Bewegungen nur relativ registriert. Wenn man eine Maus hochhebt und an einer anderen Stelle wieder aufsetzt, so verändert sich die Cursorposition nicht! Solche Mäuse funktionieren wie umgedrehte Rollkugeln oder Rändelräder. Bei Verwendung einer Unterlage können auch andere Technologien verwendet werden (z.B. optisch).

Neben der Einfachheit hat die Maus vor allem den Vorteil, nicht aufgehoben werden zu müssen, und fast alle Bedienungsschritte mit einer Hand zu ermöglichen. Die Maus ist also ein zeigendes Bedieninstrument, das zwar auch zum Positionieren verwendet werden kann, aber praktisch nicht zum Digitalisieren.

Rändelräder und Drehknöpfe

Bei diesen beiden Eingabeverfahren wird die horizontale und die vertikale Cursor-Bewegung getrennt gesteuert. Rändelräder

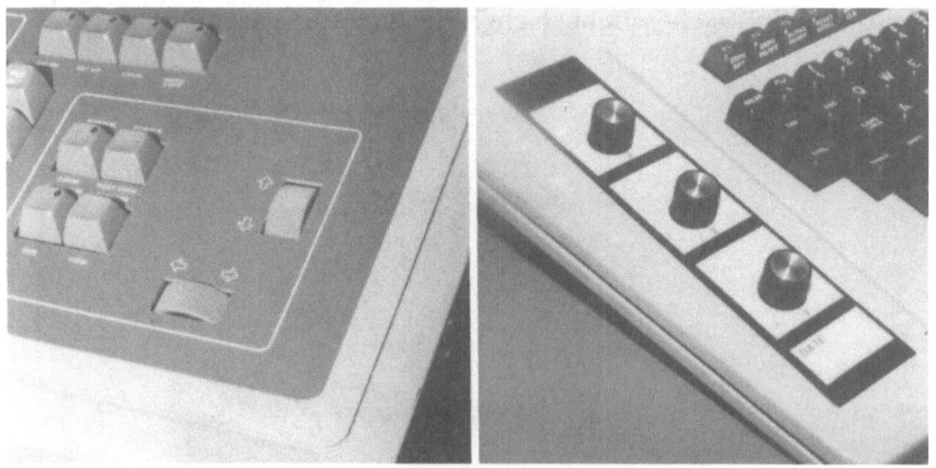

Abb. 1.18. Rändelräder (links) und Drehknöpfe (rechts) sind oft in die Tastaturen der Terminals fix eingebaut

(Abb.1.18, links) sind zwei senkrecht zueinander stehende Drehpotentiometer, wobei man mit dem horizontal angebrachten Rädchen die Cursorbewegung in horizontaler Richtung steuert, und getrennt davon mit dem senkrecht angebrachten Rädchen den Cursor in senkrechter Richtung bewegt. Durch zwei gewöhnliche Drehknöpfe (Abb.1.18, rechts) kann man prinzipiell das gleiche bewirken, nur geht der gefühlsmäßige Zusammenhang zwischen der ausgeführten Bewegung und dem erreichten Effekt etwas verloren.

Einerseits ist durch die Trennung der waagrechten und der senkrechten Bewegung die Eingabe bei diesen beiden Geräten natürlich wesentlich weniger komfortabel, als es die vorher beschriebenen Möglichkeiten waren, andererseits hat man aber dadurch die einfache Möglichkeit, Punkte exakt neben- oder übereinander zu plazieren, wenn man nur eines der Räder dreht.

Lichtgriffel und Finger

Im Gegensatz zu den bisherigen Eingabegeräten ist der Lichtgriffel ein rein zeigendes Gerät. Er besteht aus einem mit dem Terminal verbundenen Stift, der direkt am Bildschirm an die gewünschte Stelle positioniert wird (Abb.1.19). Dabei gibt es zwei verschiedene Techniken, die Position festzustellen.

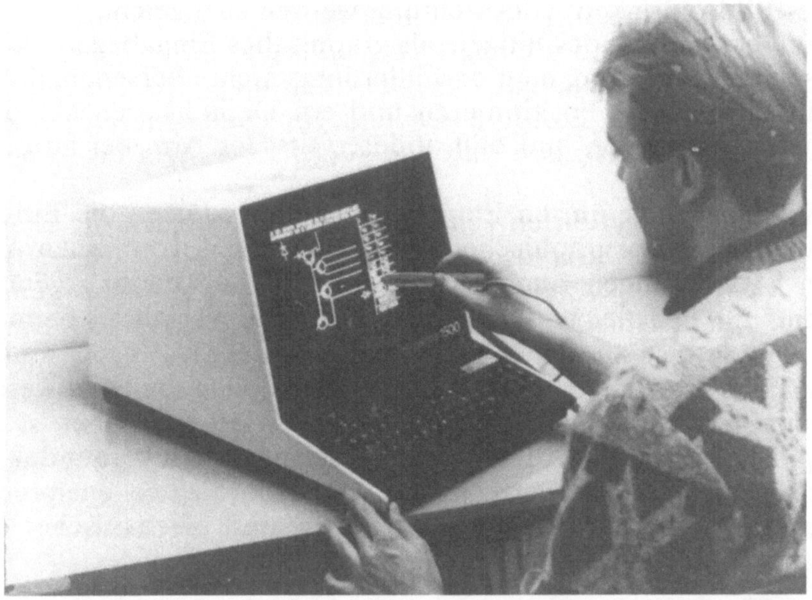

Abb. 1.19. Eingabe direkt am Bildschirm mit Hilfe eines Lichtgriffels

Im Stift befindet sich eine photooptische Zelle, die eine helle von einer dunklen Bildschirmstelle unterscheiden kann. Bei der ersten Technik wird durch das Schließen eines Kontaktes im Lichtgriffel beim Aufdrücken für die Dauer einer Bildwiederholphase der Elektronenstrahl ganz hell belassen. Dadurch ist es möglich, den Zeitpunkt zu bestimmen, wann die Photozelle getroffen wird. Daraus wiederum läßt sich die Position berechnen. Der Nachteil dieses Verfahrens ist das damit verbundene kurzzeitige Aufblitzen des Schirms, das bei längerem Arbeiten als störend empfunden wird.

Bei der zweiten Technik wird während der Bildwiederholung laufend kontrolliert, wann der Stift sich in einer hellen Region befindet. Aus dem Treffzeitpunkt läßt sich wieder die Position ermitteln. Auf diese Art vermeidet man zwar das Blitzen, dafür können dunkle Bereiche nicht getroffen werden. Dennoch sind diese Stifte für Identifikationszwecke sehr gut zu gebrauchen.

Neuerdings wurden auch Folien entwickelt, die auf den Schirm geklebt werden, und so eine Feststellung der Aufdruckposition ermöglichen. Dabei braucht man oft keinen Stift mehr, sondern es reicht der Finger als graphisches Eingabegerät. Bei einer anderen Technik wird der Bereich unmittelbar vor dem Schirm mit einem Netz von Lichtschranken (infrarot) versehen. Durch das Zeigen mit dem Finger werden einige davon unterbrochen, sodaß eine Feststellung der Position möglich ist. Genauigkeiten bis zu einem Hundertstel des Bildschirms in jede Richtung werden so erreicht.

Die Verwendung des Fingers als graphisches Eingabegerät klingt zwar sehr ergonomisch, man darf allerdings nicht übersehen, daß einerseits ein exaktes Positionieren und ein Digitalisieren auf diese Art nicht möglich ist, und daß andererseits der Arm bei längerem Arbeiten ermüdet.

Die bisher angeführten Eingabegeräte unterstützen die Eingabe zweidimensionaler graphischer Daten. Ein Teil von ihnen kann durch Erweiterungen auch für den Raum verwendbar gemacht werden. Ein Beispiel dafür ist das akustische Verfahren beim Tablett. Durch Installation eines dritten, senkrechten Streifenmikrophons kann die Auswertung auf drei Dimensionen erweitert werden. Daneben gibt es aber auch mechanische Verfahren. Dabei ist eine Stiftspitze direkt über Drähte oder Fäden mit Rollen verbunden, die an drei verschiedenen Orten liegen. Die Koordinaten entsprechen der Länge der Fäden. Weitere Methoden sind mechanischer oder optischer Natur.

Wertgeber (Valuator)

Sehr viele Programme zur Steuerung oder Anzeige irgendwelcher Prozesse bedienen sich graphischer Methoden, da hier die Aussagekraft der dargestellten Information bei weitem am höchsten ist. Es werden daher üblicherweise auch Wertgeber als Eingabegeräte bei graphischen Systemen berücksichtigt.

Unter einem Wertgeber versteht man ein Gerät, das einen Zahlenwert liefert, der über irgendeinen Zustand Auskunft gibt (z.B. Voltmeter, Thermometer, Drehknopf). Ein Analog/Digital-Wandler (A/D-Wandler) bereitet den gemessenen Wert für den Computer auf.

1.2.2 Graphische Dialogformen

Unter einem Dialog wollen wir die Kommunikation zwischen einem Rechner und dem benutzenden Menschen verstehen. Eine Voraussetzung für einen Dialog ist die Bereitschaft und Fähigkeit zur Aufnahme und Verarbeitung von Informationen auf beiden Seiten.

Man kann Dialoge unterscheiden nach

- Ein-/Ausgabegeräten,
- Art der Kommunikation,
- Eingabesprache,
- Übersetzung.

Unterscheidung nach Ein-/Ausgabegeräten

Die Dialogmöglichkeiten werden natürlich sehr stark von den zur Verfügung stehenden Geräten beeinflußt. Eine Übersicht über Ein- und Ausgabegeräte, die in der graphischen Datenverarbeitung verwendet werden, wurde im vorigen Kapitel gegeben.

Unterscheidung nach Art der Kommunikation

Ein Programm der graphischen Datenverarbeitung kann entweder automatisch ablaufen, oder während des Programmablaufs noch beeinflußt werden. Man spricht dann entweder von *passiver* oder von *interaktiver* graphischer Datenverarbeitung.

Der passiven graphischen Datenverarbeitung liegt das Prinzip zugrunde „ein Programmlauf erzeugt eine Zeichnung". Um andere Zeichnungen zu erhalten, müssen die Daten oder das Programm geändert und neu ausgeführt werden. Die passive graphische Datenverarbeitung konzentriert sich naturgemäß auf die Probleme, die die Ausgabe graphischer Daten betreffen.

Bei der interaktiven graphischen Datenverarbeitung wird das Entstehen der Bilder während der Programmausführung vom Benutzer (mit-)gesteuert. In diesen Bereich fallen auch alle Probleme der graphischen Eingabe.

Unterscheidung nach Eingabesprache

Als Endanwender eines graphischen Systems kann man mit verschiedenen Formen der Eingabesprache konfrontiert werden; bei allen sollten die Hauptforderungen leichte Erlernbarkeit und einfache Bedienbarkeit sein.

- Höhere Programmiersprache. Der Benutzer muß detailliertes Wissen über Aufbau und Verwendung der Sprache mitbringen (z.B. PASCAL/Graph).
- Kommandos. Der Benutzer muß die Syntax der Befehle kennen, um mit dem System kommunizieren zu können (wie z.B. bei einem Betriebssystem).
- Masken. Dies ist eine relativ starre Form des rechnergesteuerten Dialogs, der Benutzer muß nur „Formulare ausfüllen".
- Menüs. Diese Form des Dialogs ermöglicht eine Benutzerführung ohne genauere Kenntnisse über das Programm. Die einzelnen Möglichkeiten stehen in Form von Auswahltabellen zur Verfügung und können leicht aktiviert werden. Die Verwendung von Menüfeldern, die an der jeweiligen Position des graphischen Eingabegerätes auf Knopfdruck entstehen und nach der Selektion einer Komponente wieder verschwinden („Pop-Up-Menüs"), ist eine neuere Technik, die nur mit einem graphischen Eingabegerät bedient werden kann.
- Graphische Interaktion. Das ist ein Sammelbegriff für alle Benutzereingriffe direkt auf der Zeichenfläche. Wie bereits bei den Eingabegeräten erläutert, gibt es hier die zwei prinzipiellen Möglichkeiten des Zeigens (Identifizieren) und des Positionierens.

  Identifizieren kann man entweder durch einfaches Zeigen auf irgendeinen Teil des gewählten Objektes oder durch kompliziertere Methoden wie Einkreisen.

  Für das Positionieren gibt es eine Fülle von Möglichkeiten, die kurz aufgezählt werden. Einerseits kann man auf digitaler Basis Positionen bestimmen, wie z.B. mittels Tastatur oder mittels eines Digitalisierers mit Digitalanzeige. Diese eignen sich besonders um numerisch vorgegebene Daten in den Computer zu übertragen. Andererseits wird meist mit visueller Rückkoppelung der

Eingabeposition auf einem Bildschirm gearbeitet. Eine bewegliche Markierung (Cursor) gibt die dem Zustand des Eingabegerätes entsprechende Position der Bildfläche wieder. So ein Cursor kann entweder durch die Hardware festgelegt sein und hat dann eine fixe Form (z.B. ein kleines Kreuz oder ein Fadenkreuz), oder er wird softwaremäßig erzeugt. Dabei werden oft andere Formen verwendet (z.B. ein Pfeil). Beim Plazieren irgendwelcher Bauteile ist es sehr bequem, den Bauteil selbst als Cursor zu verwenden, ihn also gewissermaßen in die richtige Position zu schieben („Dragging"). Zur Freihandeingabe von Bildern werden auch malende Cursor verwendet, das sind Figuren, die bleibende Spuren verschiedener Breite hinterlassen („Inking"). Beim „Gummibandverfahren" („Rubberbanding") werden Bildteile wie Gummibänder an einem Punkt auseinandergezogen.

Unterscheidung nach Übersetzung

Die Übersetzung von Eingabesprachen erfolgt interpretativ oder compilierend. Bei der Interpretation werden die einzelnen Anweisungen nacheinander von einem Programm, dem sogenannten Interpreter, eingelesen und verarbeitet. Bei der Compilation wird das gesamte Programm von einem Übersetzer zu einem Programm in Maschinensprache umgewandelt. Anschließend kann das Programm gestartet werden. Für Dialogbetrieb kann diese Methode natürlich nicht angewendet werden, da die Kommandos nicht alle von Beginn an vorliegen.

1.2.3 Graphischer Arbeitsplatz

Der Begriff „Graphischer Arbeitsplatz" wird für sehr verschiedene Gerätekonfigurationen verwendet. Allgemein kann man sie alle auf vier Grundkomponenten zurückführen:

1. Bildschirmarbeitsplatz.
   Dient zum interaktiven Bearbeiten von Aufgaben.
   Besteht aus einem graphischen und einem alphanumerischen Bildschirm (dies kann auch ein einziger Bildschirm sein, der beides kann) und einer graphischen Interaktionsmöglichkeit (meist ein Tablett).

2. Plotterarbeitsplatz.
   Dient nur zur Ausgabe von Ergebnissen.
   Besteht aus einem oder mehreren Hardcopy-Ausgabegeräten.

Abb. 1.20. Typischer graphischer Arbeitsplatz

3. Digitalisierarbeitsplatz.
   Dient zur Eingabe von graphischen Informationen.
   Besteht im allgemeinen aus einem hochauflösenden Digitizer.
4. Systemarbeitsplatz.
   Dient für Programmänderungen und zur Systempflege.
   Besteht meist nur aus einem alphanumerischen Bildschirmterminal.

Durch unterschiedliche Kombinationen dieser Grundkomponenten erhält man die verschiedenen verwendeten und beschriebenen Arbeitsplätze. So besteht ein typischer CAD-Arbeitsplatz meist entweder aus 1. oder 1. + 2. oder 1. + 2. + 3 (Abb.1.20).

1.3 Einige Anwendungen der graphischen Datenverarbeitung

Das Anwendungsspektrum der graphischen Datenverarbeitung ist, wie schon in Kapitel 1.1 angeführt, bereits sehr breit. Sinkende Hardwarekosten bei gleichzeitiger Verbesserung der verwendeten Technologien werden in der absehbaren Zukunft zu einer weiteren enormen Steigerung führen. In diesem kurzen Kapitel werden ein paar der Anwendungen beispielhaft vorgestellt, damit man sich ein Bild von den benötigten Fähigkeiten der Systeme und den zu lösenden Problemen machen kann.

1.3.1 Präsentationsgraphik

Unter Präsentationsgraphik versteht man den Einsatz der graphischen Datenverarbeitung, um schöne und übersichtliche Darstellungen größerer Datenmengen zu erhalten. Der größte Teilbereich wird unter dem Schlagwort „Business Graphics" zusammengefaßt. Damit meint man die Darstellung von statistischem Zahlenmaterial in Form von Graphiken statt in Tabellenform. Solche Programme werden meist im Management zur übersichtlichen Präsentation von Firmendaten verwendet, die die Entscheidungsfindung in vielen Bereichen erleichtern. Daher kommt der Name Business Graphics.

Präsentationsgraphiken dienen aber auch zur Darstellung wissenschaftlicher Ergebnisse und statistischer Daten anderer Art, um das Verstehen zu erleichtern und die Anschaulichkeit zu erhöhen.

Präsentationsgraphiken sind ein Endprodukt, d.h. die Qualität und die Art der Bilder sind vordergründig. Eine solche Graphik ist „gut", wenn sie dem Betrachter die darin enthaltenen Informationen fehlerfrei und innerhalb möglichst kurzer Zeit zu vermitteln imstande ist.

Es gibt verschiedene Darstellungsformen für statistische Daten:

- Linien- oder Polygondiagramme, Funktionskurven
- Balken- oder Stabdiagramme, Histogramme
- Kreis- oder Tortendiagramme
- Tabellenähnliche Übersichten

usw.

Liniendiagramme

Bei Linien- oder Polygondiagrammen werden die unterschiedlichen Werte durch Punkte in einem Koordinatensystem repräsentiert und durch Liniensegmente verbunden (Abb.1.21). Dadurch ergeben

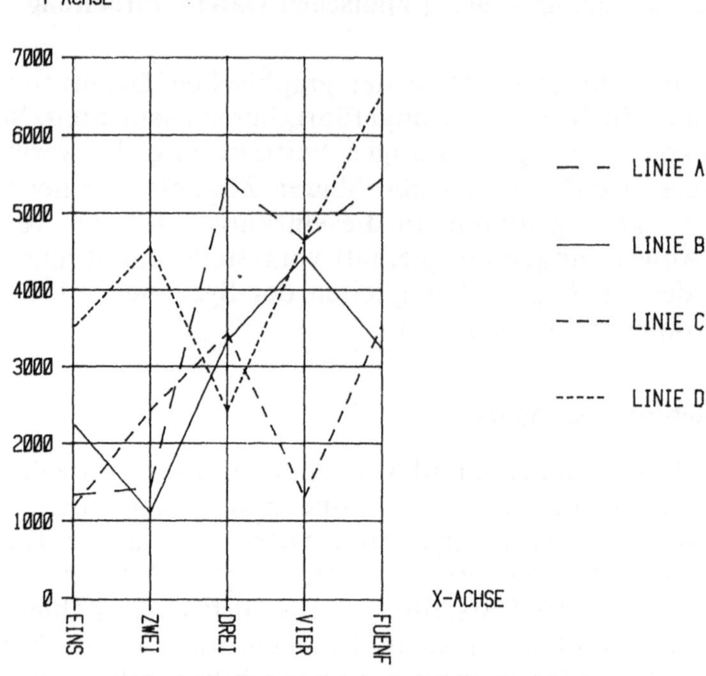

Abb. 1.21. Beispiel für ein Liniendiagramm

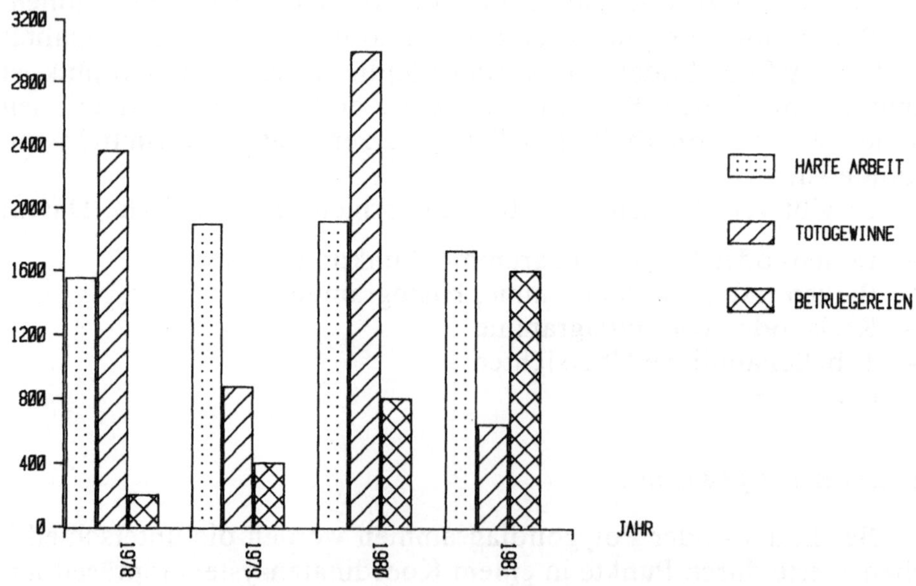

Abb. 1.22. Beispiel für ein Balkendiagramm

sich meist „Kurven". Ein Liniendiagramm kann eine oder mehrere Kurven (Linien) beinhalten. Zur besseren Unterscheidung zeichnet man diese entweder verschiedenfarbig oder in unterschiedlichen Linienarten (durchgezogen, strichliert, punktiert, ...). Im allgemeinen sind die beiden rechtwinkelig zueinander stehenden Achsen linear skaliert, in speziellen Fällen werden auch logarithmische Skalen oder andere als rechte Winkel verwendet. Eine Abart des Liniendiagramms ist das Flächendiagramm, bei dem die Flächen unter den Linien ausgefüllt werden (farbig oder gemustert).

Balkendiagramme

Die einzelnen Werte werden als Säulen dargestellt (Abb.1.22). Durch die Verwendung verschiedener Balken können mehrere verschiedene Daten verglichen werden. Diese stehen entweder nebeneinander, hintereinander oder übereinander; sie können wahlweise vertikal oder horizontal liegen, oder auch kreisförmig angeordnet sein („Polarbalkendiagramme").

Kreisdiagramme

Kreis-, Halbkreis- und Tortendiagramme werden zur Darstellung von Anteilen an einer Gesamtheit verwendet (Abb.1.23). Einzelne Sektoren können herausgelöst werden.

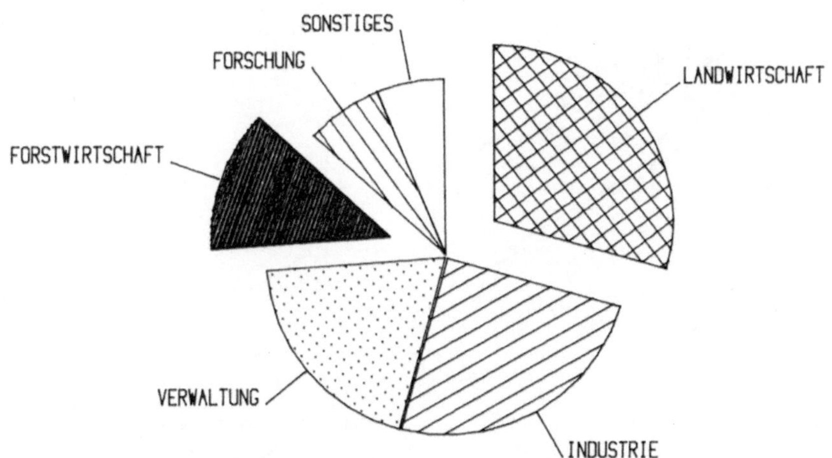

Abb. 1.23. Beispiel für ein Kreisdiagramm

Bei allen Diagrammen müssen gewisse Grundregeln beachtet werden. Zuviel Information kann zu Unübersichtlichkeit führen.

Falsche Skalierung kann zu einer Verfälschung der Daten oder zu deren Unlesbarkeit führen. Die Erstellung einer guten Graphik erfordert ein gewisses Fingerspitzengefühl, um optimale Wirkung zu erzielen. Ein gutes Programm unterstützt den Ersteller in diesem Punkt. Außerdem sollte es so einfach zu bedienen sein, daß alle Diagramme mit wenig Aufwand leicht verändert werden können.

Die Erstellung von Präsentationsgraphiken erfordert, auch wenn ein besseres System interaktiv zu bedienen ist, hauptsächlich die

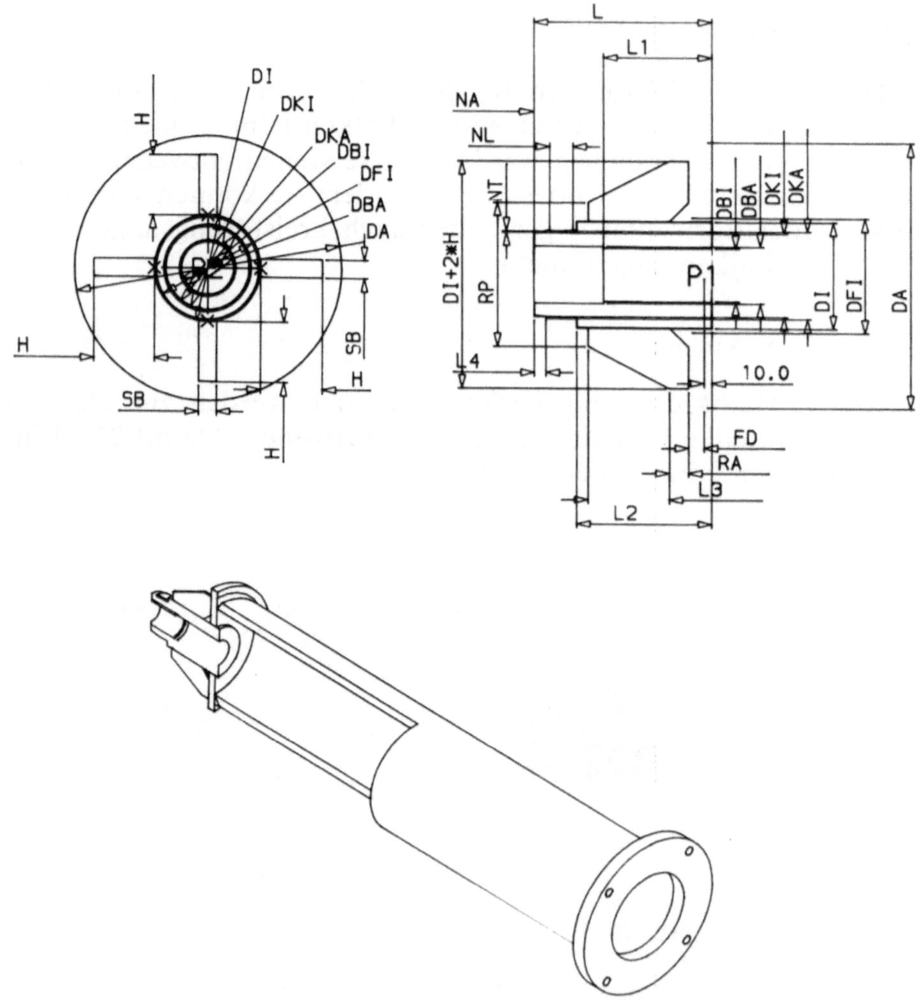

Abb. 1.24. Beispiel für eine Variantenkonstruktion im Maschinenbau. Die beiden oberen Bilder geben die frei wählbaren Parameter an, nach deren Festlegung die Seiltrommel aus beliebigen Richtungen betrachtet werden kann. Mit freundlicher Genehmigung der Firma Prime-Datamed

Methoden der passiven graphischen Datenverarbeitung, also der Erstellung der Bilder. Im Gegensatz dazu ist CAD ohne Interaktivität undenkbar.

1.3.2 Computer Aided Design (CAD)

Unter „Computer Aided Design" versteht man den Einsatz von Computern zur Unterstützung und Automatisierung von Konstruktions- und Zeichenprozessen. Dabei ist die graphische Datenverarbeitung nur ein kleiner, aber natürlich ein sehr wichtiger Teil.

Die wichtigsten Anwendungsgebiete von CAD sind in den Bereichen Maschinenbau (Auto- und Flugzeugindustrie, Roboter, Maschinenteile, ...) (Abb.1.24, 1.25 und 3.20), Bauwesen (Architektur, Statik, Strassenbau, ...) (Abb.1.26 und 1.27) und Elektrotechnik (Leiterplatten, VLSI-Entwurf, ...) anzutreffen.

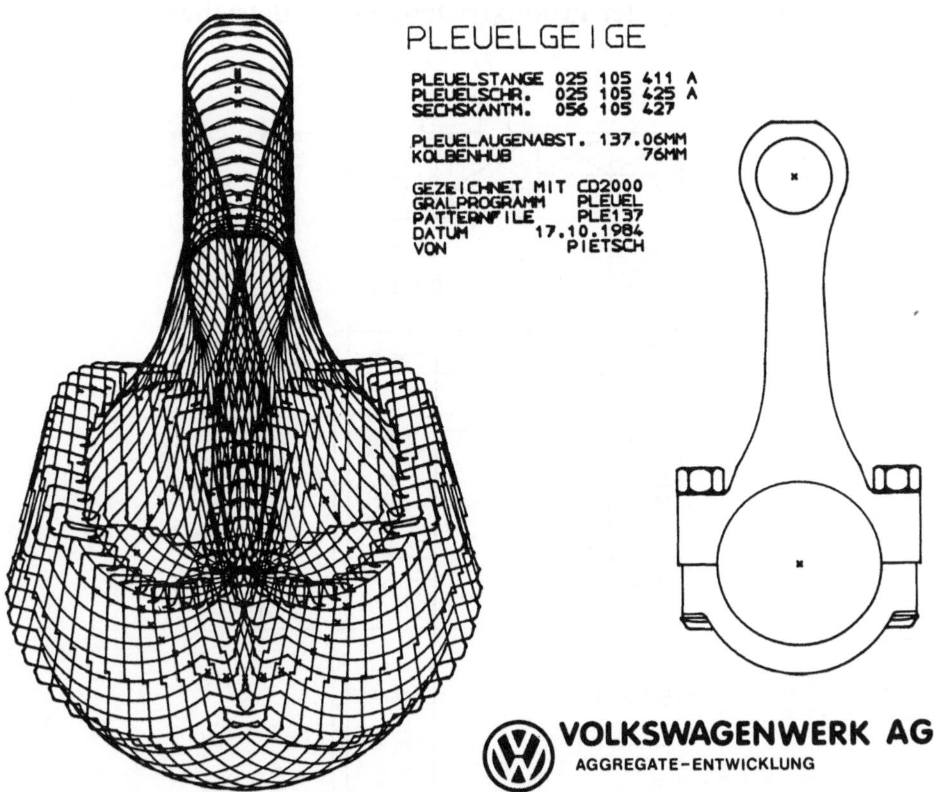

Abb. 1.25. Simulation der Bewegung einer Pleuelstange. Mit freundlicher Genehmigung der Firma Volkswagenwerk AG

CAE („Computer Aided Engineering“) ist der Oberbegriff von CAD, bei dem jeder Teilbereich der ingenieursmäßigen Arbeit automatisiert werden kann. Darunter fallen neben der Planung (CAP = „Computer Aided Planning“) und den CAD-Bereichen Entwurf, Berechnung, Optimierung, Simulation und Herstellung von hochwertigen Zeichnungen auch die Erstellung von Beschreibungen und Dokumenten, sowie eine Unterstützung und Überwachung bei der Organisationsarbeit. Inkludiert man auch die (halb-)automatische Herstellung (CAM = „Computer Aided Manufacturing“), so spricht man von CIM („Computer Integrated Manufacturing“).

Die Motive für den Einsatz von CAD sind vielfältig, es lassen sich jedoch die folgenden Hauptgründe herausfiltern:

1. Die Erzeugung hochtechnologischer Schlüsselprodukte ist ohne Computerunterstützung nicht mehr möglich. Darunter fallen neben der Raumfahrt und der Flugzeugentwicklung auch VLSI-Chips und die Entwicklung von Computern.
2. CAD ermöglicht durch den Einsatz der Variantenkonstruktion eine Vergrößerung der Produktpalette vieler Betriebe (Abb.1.25).

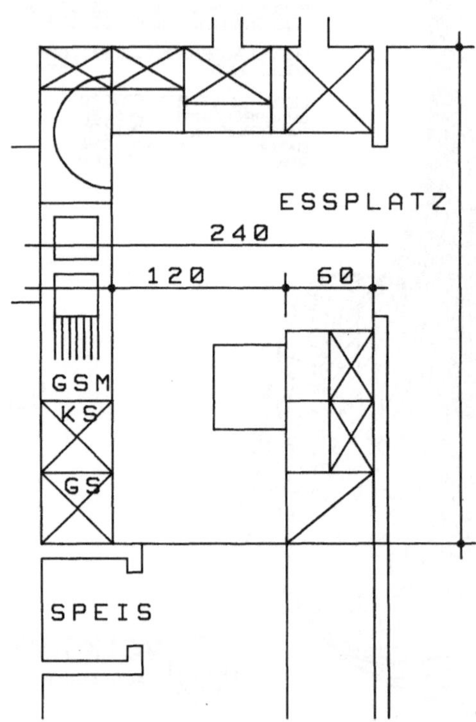

Abb. 1.26. CAD für Innenarchitekten: Einrichtung einer Küche. Mit freundlicher Genehmigung der Firma Sysgraph, Wien

3. Durch den Wegfall vieler unnötiger und lästiger Routinearbeiten kommt es zu einer Aufwertung der Arbeitsinhalte.
4. Ein weiteres Argument, das natürlich nicht einfach unberücksichtigt bleiben darf, ist die Rationalisierung. Trotzdem nimmt es nicht die Schlüsselstellung ein, die oft vermutet wird.
5. Nicht quantifizierbare Gründe. Darunter fallen Prestigedenken; Nachahmung der Konkurrenz; Angst, daß man gegen eine Konkurrenz, die CAD anwendet, nicht bestehen kann; oder einfach der Instinkt oder Eigensinn eines verantwortlichen Managers. So banal und lächerlich diese Gründe auch klingen mögen, man darf sie doch nicht unterschätzen.

Beispiel für ein ganz einfaches CAD-System

Die Beschreibung eines besonders einfachen Programms zur Erstellung elektrischer Schaltpläne enthält eine Fülle von Komponenten, die für den Konstruktionsteil eines komplexeren CAD-Systems typisch sind. Auch wenn diese Beschreibung nur sehr oberflächlich ist, kann man sich doch ein Bild von der Situation machen, die ein Konstrukteur an seinem Arbeitsplatz vorfindet.

Die Erstellung eines Schaltplanes findet interaktiv an einem graphischen Terminal mit einem zum Positionieren geeigneten Eingabegerät (z.B. Tablett, Lichtgriffel, Maus) statt. Die fertigen Schalt-

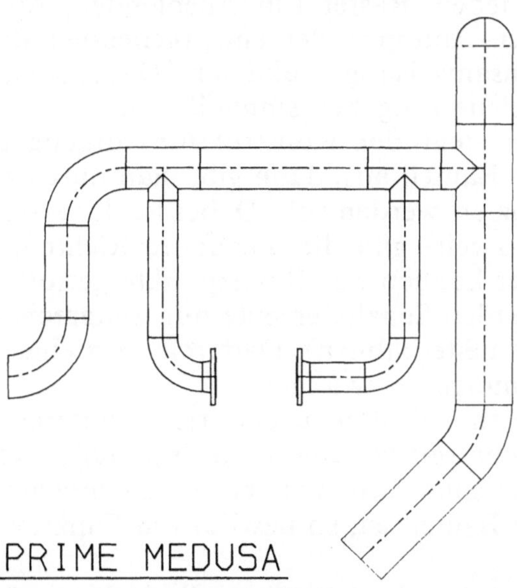

Abb. 1.27. Interaktive Erstellung eines Rohrplanes. Die entsprechenden Grundelemente sind in einer Datenbank abgelegt und können auch ergänzt werden. Mit freundlicher Genehmigung der Firma Prime-Datamed

pläne können dann mit einfachen Befehlen auf einem Plotter ausgegeben, abgespeichert und/oder zur Berechnung verschiedener Kenngrößen herangezogen werden.

Die Bildschirmfläche ist in drei Teile geteilt (Abb.1.28). Neben der eigentlichen Zeichenfläche sind das ein umfangreiches Menüfeld auf der rechten Seite und ein alphanumerischer Dialogbereich am oberen oder unteren Bildschirmrand.

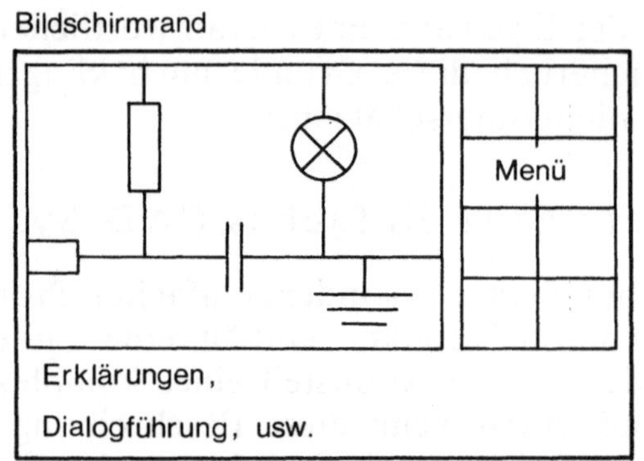

Abb. 1.28. Bildschirmfläche beim Konstruieren

Das Menüfeld enthält neben einer Auswahl von Schaltelementen, die als Bauteile dienen, noch Befehle wie Beschriften, Löschen, Verschieben, Raster Ein/Ausblenden, Ausschnitt Verändern, usw. Durch Antippen der entsprechenden Bereiche werden die Konstruktionsanweisungen aktiviert. Dabei steht jeweils in den Dialogzeilen, welche Eingaben sinnvoll sind.

Im einzelnen sieht der Konstruktionsvorgang so aus: Zuerst wählt man einen Bauteil aus, dann gibt man durch zwei Punkte an, wohin dieser plaziert werden soll. Dabei ist der erste Punkt der Anfangspunkt, der zweite gibt die ungefähre Richtung an. Bei eingeblendetem Raster können nur Rasterpunkte getroffen werden, und grundsätzlich werden Schaltelemente nur waagrecht oder senkrecht eingefügt (außer Leiterbahnen). Dadurch wird eine saubere äußere Form der Zeichnungen erzwungen.

Wenn dem Benutzer einmal ein Irrtum unterläuft, kann dieser ganz leicht ausgebessert werden. Man tippt auf „löschen“ und zeigt anschließend, welchen Teil man entfernen möchte. Wenn es der letzte eingefügte Bauteil ist, so bewirkt die Funktion „zurück“ dasselbe.

Durch den beschränkten Platz am Bildschirm können nicht alle zur Verfügung stehenden Bauteile im Menüfeld gleichzeitig aufscheinen. In einem weiteren Organisationszustand kann man aus einer großen Anzahl von verschiedensten Elementen die für den Konstruktionsvorgang benötigten auswählen. Die dabei entstehenden Bauteil-Zusammenstellungen erhalten eindeutige Namen und können mit diesen aufgerufen werden, sodaß ein rascher Wechsel zwischen verschiedenen Menükonfigurationen möglich wird.

Das Abspeichern und Auszeichnen, sowie einige andere Befehle und Angaben (z.B. Beschriftung, Erstellung von Stücklisten), werden von der Tastatur aus gesteuert. Es wird aber nocheinmal ausdrücklich darauf hingewiesen, daß viele Details systemspezifisch sind und bei den meisten Programmen völlig anders aussehen. Es sollte hier lediglich durch die Darstellung eines konkreten (hypothetischen) Beispiels die Anschaulichkeit erhöht werden.

1.3.3 Kartographie

Die Speicherung geographischer Daten mittels Computer ermöglicht die Erstellung sehr genauer Landkarten und Stadtpläne in jedem beliebigen Maßstab. Außerdem können alle Daten, die eine geographische Abhängigkeit aufweisen, mit kartographischen Methoden sehr übersichtlich wiedergegeben werden, etwa Bevölkerungsdichte und -wachstum, Durchschnittsgehalt, Wetterkarten, Vegetation usw. Natürlich werden diese Möglichkeiten auch bei strategischen Überlegungen ausgenutzt, sind also durchaus als militärisch bedeutungsvoll zu betrachten.

Besonders im städtischen Bereich kann mit dem Computer die hohe Dichte von geographischen Einzeldaten besser bewältigt werden. Neben den auf herkömmlichen Karten üblichen zwei Dimensionen kann für jedes Detail nun auch die Höhenlage mitgespeichert werden. Dadurch können neben der automatischen Generierung von Höhenschichtlinien auch Aufrisse erzeugt werden. Bei der Zeichnung kann man dann dem Verwendungszweck entsprechend vielfältige Variationen aus den gleichen Daten herstellen. Es können etwa bestimmte, für einen Zweck nicht benötigte Details weggelassen werden, Farben, Stricharten, Symbole und Schrift beliebig gewählt werden, ebenso der Maßstab und der Bildausschnitt (Abb.1.29 und 1.30).

1.3.4 Animation

Filme, die mit Computerhilfe erstellt werden, um Bewegungen echter oder fiktiver Gegenstände zu erhalten, werden immer populärer. Solche Filme werden sowohl im technisch-wissenschaftlichen

Abb. 1.29. Beispiel für einen computergefertigten Plan: Ausschnitt aus der Wiener Stadtkarte. Mit freundlicher Genehmigung der Magistratsdirektion, digitalisiert und automatisch gezeichnet im Magistrat der Stadt Wien, MD-ADV

Bereich eingesetzt, um bessere Anschaulichkeit bei gewonnenen Ergebnissen zu erzielen (z.B. chemische Prozesse), als auch bei der Herstellung von Kinofilmen, wo künstlich generierte Bilder, Filmteile oder Hintergründe immer mehr an Bedeutung gewinnen. Die Möglichkeit, nicht filmbare Ereignisse entstehen zu lassen, fasziniert natürlich sehr. Voraussetzung dafür ist, daß die Qualität ge-

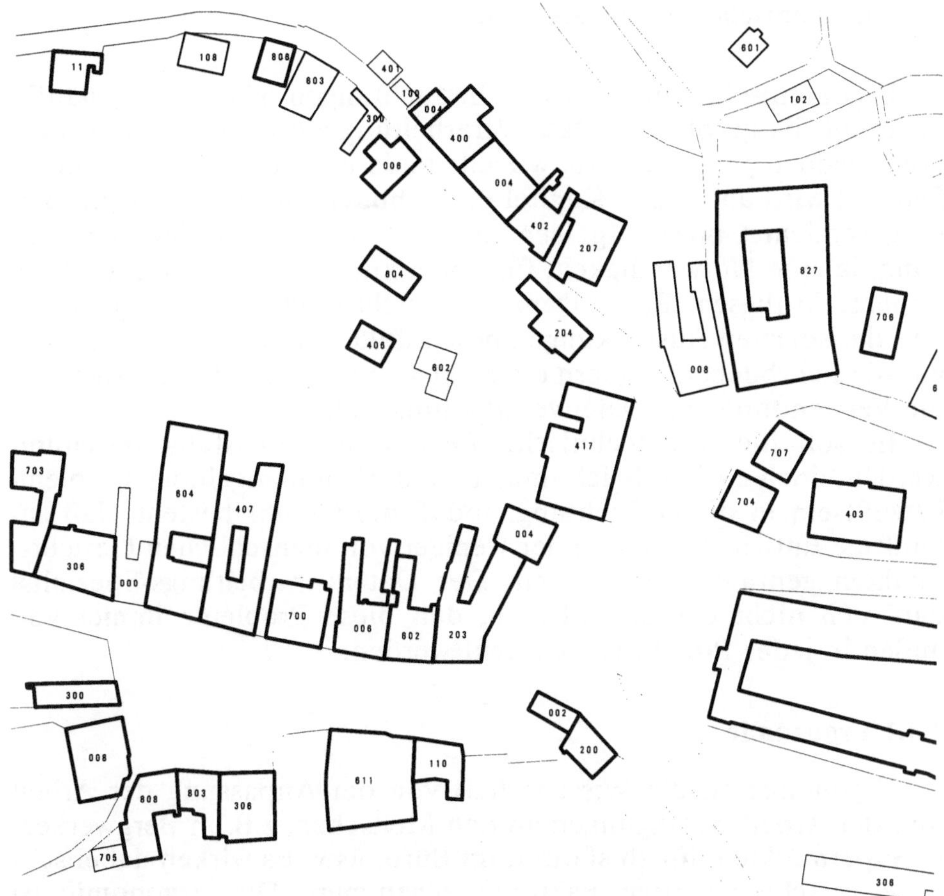

Abb. 1.30. Geographische Gebäudestatistik eines kleineren Ortes. Mit freundlicher Genehmigung der Magistratsdirektion, digitalisiert und automatisch gezeichnet im Magistrat der Stadt Wien, MD-ADV

eignet ist, diese Vorgänge echt erscheinen zu lassen. Auch die rapide Verbilligung der benötigten Geräte und die Entwicklung eigener Hardware extra für diesen Zweck trägt zur Weiterverbreitung bei.

Ein ganz neues Gebiet der graphischen Datenverarbeitung tut sich hier übrigens nebenbei auf, nämlich die künstliche Erzeugung von durch Zufall gesteuerten Naturphänomenen wie Wolken, Wasser, Nebel, Blumen, Bäume, Berge. Dieses Gebiet ist sehr nah verwandt mit der Computerkunst, die ebenfalls versucht mit Hilfe des Zufalls für das menschliche Auge ästhetisch wirkende Bilder und Formen zu erzeugen.

1.4 Ergonomische und soziale Aspekte

Ergonomische und soziale Betrachtungen sind zwangsläufig nicht auf die graphische Datenverarbeitung zu beschränken, sie gehören jedoch genauso dazu, wie alle anderen behandelten Bereiche. Sehr oft wird auf dieses Kapitel in Fachbüchern zur Datenverarbeitung verzichtet oder vergessen; umsomehr sehe ich eine Berechtigung, ja eine Notwendigkeit, für einen kurzen Abschnitt über diese Aspekte in diesem Buch. Denn das Nichtbeachten der Ergonomie und der sozialen Auswirkungen beschränkt sich leider allzuoft nicht auf die Lehrbücher, sondern erstreckt sich auch auf den Einsatz und die Verwendung von Datenverarbeitungsanlagen.

Es soll hier die technische Revolution keinesfalls verdammt werden, doch empfinde ich immer wieder ein mangelndes Problembewußtsein in dieser Richtung, sodaß die Gefahr besteht, daß zukünftige Entwicklungen immer weniger von menschlichen Gesichtspunkten geprägt sein könnten. Der Datenverarbeitungs-Spezialist darf sich nicht darauf verlassen, daß diese Probleme immer von außen in jedes Projekt eingebracht werden.

1.4.1 Ergonomie

Ergonomie ist die Wissenschaft von der Anpassung der Arbeit und der Arbeitsbedingungen an den Menschen, z.B. in Bergwerken, in Supermärkten, für Busfahrer, im Büro, usw. Es wirken dabei sehr viele verschiedenartige Faktoren zusammen. Die Ergonomie ist daher eine interdisziplinäre Wissenschaft. Interdisziplinäre Wissenschaften tragen immer die Gefahr in sich, daß sich einerseits niemand dafür zuständig fühlt, und daß andererseits das Fachgebiet nicht als vollwertige Wissenschaft anerkannt wird.

Wir wollen uns hier nur mit den Anforderungen an die Arbeit mit dem Computer beschäftigen. Dabei werden keine fertigen Lösungen angeboten, sondern vielmehr einige Forderungen angeführt, die von Bedeutung sind. Denn nicht überall können alle Forderungen erfüllt werden, es muß in jedem Einzelfall eine eigene Lösung ausgearbeitet werden, außerdem sind viele Ideen von subjektiven Gesichtspunkten beeinflußt.

Hardware-Ergonomie

Unter Hardware-Ergonomie versteht man die Anpassung der physischen Umgebung eines Computerarbeitsplatzes an den Körper und die Psyche des menschlichen Benutzers. Die folgenden Punkte beeinflussen das Wohlbefinden, die Ermüdung und letztlich die Gesundheit von Terminalbenutzern.

Bei der Konstruktion von Bildschirmen hat man sich schon relativ viele Gedanken gemacht. Die Faktoren Schwenkbarkeit, Blendungsfreiheit, Entspiegelung, Flimmerfreiheit, Farbe des Schirms, Helligkeitsregelung, Kontrastregelung, Auflösung und ähnliche sind heute bei vielen Terminals bereits berücksichtigt.

Auch bei Eingabegeräten ist ein Trend zu ergonomisch günstigen Lösungen unverkennbar. Die Erzeugung flacher und beweglicher Tastaturen, die Ablöse des Lichtgriffels (Armgewicht!) durch das Universaleingabegerät Maus, die Erkenntnis, daß das Wechseln zwischen verschiedenen Geräten belastend ist, die vermehrte Verwendung von Beleghaltern und viele ähnliche Fakten sind die Auswirkungen.

Die Bedeutung der Arbeitsumgebung auf das Wohlbefinden wird oft stark vernachlässigt. Angefangen von der richtigen Wahl der Möbel (korrekte Tischhöhe, verstellbare Sessel), einer zweckmäßigen Aufstellungsanordnung und der Berücksichtigung des Lichteinfalls dabei, bis hin zur Wandfarbe, der Temperatur und der Anzahl der Personen in einem Raum reicht hier das Spektrum.

Abgesehen von allen Aspekten des Wohlbefindens, der Arbeitszufriedenheit und der Zweckmäßigkeit müssen vor allem körperlich gesundheitsschädigende Faktoren ausgeschaltet werden. Dazu zählen die Belastung der Augen durch die Bildschirmarbeit, die Belastung der Wirbelsäule durch das Sitzen, die Strahlenbelastung durch die Röhre und eine eventuelle Lärmbelästigung durch Drucker, Plattenstationen und dergleichen. Bei einigen dieser Punkte ist ein ausreichender Schutz durch eine sinnvolle Regelung der Arbeitszeit am Terminal möglich.

Software-Ergonomie

Als Ergänzung zur Hardware-Ergonomie versteht man unter Software-Ergonomie die Anpassung ausschließlich psychischer Komponenten eines Computerarbeitsplatzes an den Menschen; das ist also eine Anpassung der Programme an die Anforderungen des Benutzers. Auf diesem Gebiet gibt es noch einen relativ bescheidenen Erkenntnisstand. Trotzdem ist das Problembewußtsein in der letzten Zeit stark angestiegen.

Mehr noch als bei der Hardware-Ergonomie ist hier ein Umdenken in breiten Kreisen erforderlich. Durch die relativ große Auswahl an (gleichwertigen) Terminals wird ein gewisser Druck auf den Markt ausgeübt, umsomehr, als die Berücksichtigung ergonomischer

Komponenten meist keine oder nur geringfügige Mehrkosten verursacht. Der Software-Markt ist wesentlich unübersichtlicher. Außerdem bindet man sich oft beim Kauf von Hardware an bestimmte Software-Produkte. Dadurch ist eine gewisse Inflexibilität des Käufers gegeben, der noch dazu froh sein muß, wenn er überhaupt bekommt, was er möchte. Die Firmen sehen sich daher wenig gedrängt, Aspekte der Software-Ergonomie zu berücksichtigen, die den ohnehin hohen Aufwand der Software-Erstellung noch erhöhen könnten. Eine Verbesserung kann derzeit nur durch eine fundierte Ausbildung der Programmierer und Analytiker, sowie durch die Vorbildwirkung anerkannter Programme auf diesem Gebiet erzielt werden. Erstrebenswert wären aber auch herstellerunabhängige Richtlinien zur Dialoggestaltung, um wenigstens ein oftmaliges Umgewöhnen zu vermeiden.

Folgende Programm-Eigenschaften erleichtern das Leben mit dem Computer:

- Benutzerfreundlichkeit, als allgemeiner Oberbegriff über viele Forderungen;
- Leichte Erlern- und Bedienbarkeit, auch für gelegentliche Benutzer;
- Vorhersehbare Reaktionen;
- Keine unnötigen Wartezeiten: Bereits nach zwei bis drei Sekunden verliert man die Konzentration auf die unmittelbare Aufgabe;
- Konfigurierbare Dialoge: Jeder Benutzer ist anders, hat andere Stärken, Schwächen, Vorlieben und Aufgaben; es sollte sich bis zu einem gewissen Grad jeder das System individuell gestalten können;
- Robustheit: Ein System darf *nie* abstürzen;
- Verständlichkeit: Aussagekräftige Systemmeldungen in Verbindung mit der Vermeidung unverständlicher Fachausdrücke;
- Hilfe-Funktionen: Jedes Programm sollte sich selbst erklären können;
- Fehlertolerante Eingaben, d.h. daß ein Programm geringfügige Benutzerfehler selbst korrigieren kann;
- Motivation: man wird sich bemühen müssen, fesselnde Komponenten in Programme einzubauen, so wie das bei vielen Spielprogrammen geschieht;
- WYSIWYG (= What You See Is What You Get): am Bildschirm sichtbare (Zwischen-)Ergebnisse müssen mit dem Endprodukt übereinstimmen;
- und viele andere.

Bei der Realisierung all dieser Punkte wird natürlich die graphische Datenverarbeitung eine wichtige Rolle spielen, besonders durch die Übersichtlichkeit, mit der Informationen dargebracht werden können, und daher schneller überschaubar sind.

1.4.2 Soziale Aspekte

Die Zeitspannen, in denen sich die Menschheit an eine neue technische Entwicklung gewöhnen konnte, nahmen in den letzten Jahrzehnten rasant ab. Von der Entwicklung des Computers bis zu dessen breitem Einsatz vergingen nur wenige Jahre. Vor allem die Berufswelt kann sich nicht schnell genug den geänderten Bedingungen anpassen. Anstatt die gebotenen Chancen zu nützen und die Arbeitnehmer von lästigen Routineaufgaben zu befreien, ihre dadurch freiwerdenden Kapazitäten zur Erweiterung des Handlungs- und Entscheidungsspielraumes zu verwenden, und damit ihre Motivation und Arbeitszufriedenheit zu steigern, werden vielfach die neuen Technologien einfach in die alten Organisationsstrukturen gezwängt. Die Arbeit wird weiter zerstückelt („taylorisiert"), und die Kompetenz des einzelnen sinkt. Mißtrauen und Verschlechterung der Arbeitsbedingungen sind die Folge. Denn oft entspricht die rosarote Welt, die uns Computerhersteller und -vertreiber darzustellen versuchen, nicht annähernd der Wirklichkeit.

Um dem Benutzer ein Produkt bieten zu können, das seinen Anforderungen weitgehend entspricht und von ihm auch akzeptiert wird, ist es notwendig, ihn in *jede* Phase der Einführung des Systems miteinzubeziehen. Dadurch wird nicht nur ein realitätsbezogenes Ergebnis erzielt, die Betroffenen können sich auch viel eher mit der Neuerung identifizieren. Wie aus der Auswertung verschiedener Umfragen in Firmen hervorgeht, beruht die Ablehnung von Computeranlagen oft auf Unwissenheit und auf nicht rational begründbarer Angst vor Veränderungen, die einem aufgezwängt werden.

Folgende Ziele sollten bei Einführung eines Computers verfolgt werden:

- nicht quantitative Verbesserungen, sondern qualitative, also nicht mehr erzeugen, sondern bessere Produkte;
- nicht Rationalisierung des Betriebs, sondern Verbesserung der Arbeitsbedingungen, z.B.
  weniger Routinearbeiten,
  weniger Zeitdruck,
  Weiterbildung,
  Forschung, Innovation, usw;

- nicht Dequalifikation der Arbeitnehmer durch Arbeitsteilung, sondern Zugang zu allen Systembereichen für alle — also Erhöhung der Verantwortung, Teamarbeit;
- Änderungen der Arbeitsorganisation sollten nur gut geplant und unter Einbeziehung aller Betroffenen, und unter Einhaltung folgender Grundgedanken realisiert werden:
  Abbau der Arbeitsteilung,
  Förderung der Gruppenarbeit,
  Erweiterung der Aufgabenbereiche,
  Förderung der Eigeninitiative und Kreativität,
  rechtzeitige Umschulung aller Beteiligten,
  Humanisierung;

Neue Systeme sollten nicht *für* die Menschen, die damit arbeiten müssen (sollen), geschaffen werden, sondern gemeinsam *mit* diesen Menschen. Dadurch wird nicht nur die Akzeptanz erhöht, es wird auch eine objektivere Beurteilungsfähigkeit der neuen Technologien erreicht — im positiven wie im negativen Sinn.

Der Computer soll den Menschen von lästigen Routinearbeiten befreien und nicht neue schaffen. Der Entscheidungsspielraum des einzelnen und seine Verantwortung für das Produkt müssen erhöht werden. Wenn er richtig eingesetzt wird, kann der Computer (auch im Bereich der graphischen Datenverarbeitung) die Arbeitszufriedenheit sehr wohl erhöhen.

Eine andere Gefahr, die die Einführung von Computerarbeitsplätzen mit sich bringt, ist der Verlust des sozialen Umfeldes der betroffenen Arbeitnehmer. Der Arbeitsplatz am Terminal ist meist ein sehr einsamer: Einziger Gesprächspartner ist die Maschine, die gegebenenfalls im Dialogverfahren den Menschen auf Fehler aufmerksam macht, ihm Lösungsvorschläge unterbreitet und auch für die Kommunikation mit den Mitarbeitern sorgt. Die Spekulation auf Zeitgewinn durch den Wegfall der zwischenmenschlichen, informellen Kommunikation ist trügerisch. Ohne persönlichen Kontakt verkümmern Ideen, es fehlen gegenseitige Anregung, Lob und Kritik, sodaß die Gesamtmotivation - und damit auch die Leistung - sehr bald abnehmen wird. Die offizielle Kaffeepause, das gemeinsame Mittagessen, das Verrichten von Tätigkeiten zwischendurch, die ein Gespräch mit Kollegen ermöglichen, sind nur einige Anregungen, um diese Gefahr zu mindern.

Jedenfalls sollte man sich über alle diese Fragen bereits vor der Einführung eines Computersystems Gedanken machen - im Interesse aller.

Unter die sozialen Auswirkungen fallen im weitesten Sinn auch alle gesellschaftspolitischen Fragen des EDV-Einsatzes. Dazu zählen so verschiedene Fragen wie die Gefahren und Vorteile der Verdrahtung (z.B. BTX), die Auswirkungen auf Schüler beim Einsatz des Computers als Lehrer, die Vor- und Nachteile der computerunterstützten Diagnose in der Medizin, die hohen Arbeitslosenraten infolge der rigorosen Rationalisierung, die Vision „Großer Bruder“ (z.B. Polizeiinformationssysteme, Zentralmeldecomputer) und viele andere. In all diesen Bereichen wird auch die graphische Datenverarbeitung zu einer weiteren Verfeinerung der Systeme beitragen, und man muß sich bei jeder derartigen Anwendung intensive Gedanken machen, ob sich alle Auswirkungen mit dem eigenen Gewissen vereinbaren lassen.

2. Graphische Programmierung

2.1 Steuerung der graphischen Geräte

Der Aufbau eines Systems mit graphischen Geräten sieht (grob vereinfacht) etwa so aus:

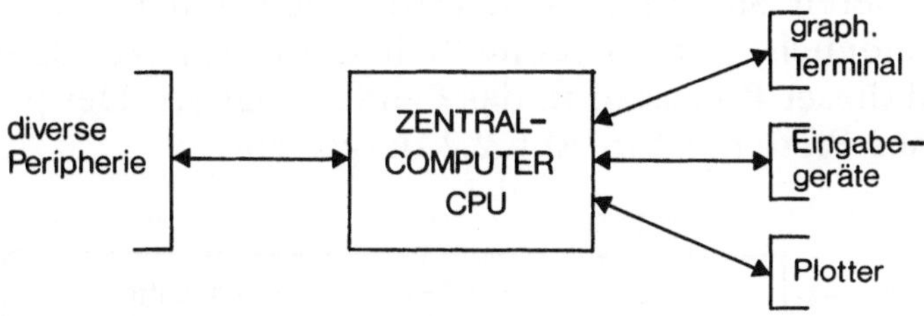

Abb. 2.1. Aufbau eines graphikfähigen Systems

Dies ist die klassische Methode, graphische Endgeräte zu steuern. Das Programm läuft auf einem zentralen Computer (Host) und hat Kontrolle über alle Geräte, d.h. jedes Gerät wird durch Transfer von Daten vom Host zu diesem Gerät gesteuert. Umgekehrt bewirkt auch jede Eingabe einen Datentransfer zum Zentralcomputer.

Mit dem Aufkommen von Arbeitsplatzrechnern und verteilten Systemen verschwimmt dieses klare Konzept etwas. Da die einzelnen Komponenten wieder strukturell ähnlich aufgebaut sind, reicht in dieser Einführung dieses einfache Modell zur Beschreibung der Prinzipien.

Es wird nun beschrieben, welche Daten den graphischen Geräten gesendet werden müssen, damit die gewünschten Wirkungen erzielt werden. Nicht behandelt werden die hardwarenahen Spezifikationen.

Wir nehmen an, daß das Übertragen eines Zeichens eine definierte Aktion ist, die nicht speziell zur graphischen Datenverarbeitung gehört und anderswo detailliert erklärt wird. Dementsprechend wird auch nicht auf die verschiedenen Codes (ASCII, EBCDIC, ...) und die Normungsprobleme der Schnittstellen selbst (RS232, RS422, 20mA, GP-IB, ...) eingegangen.

Die Art, wie graphische Geräte gesteuert werden, wird in zwei Klassen eingeteilt. Zum einen werden Plotter und Bildspeicherschirme meist inkremental gesteuert, d.h. es wird jeweils von der letzten Endposition aus weitergezeichnet. Wiederhol- und Rastergeräte dagegen verfügen im allgemeinen über einen eigenen Speicherbereich, in dem das Bild abgelegt ist, und werden durch Veränderung des Speicherinhaltes gesteuert.

2.1.1 Plotter

Das Bild wird gezeichnet, indem die Motoren, die die Stifte bewegen, geeignet gesteuert werden. Das Wissen über die Art dieser NC-Motoren ist für den Programmierer von geringem Interesse. Außerdem ist deren Steuerung sehr zeitkritisch und nur durch einen Prozessor möglich, der ausschließlich dafür zur Verfügung steht. Daher wird dieser Prozessor in das Gerät integriert. Der prinzipielle Aufbau eines Plotters ist in Abb.2.2 dargestellt.

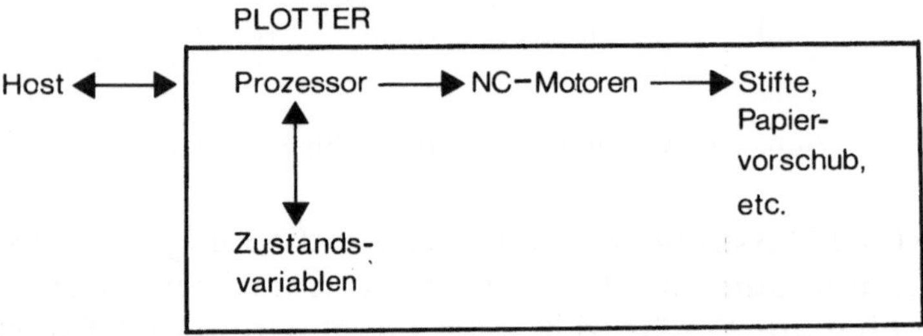

Abb. 2.2. Aufbau eines Plotters

Auf diese Art ist es jetzt möglich, dem Plotter die Befehle in symbolischer Weise zu schicken. Die Plotter-interne CPU interpretiert sie und steuert dementsprechend die NC-Motoren. Dazu muß das Gerät einige Informationen über den jeweiligen Zustand verfügbar haben, etwa welcher Stift sich gerade am Arm befindet und wo dieser positioniert ist. Diese Informationen stehen in eigenen Zustandsvariablen.

Eine typische Befehlsfolge für einen solchen Plotter könnte etwa folgendermaßen aussehen:

„Hole roten Stift“
„Fahre zur Position (x1/y1)“
„Senke den Stift“
„Fahre zur Position (x2/y2)“
„Hebe den Stift“
. . .

Dadurch würde eine rote Linie von (x1/y1) nach (x2/y2) gezeichnet werden. Man sieht auch sofort den Sinn der Zustandsvariablen, denn der Befehl „Hebe den Stift" darf, wenn der Stift bereits angehoben ist, zu keiner Aktion führen.

Durch das Vorhandensein einer eigenen CPU mit Speicher im Plotter besteht natürlich zusätzlich die Möglichkeit, weitere Hilfsarbeiten statt im Zentral-Computer in dem peripheren Gerät ausführen zu lassen. Viele Geräte können etwa selbständig Kreise und Buchstaben generieren, mit verschiedenen Linienarten, Geschwindigkeiten, Beschleunigungen und Aufdruckstärken zeichnen (für spezielle Stifte), die Zeichnung selbst am Rand abschneiden (clippen), und einiges mehr. Man spricht dabei von dezentraler oder peripherer Intelligenz.

Die Software-Schnittstelle zwischen dem Host und dem Plotter kann man also auf verschiedenen Ebenen definieren. Außerdem erfindet jeder Gerätehersteller eigene Befehlssätze. Um mit einem Programm verschiedene Geräte ansprechen zu können, ist hier eine Normung erforderlich. Pseudo-Standards wurden von großen Firmen entworfen und in der Folge von vielen Geräteherstellern verwendet (PLOT10, CALCOMP, ...). In den letzten Jahren wurde durch die Entwicklung des Graphischen Kernsystems (GKS) ein großer Fortschritt erzielt (siehe Kapitel 2.5).

Ganz ähnlich wie die Plotter werden auch Bildspeicherschirme angesprochen, deren logischer Aufbau sehr ähnlich ist. Vielfach verwendet man auch dieselben Schnittstellen.

2.1.2 Bildschirme

Ausgeklammert werden hier Bildspeicherschirme, deren Elektronenstrahl ähnlich gesteuert wird, wie die Stifte eines Plotters. Es soll also nur von solchen Konfigurationen die Rede sein, bei denen das Bild dauernd neu gezeichnet wird.

Analog zu 2.1.1 hilft uns wieder ein grob vereinfachtes Diagramm, das Prinzip zu verstehen (Abb.2.3).

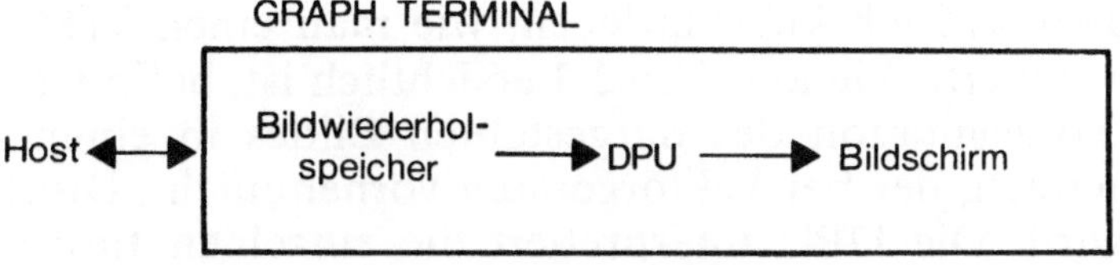

Abb. 2.3. Aufbau eines graphischen Terminals

Der Bildwiederholspeicher enthält das jeweils sichtbare Bild in einer Form, die es einem eigenen Prozessor (Display Processing Unit) ermöglicht, dieses genügend schnell auf den Schirm zu zeichnen. Dieser Bildwiederholspeicher enthält je nach Bauart Raster- oder Vektorinformationen. Es gibt viele andere Bezeichnungen für diesen Speicher, z.B. Video-RAM, Display-File, Frame-Buffer, Bildpuffer oder ähnlich.

Bei Verwendung eines Modulators ist es auch möglich, einen gewöhnlichen Fernsehschirm als Ausgabegerät zu verwenden (Abb.2.4).

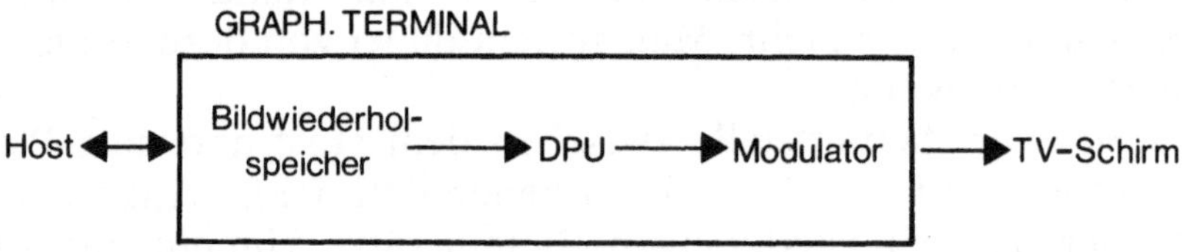

Abb. 2.4. Verwendung eines TV-Schirmes als Ausgabegerät

Eine Änderung des Bildwiederholspeicher-Inhaltes hat eine sofortige Änderung des sichtbaren Bildes zur Folge. Man braucht also vom steuernden Computer her nur die Möglichkeit, diesen Speicherbereich zu beschreiben. Das wichtigste dabei ist die Kenntnis über das verwendete Datenformat. Dieses hängt in erster Linie davon ab, ob es sich um ein Vektorgerät oder um einen Rasterschirm handelt.

Vektorschirm

Noch vor wenigen Jahren waren Vektorwiederholschirme die dominierende Methode, um sich ändernde Bilder darzustellen. Mittlerweile wurden sie von den wesentlich billigeren Rasterschirmen in ihrer Bedeutung stark zurückgedrängt. Ein Rasterschirm mit hoher Auflösung, hoher Intelligenz und tausenden von Farben ist heute in der Anschaffung billiger als ein guter Vektorschirm, und ist ebenfalls imstande, die meisten Aufgaben zu erfüllen. Außerdem wurden die dargestellten Bilder immer komplexer, sodaß Vektorschirme oft nicht mehr flimmerfrei arbeiten konnten.

Trotzdem will ich kurz darlegen, wie man einen Vektorwiederholschirm steuert. Wie aus Abb.2.3 ersichtlich ist, befindet sich eine interne Repräsentation des dargestellten Bildes in einem eigenen Speicherbereich, der bei Vektorgeräten vornehmlich „Display-File" genannt wird. Die DPU interpretiert die einzelnen Informationen des Display-Files und steuert entsprechend den Elektronenstrahl.

Für die DPU ist das Display-File also ein kleines Programm, das das Bild festlegt. Die Aufgabe des Graphikprogramms im Zentralrechner ist es nun, dieses Display-Programm zu schreiben und zu verändern. Dadurch entsteht und verändert sich am Bildschirm das Bild. Unter Einhaltung bestimmter Regeln können in diesem Programm auch Änderungen vorgenommen werden, die eine unmittelbare Änderung des Bildes bewirken.

Die Struktur der Display-Befehle ist denen eines einfachen Assemblers ähnlich. Die einzelnen Anweisungen legen entweder eine neue Position fest oder ziehen einen geraden Strich von der aktuellen Position zu einer neuen. Durch die Verwendung von Sprungbefehlen und Unterprogrammaufrufen kann der Speicherbereich recht effizient ausgenützt werden. Die dabei verwendeten Datenstrukturen werden noch in Kapitel 2.3 an einem Beispiel erläutert.

Rasterschirm

Die Funktionsweise eines Rasterschirmes ist etwas anders. Jedem darstellbaren Punkt der Sichtfläche entspricht ein mehr oder minder großer Speicherbereich, dessen Inhalt das Aussehen des Punktes festlegt. Im einfachsten Fall beträgt dieser Speicherbereich genau ein Bit pro Pixel; diese Geräte nennt man auch „Bitmapped“. Ist das Bit gesetzt, so leuchtet der assoziierte Bildpunkt; ist es nicht gesetzt, so ist der Bildpunkt dunkel (oder umgekehrt). Daher kommt auch die Formulierung „ein Bildpunkt ist gesetzt“. Durch Verwendung mehrerer Bits pro Pixel können auch Graustufen und Farben festgelegt werden.

Die primitivste Steuermethode bei Rasterschirmen ist das direkte Manipulieren im Wiederholspeicher. Beispielsweise habe ein monochromes Gerät eine Auflösung von 256x256 Pixel, und A sei die Anfangsadresse des Frame-Buffers. Dann könnte die Berech-

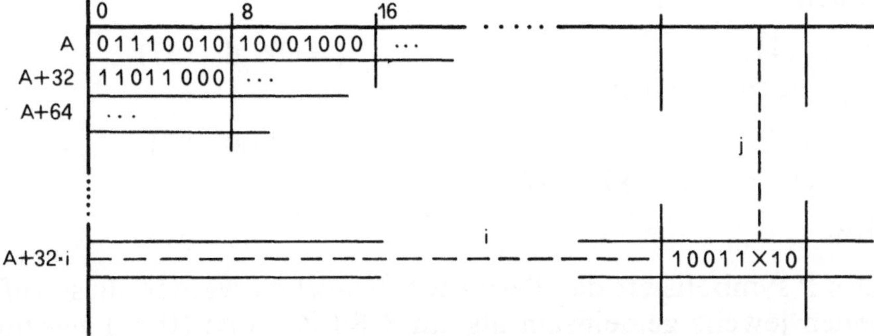

Abb. 2.5. Berechnung der Speicheradresse eines Rasterpunktes

nung der Adresse eines Bildpunktes (i/j) folgendermaßen aussehen (Abb.2.5).

Oft werden die Bits der einzelnen Speicherzellen in umgekehrter Reihenfolge angesprochen, als es ihrem Wert entsprechen würde; daher muß statt dem k-ten Bit das (8-k)te Bit verwendet werden. Um den Bildpunkt (i/j) zu verändern, muß also hier das Bit

$(8-(j \bmod 8))$ der Adresse $A+32\cdot i+(j \operatorname{div} 8)$

beschrieben werden.

Natürlich könnte diese Berechnung auch etwas anders aussehen. Auf jeden Fall ist es sehr mühsam, ein Bild auf diese Weise zu erstellen. Daher werden, ähnlich wie bei den Plottern, „intelligentere" Geräte hergestellt, die symbolische Kommandos verarbeiten können. Die Realisierung erfolgt wieder durch Verwendung eines zusätzlichen Prozessors, der die dezentralen Aufgaben des Gerätes übernimmt (Abb.2.6).

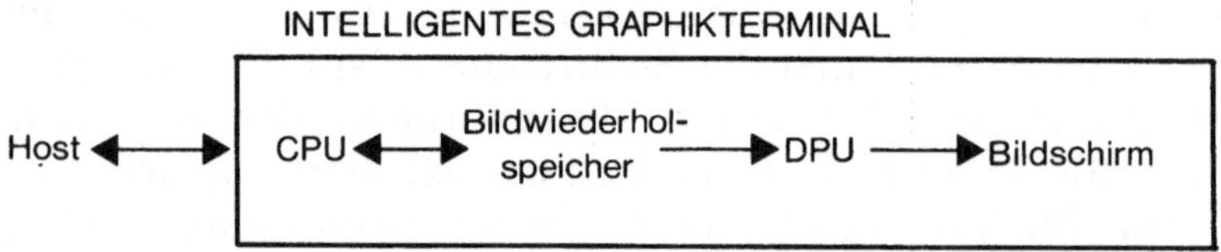

Abb. 2.6. Aufbau eines intelligenten graphischen Terminals

Einfachste symbolische Befehle sind z.B. „Setze Rasterpunkt hell", „Lösche Schirm", „Zeichne eine Linie" usw. Dabei wird ein Punkt durch seine Koordinaten übergeben, im Beispiel werden also i und j an das Gerät gesendet, und die geräteeigene CPU übernimmt die Umrechnung in die Speicheradresse. Das verwendete Format könnte also etwa die folgende Gestalt haben:

```
P1111110  P1100110  P0100110     (=Oktal  176  146  46)
  hell        i         j

P0011111                         (=Oktal   37)
Bildschirm löschen

P1111100  ....  ....  ....  .... (=Oktal  174  ....)
  Linie     x1    y1    x2    y2
```

usw.

Das P symbolisiert das Parity-Bit. Natürlich werden diese Informationen jeweils gemeinsam als ein 8-Bit-Zeichen (Byte) gesendet.

Der Vorteil bei intelligenteren Geräten liegt natürlich nicht nur darin, daß man es sich erspart, die Adressen der Bildpunkte im Wiederholspeicher zu berechnen, bzw. den Aufbau dieses Speicherbereiches überhaupt zu kennen. Schließlich ist die Berechnung der Zeichen, die jetzt übertragen werden, auch nicht ganz einfach. Viel bedeutsamer ist die Tatsache, daß bei manchen komplexeren Aktionen das Gerät die Durchführung übernimmt. So ist etwa die Auswahl der Rasterpunkte, die eine Linie darstellen sollen, eine Aufgabe, die das Gerät selbständig ausführen kann. Dadurch wird nicht nur der Host-Computer entlastet, es wird auch die Übertragungszeit wesentlich kürzer sein. Die auf wenige Aktionen spezialisierte Hardware des Gerätes kann die Linie auch viel schneller generieren.

Viele Terminals sollen nicht ausschließlich als Graphikschirme verwendet werden, man möchte auch die üblichen alphanumerischen Funktionen mit ihnen ausführen, z.B. Editieren. Solche Geräte werden daher oft mit zwei Betriebsarten gebaut, eine für Graphik und eine für Text. Mit speziellen Sonderzeichen schaltet man zwischen diesen beiden Zuständen hin und her. Auch dieses Umschalten wird erst durch den zusätzlichen Prozessor möglich.

Schreibzustand: Das Terminal verhält sich wie ein gewöhnliches Terminal, lediglich ein spezielles (nicht druckbares) Kontrollzeichen bewirkt ein Umschalten in den Graphikbetrieb.

Graphikzustand: Alle ankommenden Zeichen werden als Bildinformation interpretiert, ein spezielles Zeichen schaltet wieder in den Textbetrieb.

Beispiel:

ASCII-Code Oktal		Bedeutung im Text-Mode	Bedeutung im Graphik-Mode	
035		Umschalten in den Graphik-Mode	keine Wirkung	
037		keine Wirkung	Umschalten in den Text-Mode	
130		A	P1000001	zusammen ein Zahlenwert, z.B. die x-Koord. eines Punktes
131		K	P1001011	
031		Cursor um eine Zeile nach unten	Schirm Löschen	
033	zusammen	Umschalten auf 132 Zeichen/Zeile	Farbe auf Dunkel setzen	
177				
007		Glocke	Glocke	

usw.

2.1.3 Graphisches Tablett

Anhand des Tabletts wird kurz aufgezeigt, wie man ein typisches graphisches Eingabegerät ansteuert. Der Unterschied zu den Ausgabegeräten besteht darin, daß man hier nicht dem Gerät Daten zukommen lassen möchte, sondern von diesem Informationen erhalten möchte, in welchem Zustand es sich gerade befindet und welche Aktionen der Benutzer ausführt. Die wichtigste Aufgabe besteht also nicht im Senden von Zeichen, sondern im Empfangen. Dennoch muß den meisten Geräten zuerst mitgeteilt werden, welche Art von Informationen sie bereitstellen sollen.

Für ein einfaches graphisches Tablett kann das etwa folgendermaßen aussehen. Das Tablett kann sich in verschiedenen Zuständen befinden: Stift ist abgehoben, Stift berührt die Unterlage, Stift ist fest aufgedrückt. Im ersten Fall kann natürlich keine Position des Stiftes ermittelt werden. Das steuernde Programm muß nun jedesmal, wenn es wissen will, was der Benutzer gerade macht, eine Aufforderung schicken (z.B. ein bestimmtes Kontrollzeichen). Daraufhin wird das Tablett eine Kette von Zeichen zurückschicken, die den Zustand des Stiftes und dessen Lage angibt. Um das Format dieser Datenübertragung immer gleich zu halten, wird bei abgehobenem Stift einfach eine unsinnige Lage mitgeliefert. Ansonsten sind die Informationen ähnlich verschlüsselt, wie man sie auch einem Terminal schickt.

Das folgende Programmstück erwartet die Eingabe eines Punktes des Tabletts durch Aufdrücken des Stiftes. Dabei wird ein Cursor am Bildschirm mitgeführt, solange der Stift noch nicht niedergedrückt wurde.

```
fertig:=false;
repeat send('P');
  receive (ch,x,y);
  if ch='B'
  then  (* Stift berührt *)
    begin  "lösche alten Cursor";
       "zeichne Cursor an die Stelle (x/y)"
    end
  else
    if ch='G'
    then  (* Stift ist niedergedrückt *) fertig:=true
    else  (* Stift ist abgehoben, hier geschieht nichts *)
until fertig
```

Auch in Eingabegeräte kann man dezentrale Intelligenz einbauen. So ist es zum Beispiel häufig möglich, eine Skalierung der Tablettfläche vorzunehmen, die also die Größenordnung der Koordinaten festlegt. Damit kann man die Tablettkoordinaten an die Gerätekoordinaten des verbundenen Bildschirms oder an die verwendeten Benutzerkoordinaten anpassen (vergleiche Kapitel 2.4).

2.1.4 Verwendung von Unterprogrammen

In Wirklichkeit wird natürlich niemand ein Programm schreiben, in dem Zeichnungen durch das Zusammensetzen solcher unverständlicher Zeichen erstellt werden, oder ein Tablett auf so einem einfachen Niveau angesteuert wird. Wenn kein vorgefertigtes graphisches Unterprogrammpaket zur Verfügung steht (siehe Kapitel 2.4), ist es ratsam, sich für die wichtigsten Operationen, die immer wieder vorkommen (z.B. Zeichnen einer geraden Linie, Löschen des Bildschirms, Wechseln der Zeichenfarbe, Führen eines Cursors, ...), einige kurze Prozeduren zu schreiben. Das folgende Beispiel soll zeigen, wie einfach das sein kann. Auch das Programmstück aus dem vorigen Kapitel kann als Prozedur definiert werden.

```
procedure line (x1,y1,x2,y2:real);
var xa,ya,xe,ye:char;
begin
  send (chr(35));
  ... (* Umwandeln von (x1/y1) und (x2/y2) in die für die
    Übertragung erforderliche Form in (xa/ya) und (xe/ye) *)
  send (xa); send (ya);
  send (xe); send (ye);
  send (chr(37))
end;
```

2.2 Modelle für graphische Objekte

Unter graphischen Objekten wollen wir hier Dinge verstehen, die sich in irgendeiner Form graphisch darstellen, also zeichnen lassen. Zeichnungen sind zweidimensionale Abbilder von Objekten, obwohl es verschiedene Methoden gibt, eine dritte Dimension vorzutäuschen. Neuere Technologien ermöglichen teilweise sogar echte dreidimensionale Ausgabe, siehe dazu Kapitel 1.2.1.

Im Unterschied zum Abbild hat auch das Objekt selbst bereits zwei oder drei Dimensionen. Schaltpläne oder andere Diagramme sind etwa von ihrer Struktur her zweidimensional, wogegen ein darzustellender Maschinenbauteil prinzipiell drei Dimensionen hat. Diesem Umstand muß natürlich das zugrunde liegende Modell angepaßt sein.

Als Modell eines graphischen Objektes soll hier das konzeptionelle Schema der Datendarstellung verstanden werden, also die Sichtweise eines Anwendungsprogrammierers bei Verwendung einer geeigneten Datenbank. Sehr oft stimmt dieses Modell auch mit der Sichtweise des Benutzers überein.

Die eigentliche, interne Darstellung der Daten (Datenstrukturen) wird im nächsten Kapitel behandelt. Erst aus diesen Daten wird dann die Zeichnung angefertigt (Abb.2.7).

Abb. 2.7. Stadien der Bildentstehung

Sehr oft unterliegen Zeichnungen einer gewissen Hierarchie, d.h. jeder Teil ist aus mehreren Teilen niedrigerer Komplexitätsstufen aufgebaut. Dies läßt sich am besten mit einem Beispiel verdeutlichen.

Beispiel:

Ein Schaltplan enthält oft gewisse zusammenhängende Unterstrukturen oder Teilschaltkreise, die jeder für sich eine bestimmte Aufgabe haben, und möglicherweise auch wiederholt vorkommen. Jeder solche Teilschaltplan besteht aus mehreren Schaltelementen, die wiederum aus einzelnen Strichen zusammengesetzt sind. Der Entwurf für ein komplexeres Konstruktionsvorhaben kann seinerseits wieder viele Schaltpläne beinhalten. Man sieht also, daß jeder Teil irgendwo in dieser Hierarchie angesiedelt ist.

2.2.1 2D-Modelle

Bei den zweidimensionalen Modellen ist keine klare Trennung der Begriffe Konzept und Abbild gegeben, da sie sich bis zu einem gewissen Grad entsprechen. Die Abbildung eines zweidimensionalen Modells ist ein trivialer Vorgang. Prinzipiell unterscheidet man zwischen solchen Bildern, die aus Strichen zusammengesetzt sind (lineales Modell), und solchen, die aus Flächen zusammengesetzt sind (areales Modell).

Lineales Modell

Dies ist sozusagen das klassische Modell der graphischen Datenverarbeitung. Ein Bild besteht aus Punkten und Linien, folglich werden die Objekte auch aus Punkten und Linien zusammengesetzt. Typische Grundelemente dabei sind Punkt, Gerade, Kreis, Kreisbogen, Buchstaben, Ellipsen, Splines, usw. Zur Konstruktion werden Operationen wie Positionieren, Aneinanderhängen, Übereinanderlegen und ähnliche verwendet. Damit kann man im allgemeinen alles darstellen, was der technische Zeichner auf dem Reißbrett zu zeichnen imstande ist.

Das lineale Modell wird häufig für Anwendungen verwendet, deren Struktur konzeptionell zweidimensional ist, wie Präsentationsgraphik, Schaltplanentwurf und Netzplanverwaltung. Allerdings werden dabei häufig auch Rasteroperationen verwendet (z.B. Flächenfüllen), sodaß die klare Trennung zum arealen Modell verschwimmt.

Areales Modell

Mit dem Aufkommen der Rastergeräte war es möglich, Zeichnungen als Bitmuster zu betrachten. Dies erlaubt eine völlig neue Betrachtungsweise der Bilder. Als Grundelemente werden der einzelne Bildpunkt, sowie vor- und selbstdefinierte Muster verwendet. Diese lassen sich beliebig positionieren, drehen, skalieren, etc. Vordefinierte Muster können zum Beispiel Buchstaben sein. Natürlich werden bei Verwendung des arealen Modells meist auch lineale Möglichkeiten offenstehen, etwa das Zeichnen von geraden Linien. Typische Operationen für Rasterbilder sind bitweises AND, OR und XOR der Bilder, oder das Verändern der Farbinformation.

In letzter Zeit werden immer häufiger Programme erstellt, die dem Benutzer das Malen auf dem Bildschirm gestatten. Mit verschiedenen Möglichkeiten ausgerüstet ist es dabei möglich, praktisch jedes beliebige Bild zu erstellen. Diese Bilder sind in ihrer Struktur zweidimensional und können dem arealen Datenmodell voll untergeordnet werden.

2.2.2 3D-Modelle

Wie bereits angedeutet wurde, sind die meisten Zeichnungen lediglich zweidimensionale Abbilder der dreidimensionalen Welt. Es ist daher nur logisch, daß für die Repräsentation der Welt im Computer dreidimensionale Modelle immer mehr verwendet werden. Dafür gibt es drei grundsätzlich verschiedene Betrachtungsweisen: das Drahtmodell, das Flächenmodell und das Volumenmodell.

Drahtmodell

Bei Verwendung eines Drahtmodells wird ein Körper aus Punkten und Linien im Raum zusammengesetzt, es ist sozusagen eine Erweiterung des linealen Modells auf drei Dimensionen. Die Gegenstände sind wie aus Drähten aufgebaut; folglich ist eine Feststellung, welche Linien von irgendeiner Fläche verdeckt werden, also nicht sichtbar sind, nicht möglich (Abb.2.8). Auch kommt es bei Schnitten zu unkorrekten Ergebnissen, weil die vorhandene Information nicht ausreicht. Man kann auch kein Volumen oder Gewicht berechnen und keine Anweisungen für die maschinelle Produktion geben (CAM-untauglich!). Andererseits ist diese Darstellungsart relativ einfach und effizient zu implementieren; auch der Aufwand beim Zeichnen bleibt vertretbar.

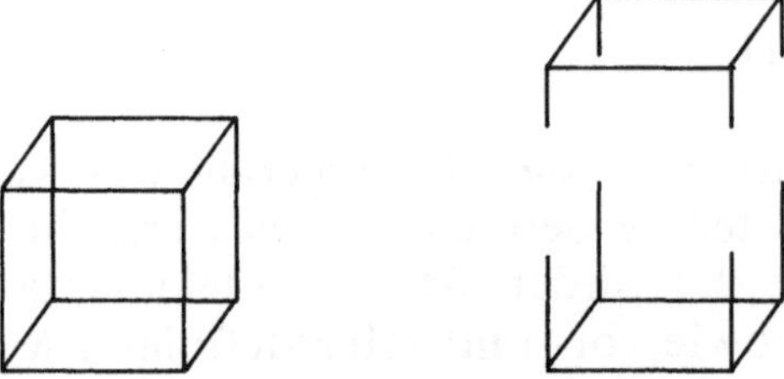

Abb. 2.8. Würfel im Drahtmodell (links), sowie das Ergebnis eines horizontalen Schnittes durch den Würfel (rechts)

Flächenmodell

Um Körper in richtiger Sichtbarkeit darstellen zu können, braucht man zumindest die Information, zwischen welchen Kanten sich Flächen befinden. Meist wird dabei so vorgegangen, daß jeder Gegenstand direkt aus den ihn begrenzenden Flächen konstruiert wird, man spricht von einem Flächenmodell. Dazu verwendet man Grundelemente wie Polygone, Kreis- oder Ellipsenflächen, oder mathematisch definierte bzw. interpolierte allgemeine Flächen. Diese lassen sich alle in der internen Dartellung auf ebene Polygone zurückführen, und darauf können die Sichtbarkeitsalgorithmen aus Kapitel 3.3 angewandt werden.

Weil diese Objekte nur aus Oberflächen bestehen und daher kein Inneres haben, treten bei der Durchführung von Schnitten aller Art jedoch Probleme auf (Abb.2.9).

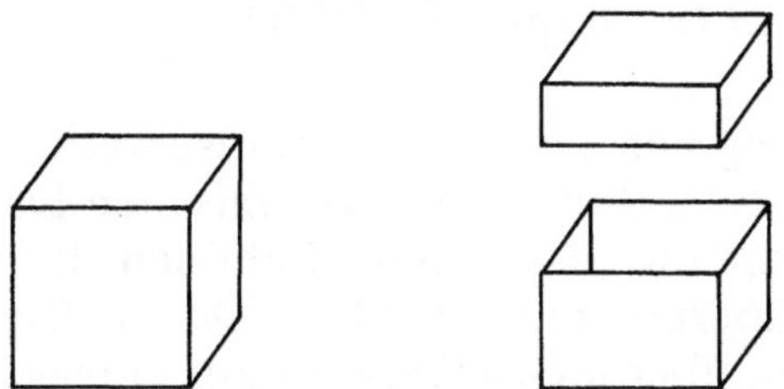

Abb. 2.9. Würfel im Flächenmodell (links), sowie das Ergebnis eines horizontalen Schnittes durch den Würfel (rechts)

Volumenmodell

Die natürlichste Methode zur Modelldarstellung ist die Verwendung von vollen Körpern. Dabei wird jeder Gegenstand aus gewissen Grundbausteinen wie Würfel, Kugel, Oktaeder, Pyramide, Zylinder, Ellipsoid, Hyperboloid, Torus, usw. zusammengesetzt. Meist sind dazu die Mengenoperationen Vereinigung, Durchschnitt und Differenz verfügbar, um aus einfachen Teilen kompliziertere entstehen zu lassen (Abb.2.23). Für im Volumenmodell erstellte Körper ist es kein Problem, die richtige Sichtbarkeit zu ermitteln; es ist manchmal sogar aufwendiger, auch die nicht-sichtbaren Kanten zu zeichnen. Auch Schnitte und ähnliches sind leicht zu realisieren (Abb.2.10). Allerdings erfordern solche Implementierungen meist einen hohen Grundaufwand.

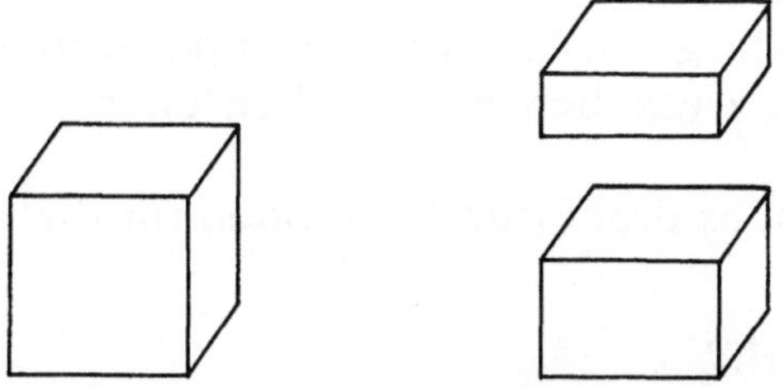

Abb. 2.10 Würfel im Volumenmodell (links), sowie das Ergebnis eines horizontalen Schnittes durch den Würfel (rechts)

Oft hört man die Bezeichnung 2½ D-Modell oder Pseudo-3 D-Modell. Darunter versteht man nichts anderes als ein konzeptionell zweidimensionales Modell, bei dem durch verschiedene Tricks relativ glaubhaft eine dritte Dimension vorgetäuscht wird. Es können also in eingeschränktem Maße auch dreidimensionale Gebilde erstellt werden.

2.3 Datenstrukturen für graphische Objekte

Die Speicherung von Daten zur Repräsentation graphischer Objekte ist kein typisches Problem der graphischen Datenverarbeitung; es können vielmehr die bewährten Methoden der allgemeinen Datenverarbeitung übernommen werden. Der Vollständigkeit halber wird hier trotzdem überblicksmäßig darauf eingegangen.

Man muß dabei die besonderen Eigenschaften graphischer Daten berücksichtigen, die gewisse Anforderungen an die Datenstrukturen mit sich bringen. Zu diesen gehören:

- Dynamisches Wachsen der Datenmenge,
- Dynamische Veränderungen der Bilder,
- Hierarchische Strukturen,
- Zusammenfassen von Objekten mit gemeinsamen Eigenschaften,
- Anspringen jedes beliebigen Punktes.

Bevor man eine Datenstruktur definiert, muß man sich auch noch überlegen, zu welchem Zweck, bzw. wo diese Daten abgespeichert werden. So liegt das Hauptaugenmerk beim Bildwiederholspeicher sicherlich auf der schnellen Erstellung der Bildinformationen für den Bildschirm und möglicherweise auch auf ihrer leichten Änderbarkeit. Das Programm, das für die Erstellung der Bilder sorgt, hat andere Anforderungen an die Daten, mit denen es arbeitet; die ursprünglichen Daten müssen problemlos wieder vollständig rekonstruiert werden können, Transformationen jeder Art müssen leicht durchführbar sein, der zur Verfügung stehende Speicherplatz darf nicht großzügig verschwendet werden, usw. Die hier zu bewältigenden Aufgaben entsprechen eher denen einer Datenbank.

Prinzipiell gibt es drei Grundmethoden für die Organisation von Daten:

- mit Direktzugriff,
- sequentiell,
- mit Zeigerlisten.

Unter Datenstrukturen mit Direktzugriff versteht man solche Organisationsformen, bei denen die Adressen der einzelnen Daten unmittelbar bekannt sind oder berechnet werden können. Beispiele dafür sind ein einfaches Feld (array), eine Hashtabelle und auch die externe Sichtweise einer Datenbank. Bei sequentieller Organisation sind die Daten relativ zueinander in einer festgelegten Reihenfolge gespeichert. Am bekanntesten ist wohl die sequentielle Datei (file). Die Strukturierung der Daten als Zeigerlisten erfolgt mit Zeigern (pointer). Man versteht darunter nicht nur linear verkettete Listen, sondern auch alle anderen Formen von einfach oder mehrfach verketteten Graphen, z.B. Bäume, Ringe. Zeigerlisten sind für viele Zwecke die flexibelste Form der Speicherung. Sie erfüllen am besten die Anforderungen der Graphik und werden vielfach verwendet.

2.3.1 Organisation eines Bildwiederholspeichers

Ein sehr interessantes Gebiet ist die Strukturierung des Bildwiederholspeichers bei einem Vektorschirm. Das Bild muß in einzelnen Vektoren abgespeichert sein, weiters soll die Möglichkeit zu beliebigen Änderungen gegeben sein. Man verwendet meist eine Tabelle, die an mehreren Stellen Vektoren enthält. In einem speziellen Register steht eine Anfangsadresse, an der der erste Vektor eingetragen ist. Von diesem aus wird die Tabelle sequentiell abgearbeitet (die Vektoren werden gezeichnet) bis man zu einer Marke kommt, die das Ende anzeigt. An dieser Stelle steht dann außerdem noch die Anfangsadresse des nächsten Vektorblocks, sodaß festgelegt ist, wo weitergearbeitet werden soll (Abb.2.11).

So eine Datenstruktur kann relativ schnell immer wieder abgearbeitet werden, wie es bei der dauernden Bildwiederholung erforderlich ist. Wie man sich auch leicht vorstellen kann, ist es damit sehr einfach, schnelle Bildveränderungen durchzuführen. Man kann alle neuen Bildteile zuerst erstellen, und braucht dann nur die Adressverweise entsprechend ändern. Damit können auch große Änderungen rasch durchgeführt werden.

Der Bildwiederholspeicher eines Rastergerätes ist meist wesentlich einfacher aufgebaut. Die Werte für die einzelnen Bildpunkte sind in einem zusammenhängenden Speicherbereich (Feld) abgelegt, in dem für jedes Pixel so viel Platz ist, daß die Farbe und die Helligkeit darin Platz finden. Oft existieren auch mehrere solcher Felder, z.B. für jede Grundfarbe ein eigenes. Veränderungen des Gesamtbildes können bei Rasterschirmen mit dieser Struktur nicht so schnell vorgenommen werden wie bei Vektorschirmen. Daher

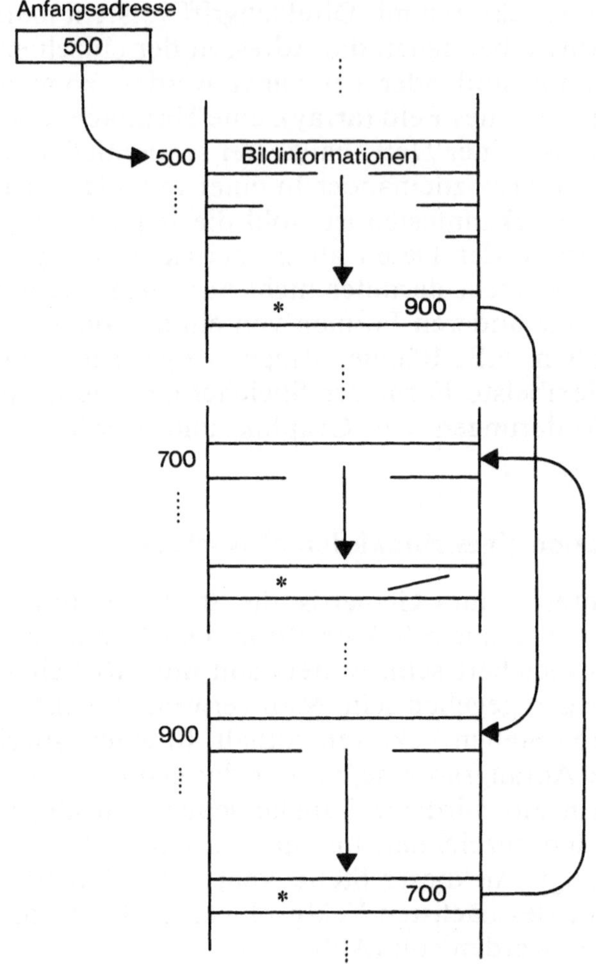

Abb. 2.11. Display-File eines Vektorwiederholschirmes

werden manche Geräte so gebaut, daß in einem Feld für jede Bildschirmzeile eine Adresse steht, an der die Pixelwerte dieser Zeile beginnen. Dadurch kann man abseits des Bildschirms ein neues Bild aufbauen und dann schnell sichtbar werden lassen.

2.3.2 Datenstrukturen in einem Programm

Die Daten im Bildwiederholspeicher sind meist nur eine aufbereitete Version der im Programm entworfenen Bilder. Um diese dann weiter manipulieren zu können, braucht man die Möglichkeit, die einzelnen Teile wieder zu extrahieren und zu verändern, die Zusammenhangstruktur der Daten zu rekonstruieren und ähnliches.

Dafür verwendet man, sofern dies die zugrundeliegende Programmiersprache erlaubt, am besten Zeigerlisten.

Lineare Liste

Eine lineare Liste fällt unter die sequentiellen Methoden, ist aber gewissermaßen eine Vorstufe der Zeigerlisten. Die einzelnen Informationen der Bilder werden hintereinander im Speicher plaziert, wie aus dem folgenden Beispiel ersichtlich ist.

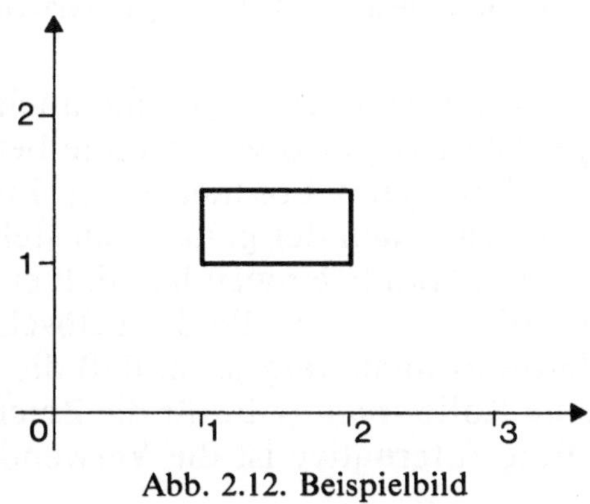

Abb. 2.12. Beispielbild

Dem Bild in dieser Abb.2.12 entspricht die interne Struktur:

Adresse	Informationen x_1	y_1	x_2	y_2
700	1	1	2	1
704	2	1	2	1.5
708	2	1.5	1	1.5
712	1	1.5	1	1
716	999			

Abb. 2.13. Lineare Liste als interne Darstellung

Beginnend mit einer bekannten Startadresse stehen die einzelnen Linien nacheinander, bis durch die Marke 999 das Ende der Zeichnung angezeigt wird. Wie man sofort sieht, werden auf diese Weise mehrfach vorkommende Punkte mehrfach abgespeichert. Um dies zu vermeiden, verwendet man zwei Listen mit Querverweisen:

Linienliste

	P_1	P_2
700	1	2
702	2	3
704	3	4
706	4	1
708	999	

Punkteliste

	Nr	x	y
800	1	1	1
803	2	2	1
806	3	2	1.5
809	4	1	1.5
812			

Abb. 2.14. Zwei lineare Listen mit Querverweisen

Auf diese Weise kann man einen Punkt auch mehrmals verwenden. Wenn er geändert wird, so werden alle betroffenen Linien automatisch mitverändert. Beim Löschen einer Linie müssen hier alle Linien, die in der Liste nach der gelöschten stehen, im Speicher verschoben werden. Man könnte einwenden, daß es reicht, die letzte Linie zu suchen, und diese an die Stelle der gelöschten einzutragen. Dabei darf man allerdings nicht vergessen, daß die Reihenfolge der Linien manchmal eine Rolle spielt (z.B. für die Zeichengeschwindigkeit von Plottern). Eine Alternative ist die Verwendung von Zeigerketten.

Linear verkettete Liste

Eine lineare verkettete Liste entspricht in etwa der Datenstruktur, die schon beim Bildwiederholspeicher für Vektorschirme erklärt wurde. Das gleiche Bild ist dabei folgendermaßen abgespeichert.

	P_1		P_2		next
700	1	1	2	1	705
705	2	1	2	1.5	755
710	1	1.5	1	1	999
755	2	1.5	1	1.5	710

Abb. 2.15. Linear verkettete Liste

Man sieht jetzt deutlich, daß die Linie von (2/1.5) nach (1/1.5) später eingefügt wurde, und daher an einer anderen Stelle des Speicherbereichs steht. Bei einfachen Listen muß in so einem Fall alles, was nach der neuen Linie steht, verschoben werden.

Diese Tabellenform ist einigermaßen unübersichtlich, außerdem sind die tatsächlichen Adressen der Speicherung von geringem Interesse. Man verwendet daher allgemein eine symbolische Darstellung für diesen Zusammenhang. Die Abb.2.16 entspricht der in Abb.2.15 beschriebenen Liste.

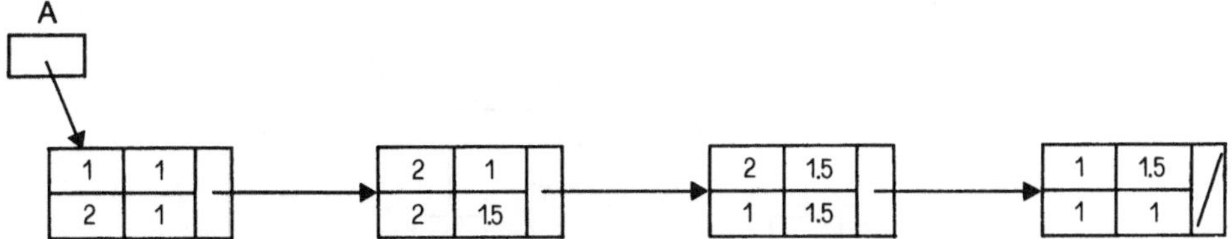

Abb. 2.16. Lineare verkettete Liste in symbolischer Darstellung

Der Wert, der in der Speicherzelle A steht, gibt die Anfangsadresse der Liste an. Zeiger, die nirgends hinzeigen (wie der letzte), werden als nil bezeichnet und mit einem Schrägstrich markiert. Sie entsprechen den mit 999 markierten Stellen in der Tabellenform.

Verkettete Listen mit Querverkettung

Bei der Einführung der Zeiger sind wieder alle Punkte doppelt abgespeichert worden; dies wird auf dieselbe Art wie oben wieder eliminiert. Es werden zwei verkettete Listen angelegt, eine für die Linien (L) und eine für die Punkte (P). Die Verkettung innerhalb der Punkteliste ist vielleicht nicht unbedingt nötig, kann aber bei einigen Operationen sehr nützlich sein.

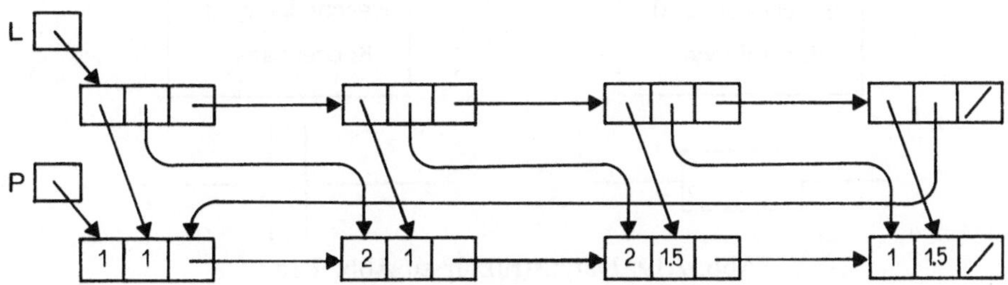

Abb. 2.17. Verkettete Listen mit Querverkettung

Das Konzept der Zeigerlisten ist typisch für die interne Repräsentation in der graphischen Datenverarbeitung. Meist werden jedoch nicht so einfache Strukturen verwendet wie hier, doch das

Prinzip ist durchaus vergleichbar. Das folgende ganz einfache Beispiel zeigt, wie ein hierarchisch aufgebautes Bild hierarchisch abgespeichert werden kann. Dabei wird die Information für jeden unterschiedlichen Grundbaustein nur einmal abgespeichert, und bei der Verwendung darauf verwiesen. Dabei ist für jedes einzelne Vorkommen eine Angabe über die Lage des Grundelements im Gesamtbild erforderlich (Abb.2.19). In Kapitel 2.6.3 ist ein weiteres Beispiel für eine solche Struktur angeführt.

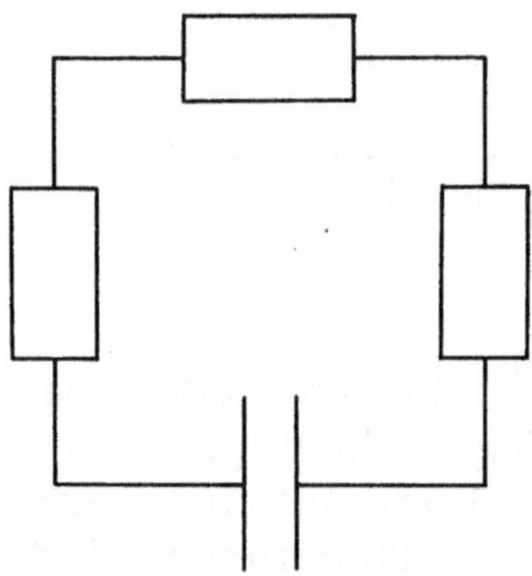

Abb. 2.18. Kleiner Schaltplan mit drei Widerständen und einem Kondensator

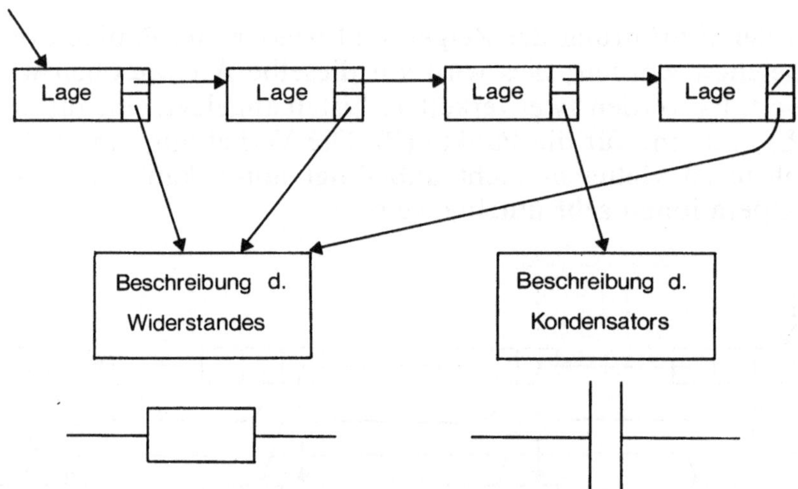

Abb. 2.19. Datenstruktur zu Abb. 2.18

Um dreidimensionale Daten zu repräsentieren, werden die beschriebenen Listen einfach erweitert. Eine Szene besteht aus Objekten, jedes Objekt besteht aus mehreren begrenzenden Flächen, jede Fläche wird durch die sie umschließenden Kanten definiert, jede Kante hat zwei Punkte und jeder Punkt Koordinatenwerte. Dieser Zusammenhang läßt sich wie in Abb.2.20 graphisch darstellen.

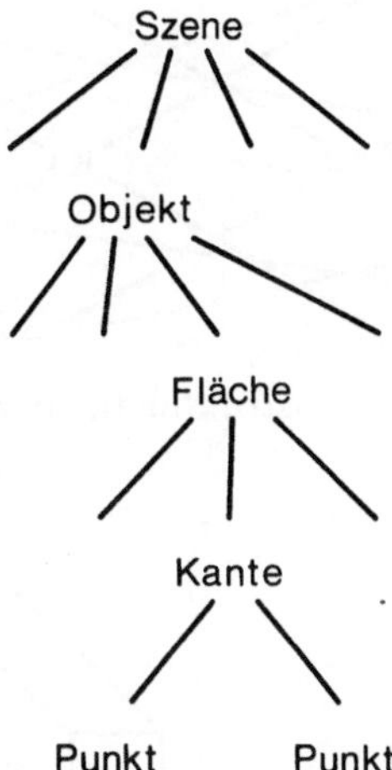

Abb. 2.20. Hierarchischer Aufbau einer Szene

Beispiel:

Für einen Tetraeder (Abb.2.21) ist die Hierarchie in Abb.2.22 wiedergegeben.

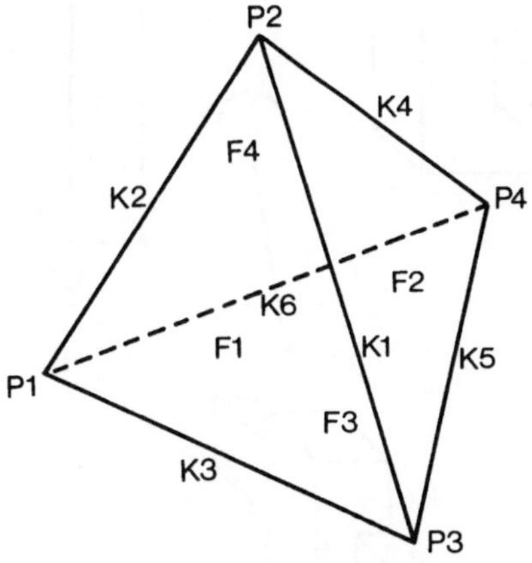

Abb. 2.21. Tetraeder

Die Repräsentation von gekrümmten Flächen wird in Kapitel 3.4 näher erläutert.

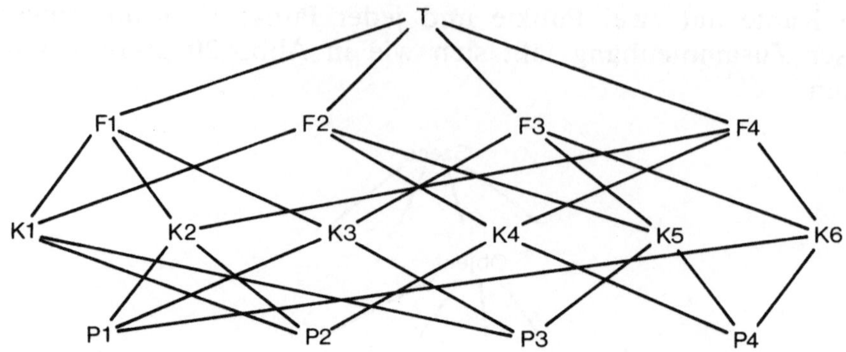

Abb. 2.22. Datenstruktur für den Tetraeder

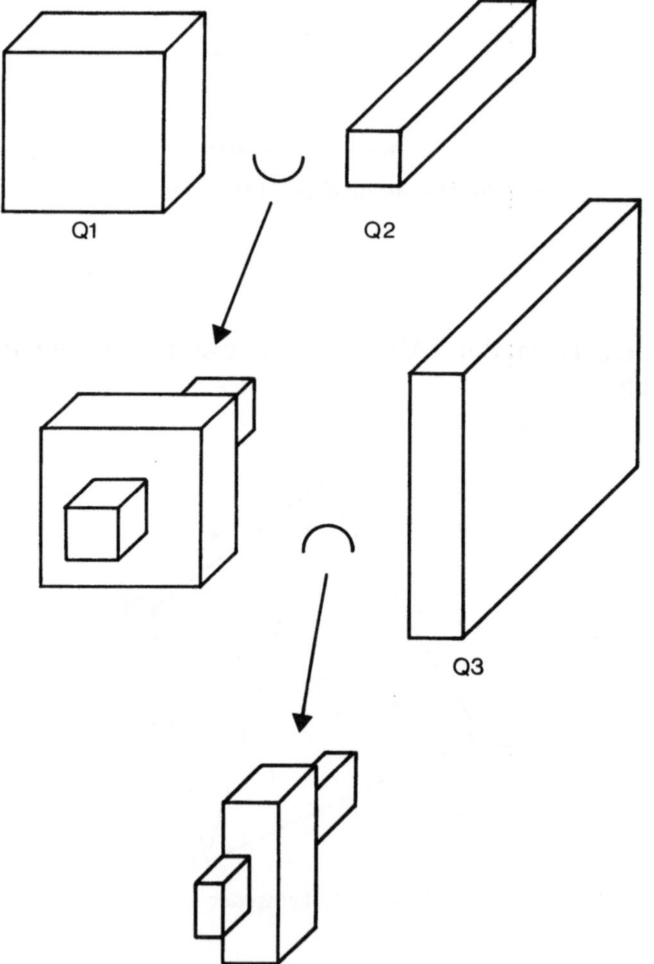

Abb. 2.23. Verwendung der Mengenoperatoren, um aus einfachen Grundelementen (Quadern) ein komplizierteres Gebilde zu erzeugen

Bildbaum beim Volumenmodell

Wenn man im Volumenmodell mit den Mengenoperationen (Vereinigung, Durchschnitt, Differenz) aus einfachen Grundkörpern kompliziertere Gebilde formt, so wäre es sehr mühsam, jeden solchen komplizierten Körper zu berechnen und als neuen Teil abzuspeichern. Stattdessen merkt man sich nur die Regeln, nach denen das Objekt erstellt wurde, und kann aus diesen beim Auszeichnen für jeden Teil der Abbildungsfläche die richtige Oberfläche ermitteln. Dabei werden meist binäre Bäume zur internen Repräsentation der Körper verwendet. Jedem Zwischenknoten entspricht eine Mengenoperation, jedem Blatt des Baumes ein Elementarbaustein. Das folgende Beispiel soll das verdeutlichen. Abb.2.23 zeigt, wie aus einfachen Quadern mit den Mengenoperatoren ein komplizierteres Gebilde entsteht. Die zugehörige Datenstruktur ist in Abb.2.24. dargestellt.

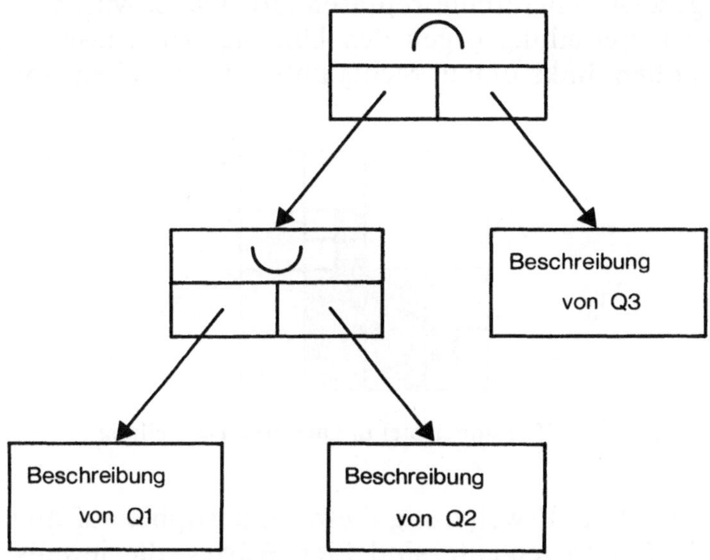

Abb. 2.24. Datenstruktur zu Abb. 2.23

Quadtrees und Octrees

Eine völlig andere Methode, graphische Objekte im Computer zu repräsentieren, sind Quadtrees und Octrees. Quadtrees eignen sich für zweidimensionale Daten arealer Natur; Octrees sind die Erweiterung für dreidimensionale Daten im Volumenmodell.

Bei Quadtrees wird die Abbildungsebene in Quadrate unterteilt. Von einem großen Quadrat, das alles einschließt, ausgehend wird jedes Quadrat solange in vier gleichgroße Teile zerlegt, bis sein Inneres eine einheitliche Farbe hat. Größere Gebiete, die eine gleichmäßige Färbung aufweisen, müssen dabei natürlich weniger unterteilt werden als Gebiete, in denen die Struktur häufig wechselt. Die Vorgabe einer Mindestgröße für jedes Quadrat garantiert, daß die Unterteilung nicht endlos verläuft. Andererseits ist bei so repräsentierten Daten natürlich auch die Genauigkeit auf die Größe der kleinsten Quadrate beschränkt.

Die Zerteilung jedes Quadrates in vier Teilquadrate wird wieder durch eine hierarchische Datenstruktur implementiert. Jeder Knoten entspricht einem Quadrat, jedes unterteilte Quadrat hat vier Zeiger auf seine Teile. Zusätzliche Knoten sind also nur dort notwendig, wo die Quadrate auch tatsächlich unterteilt sind.

Beispiel:

Die in Abb.2.25 dargestellte graue Fläche wird durch die in Abb.2.26 gezeigte Hierarchie repräsentiert. Dabei wurden die Quadrate jeder Unterteilung gegen den Uhrzeigersinn, also in Reihenfolge links oben, links unten, rechts unten, rechts oben, sortiert.

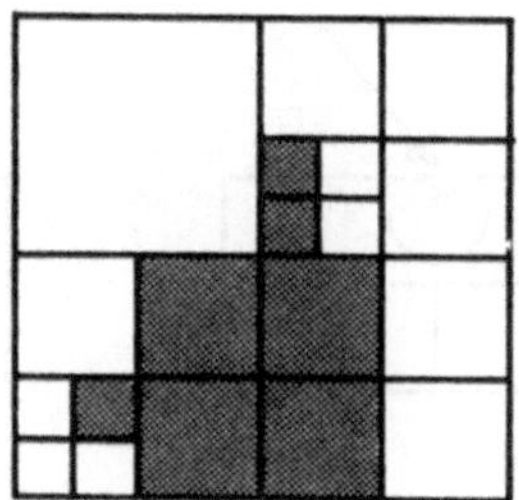

Abb. 2.25. Bildbeispiel in Quadtree-Darstellung

Octrees sind die Erweiterung dieser Philosophie auf drei Dimensionen. Die Grundelemente sind hier Würfel, die jeweils in acht Teilwürfel unterteilt werden. Wie bei den Quadtrees kann jeder Würfel wieder von einheitlichem Inneren sein (leer oder gefüllt) oder er wird weiter unterteilt. Damit können also mit einem Volumenmodell konstruierte Körper intern repräsentiert werden.

Der große Vorteil dieser Datenstrukturen ist, daß keine Beschränkungen der darstellbaren Formen gegeben sind. Andererseits bereiten sie aber auch einige Schwierigkeiten. Geometrische Transformationen führen zu einer völligen Veränderung des Baumes und sind daher eher aufwendig. Die Genauigkeit genügt erst bei einer sehr starken Verfeinerung höheren Ansprüchen. Für verschiedene

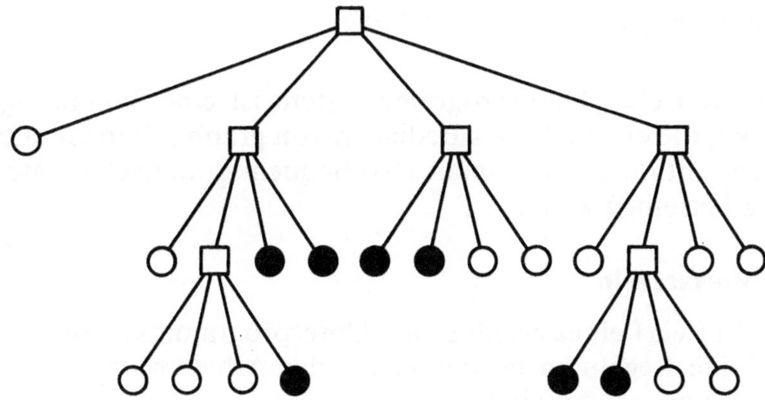

Abb. 2.26. Schematische Darstellung eines Quadtrees. Ein Quadrat zeigt die Knoten an, die noch weiter unterteilt sind. Ein schwarzer Kreis sagt, daß die ganze dadurch repräsentierte Fläche gefüllt ist, ein weißer Kreis, daß sie nicht gefüllt ist

Zwecke braucht man die Tangentialrichtung der Oberflächen, diese kann hier praktisch nicht exakt berechnet werden. Aus all diesen Gründen sind sie für viele Bereiche völlig ungeeignet.

2.3.3 Graphische Datenbanken

Die Verwendung von großen Datenbanken zur Speicherung graphischer Daten ist noch nicht sehr weit verbreitet. Besonders in komplexeren Anwendungsgebieten wie CAD ist es noch nicht gelungen, zufriedenstellende Anforderungen an eine Datenbank zu definieren, sodaß sie einigermaßen allgemein verwendbar ist. Klar ist, daß nur eine relationale Struktur in Frage kommt. Die Vielzahl und die Komplexität geometrischer Beziehungen erschwert dabei die Auswahl geeigneter Relationen.

In einzelnen Teilgebieten sind die Arbeiten schon weiter fortgeschritten, so steht etwa für Maschinenbauzeichnungen ein genormtes Übertragungsformat zwischen verschiedenen CAD-Systemen zur Verfügung (IGES = Initial Graphics Exchange Specification).

2.4 Graphische Unterprogrammsysteme

Ein graphisches Unterprogrammsystem ist eine Sammlung von Prozeduren, die ein einfaches Bedienen von graphischen Geräten ermöglichen, mit deren Hilfe man also bequem graphische Datenverarbeitung betreiben kann.

2.4.1 Entwurfsregeln

Beim Entwurf eines graphischen Unterprogrammsystems sind einige wichtige Regeln zu beachten, um das Arbeiten damit in rationeller Weise zu ermöglichen.

Einfachheit: Elemente, die dem Anwendungsprogrammierer zu komplex sind, wird er nicht verwenden. Solche komplizierten Elemente sind zumeist auch schwer zu beschreiben - daher sollte man die Benutzeranleitung schon während des Entwurfs schreiben.

Konsistenz: Prozedurnamen, Parameterreihenfolgen, Aufrufreihenfolgen, Fehlerbehandlung, Koordinatensystem, etc. sollten ausnahmslos einheitlich und einfach sein, damit der Programmierer eine Modellvorstellung des Systems entwickeln kann. Auch mnemotechnisch günstige Bezeichnungen erhöhen die Benutzerfreundlichkeit wesentlich. In bezug auf die Konsistenz kann man ebenfalls Fehler leicht vermeiden, indem man frühzeitig mit der Benutzeranleitung beginnt.

Zugänglichkeit: Ein Programmsystem sollte mehreren Anspruchsniveaus genügen. Benutzerneulinge müssen für einfache Programme mit wenigen Unterprogrammen auskommen können, ohne das System als Ganzes kennen zu müssen. Der Experte sollte aber bei Kenntnis des gesamten Systems seinen hohen Anforderungen entsprechend versorgt sein.

Vollständigkeit: Die Ansammlung von Prozeduren darf keine unnötigen Einschränkungen aufweisen, sonst muß der Anwendungsprogrammierer fehlende Prozeduren selbst erstellen, wozu ihm aber oft die Möglichkeiten fehlen. Vollständigkeit heißt nicht, daß jede nur erdenkliche Möglichkeit geboten wird. Vielmehr sollte eine übersichtliche Menge von Funktionen angeboten werden, mit der eine breite Palette von Anwendungen behandelt werden kann. Insbesondere müßten auch Interaktionsmöglichkeiten unterstützt werden.

Robustheit: Anwendungsprogrammierer kommen auf die unmöglichsten Ideen, ein System falsch zu verwenden. Solche Fälle sollten möglichst unkompliziert behandelt werden. Fehlermeldungen müssen immer eindeutig auf den Fehler zurückschließen lassen.

Ausführungsgeschwindigkeit: Graphik-Programme sind sehr oft zeitaufwendig, daher sollte alles denkbar mögliche getan werden, um nicht unnötig Rechenzeit zu vergeuden. Gleichwertige Operationen haben gleich schnell zu sein - die Kenntnis der internen Struktur des Systems darf keinesfalls nötig sein, um mit dem System gut umgehen zu können.

Geräteunabhängigkeit: Ein Unterprogrammsystem soll nicht ausschließlich auf einzelne spezielle Endgeräte zugeschnitten werden, sonst muß das Programm bei Verwendung eines anderen Gerätes oft sogar strukturell verändert werden. Wenn möglich, können sich die Systemprozeduren selbsttätig den Fähigkeiten verschiedener Endgeräte anpassen, und bei Fehlen einzelner Möglichkeiten diese bestmöglich simulieren.

Portabilität: Darunter ist zweierlei zu verstehen: Einerseits soll es möglich sein, das Prozedurpaket auf verschiedenen Anlagen unter verschiedenen Betriebssystemen zu installieren. Die Formulierung der Prozeduren in einer höheren Programmiersprache ist dabei von Nutzen, nur sehr kleine Teile sollten maschinenabhängig sein. Andererseits ist es wünschenswert, die Prozeduren von verschiedenen Programmiersprachen aus verwenden zu können.

Wirtschaftlichkeit: Graphikpakete sollten nie so groß werden, daß es sehr umständlich oder aufwendig wäre, ein existierendes Programm um graphische Komponenten zu erweitern.

2.4.2 Systemstruktur

Um den Anforderungen nach Erweiterungsfähigkeit und Geräteunabhängigkeit zu genügen, müssen die geräteabhängigen Teile vom allgemein verwendbaren Teil klar getrennt werden. Dadurch treten drei Schnittstellen bei der Konzeption auf (Abb.2.27).

1. Die Schnittstelle zwischen den Graphik-Prozeduren und den aufrufenden Anwendungsprogrammen ist durch die Spezifikation des Systems selbst und seiner Möglichkeiten festgelegt.

2. Die interne Schnittstelle zwischen dem geräteunabhängigen Teil und den geräteabhängigen Steuerprogrammen muß einfach und übersichtlich sein. Diese Kommunikation ist hier von besonderem Interesse. Man kann entweder jede Fähigkeit eines Gerätes bereits in dieser Ebene getrennt berücksichtigen, man kann eine Durchschnittsmenge aller in Frage kommenden Geräte verwenden, oder man beschreitet einen logisch einheitlichen Weg. Die richtige Wahl dieser Schnittstelle beeinflußt die Effizienz und die allgemeine Verwendbarkeit des Systems wesentlich.

3. Die Schnittstelle zwischen dem System und den graphischen Endgeräten ist durch die Geräte bereits vorgegeben.

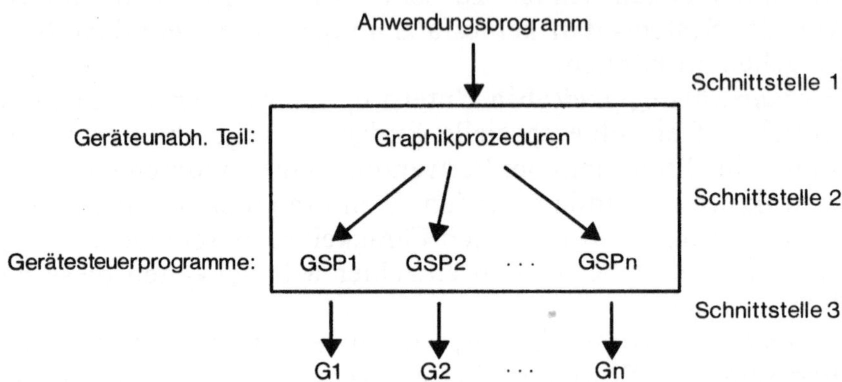

Abb. 2.27. Struktur eines Graphikpaketes

2.4.3 Beispiel für ein graphisches Unterprogrammsystem

Die wesentlichen Merkmale eines graphischen Unterprogrammsystems lassen sich am einfachsten durch die Beschreibung eines simplen, hypothetischen Beispiels aufzeigen. Wir wollen dieses Beispiel, das sich an ein von Newman und Sproull vorgeschlagenes System anlehnt, „Einfaches Graphikpaket" (EGP) nennen. Es soll die Erstellung interaktiver graphischer Programme auf einem graphikfähigen Bildschirm ermöglichen.

Graphische Primitive

Graphische Primitive dienen zum eigentlichen Zeichnen der Bilder auf dem Schirm. Wenn ein Programmpaket für ein bestimmtes Gerät erstellt wird, ist es aus Effizienzgründen sinnvoll, mindestens für alle diejenigen Grundbilder eigene Funktionen zur Verfügung zu stellen, die das Gerät selbständig zu zeichnen imstande ist. Es ist zum Beispiel sicher unzweckmäßig, nur für das Zeichnen eines Punktes an gegebener Position eine Prozedur zu schreiben, wenn das Gerät selbständig Linien erzeugen kann.

Es wird davon ausgegangen, daß es jeweils eine aktuelle Zeichenposition gibt; ob diese tatsächlich mit dem Elektronenstrahl des Geräts übereinstimmt, oder nur logisch existiert, soll uns nicht kümmern. Obwohl es nur drei sind, haben sich die folgenden Funktionen als relativ mächtiger Grundstock für ein Graphiksystem erwiesen:

position (x,y) setzt die aktuelle Position auf den Punkt (x/y);

linie (x,y) zeichnet von der momentanen aktuellen Position ausgehend eine gerade Linie zum Punkt (x/y), danach ist die aktuelle Position (x/y);

schrift (s) zeichnet den Text s, wobei der linke untere Eckpunkt die momentane Position ist, danach ist die aktuelle Position der rechte untere Eckpunkt des Schriftzuges.

In den meisten Graphikpaketen wird man wesentlich mehr graphische Primitive finden, etwa Punkt, Kreis und Kreisbogen, Ellipse, Polygonzug, und ähnliche. Wir wollen uns hier der Übersichtlichkeit halber auf diese kleine Menge beschränken. Die meisten Bilder lassen sich auch damit einigermaßen einfach erstellen.

Fensterfunktionen

Das Erstellen der Bilder erfolgt nicht in dem Koordinatensystem, das vom Gerät verstanden wird, sondern in sogenannten Weltkoordinaten, das sind Koordinaten, die an die Anwendung angepaßt sind. Der Vorteil von Weltkoordinaten liegt nicht nur in diesem Denken in vernünftigen Werten, sondern auch darin, daß der Konstruktionsprozeß völlig losgelöst von der Verwendung eines speziellen Ausgabegerätes ist.

Am Gerät kann nur ein Ausschnitt (Fenster) der potentiell unbeschränkten Welt dargestellt werden. Dieser Ausschnitt kann definiert werden durch die Prozedur

window (wxmin,wymin,wxmax,wymax)

definiert den Bereich des Weltkoordinatensystems, der dargestellt werden soll. (wxmin/wymin) und (wxmax/wymax) sind dabei der linke untere und der rechte obere Eckpunkt dieses Rechtecks.

Oft möchte man ein Fenster nur auf einen Teil der Bildschirmfläche abbilden. Dies kann der Fall sein, wenn man Teile der Sichtfläche für andere Zwecke verwenden will, etwa für ein Menüfeld und einen Dialogbereich (vergleiche Abb.1.28), oder wenn mehrere Bilder zugleich dargestellt werden sollen (z.B. Grundriß und Aufriß).

Dazu muß ein zweites Fenster auf der Ausgabefläche definiert werden, auf das alle Bildteile des „windows" abgebildet werden. Dieser Ausschnitt des Gerätekoordinatensystems wird auch Viewport genannt und wird in unserer Prozedursammlung EGP durch folgende Prozedur definiert:

viewport (gxmin,gymin,gxmax,gymax)
definiert den Bereich der Gerätekoordinaten, in den das durch window definerte Weltkoordinatenfenster abgebildet werden soll. (gxmin/gymin) und (gxmax/gymax) sind der linke untere und der rechte obere Eckpunkt dieses Ausschnitts.

Nach Aufruf dieser beiden Funktionen ist eine eindeutige Transformation definiert, die auf jedes graphische Primitiv angewandt wird, um im Viewport ein korrektes Ergebnis zu erhalten (Abb.2.28). Dabei können auch Verzerrungen entstehen. Bildteile, die außerhalb dieses Rahmens zu liegen kommen, müssen natürlich abgeschnitten (geclippt) werden (siehe Kapitel 3.2).

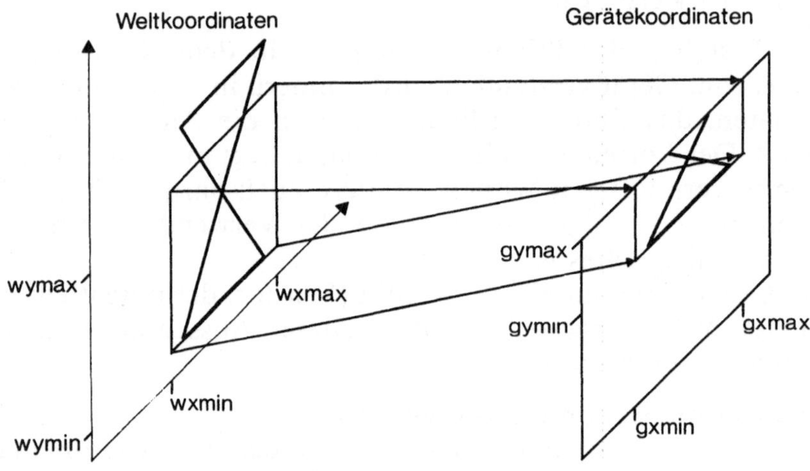

Abb. 2.28. Weltkoordinaten-Gerätekoordinaten-Transformation

Diverse Prozeduren

Die folgenden drei weiteren Prozeduren ermöglichen es uns bereits, einfache Graphik-Programme zu erstellen.

loeschen — löscht die Bildschirmfläche;

initgraphik — diese Prozedur muß nur einmal vor der ersten Zeichnung aufgerufen werden. Durch sie werden alle benötigten Werte initialisiert, das Ausgabegerät an das Programm gebunden, und ähnliches;

auskunft (a) — stellt wichtige Gerätecharakteristika fest. Die zusammengesetzte Variable a enthält nach dem Aufruf Größen wie die maximalen Ausgabeflächenkoordinaten, Größe der graphischen Schrift, Fähigkeiten des Geräts. Dadurch kann man Programme schreiben, die auch mit anderen Geräten funktionieren.

Beispiele für die Verwendung von EGP

Es wird bei allen Programmen eine PASCAL-ähnliche Notation verwendet. Dadurch sollte es für jeden, der schon einmal programmiert hat (gleich in welcher Sprache), leicht möglich sein, die Zusammenhänge zu verstehen.

Das Programmieren eines einfachen, aus geraden Strichen zusammengesetzten Bildes (Abb.2.29) ist extrem einfach — und unabhängig vom verwendeten Gerät:

```
initgraphik;
auskunft (a);
window (0,0,10,7);
viewport (0,0,a.maxx,a.maxy);
      (* a.maxx und a.maxy geben die maximale
         Zeichenfläche des Gerätes an *)
position (1,1);
linie (9,1); linie (9,6); linie (1,6); linie (1,1);
linie (9,6); position (1,6); linie (9,1)
```

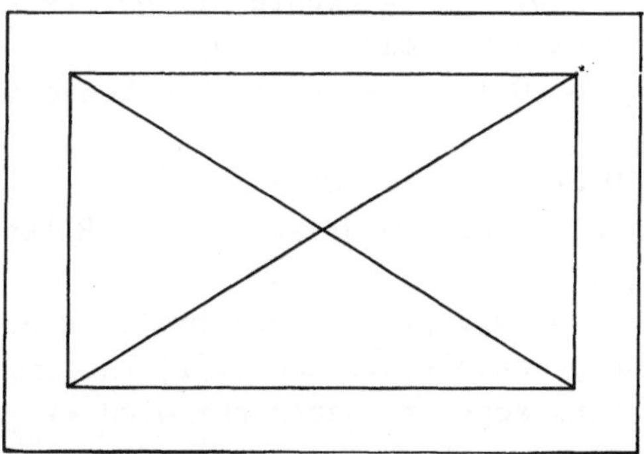

Abb. 2.29. Ergebnis des Beispielprogramms (der Rand symbolisiert die Grenzen der Zeichenfläche)

Das folgende Programmstück stellt einen kleinen Dialog dar, mit dem eine einfache Zeichnung erstellt werden kann:

```
initgraphik;
auskunft (a);
write ('Grenzen:'); read (xmax,ymax);
window (0,0,xmax,ymax);
viewport (0,0,a.maxx,a.maxy);
write ('Anfang:'); read (x,y);
position (x,y);
repeat
  write ('Nächster:');        read (x,y);
  if (x>0) and (x<xmax)       (* Wenn innerhalb des *)
  and (y>0) and (y<ymax)      (* Rahmens, dann      *)
  then linie (x,y)            (* zeichne eine Linie. *)
until (x=999) and (y=999)     (* Abbruchbedingung   *)
```

Das nächste Programmstück ist etwas komplexer. Es ist ebenfalls ein kleiner Dialog, mit dem man drei horizontale Balken mit Beschriftung erzeugen kann (Abb.2.30). Dazu werden zwei verschiedene Abbildungstransformationen definiert, je eine für die rechte, größere Seite und für den Streifen links.

```
initgraphik;
auskunft (a);
xmax:=0;
for i:=1 to 3 do
  begin write ('Wert:'); read (w[i]);
    if w[i]>xmax then xmax:=w[i]
  end;
window (0,0,xmax*1.4,10);      (* rechte Bildhälfte *)
viewport (3*a.textbreite,0,a.maxx,a.maxy);
position (0,0); linie (0,10); (* senkrechte Linie links *)
for i:=1 to 3 do
  begin position (0,3*i); linie (w[i],3*i);
    linie(w[i],3*i-2); linie (0,3*i-2);     (* = Balken *)
    position (w[i],3*i-1);
    schrift (umrechnung(w[i]))       (* = Schrift rechts *)
        (* umrechnung wandelt die Zahl w[i] in einen Text um,
           wie er von „schrift" gebraucht wird *)
  end;
window (0,0,3*a.textbreite,10);  (* linke Bildhälfte *)
viewport (0,0,3*a.textbreite,a.maxy);
position (a.textbreite,2); schrift ('A');
position (a.textbreite,5); schrift ('B');
position (a.textbreite,8); schrift ('C');
```

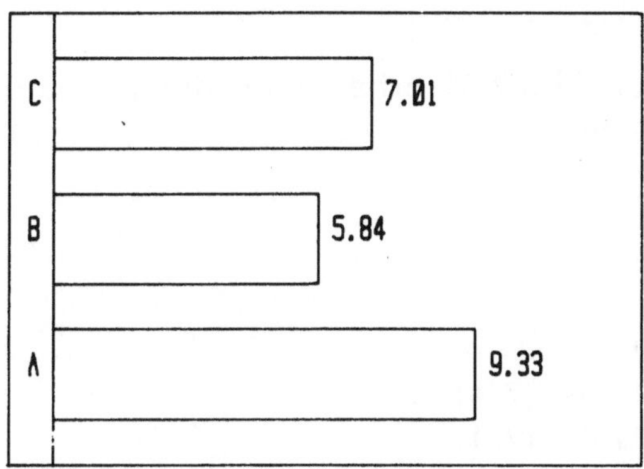

Abb. 2.30. Ergebnis des Beispielprogramms

2.4.4 Segmente

Mit den bisher eingeführten Prozeduren ist es möglich, beliebig komplexe Bilder zu zeichnen. Es können aber keine Teile davon gelöscht werden, ohne alles neu zeichnen zu müssen. Damit kann man wohl Bildspeicherschirme und Plotter zufriedenstellend steuern, die zusätzlichen Möglichkeiten, die Bildwiederholschirme und Rasterschirme bieten, können aber nicht ausgenützt werden.

Neben dem Hinzufügen von Bildteilen sollte noch das Löschen und das Ersetzen von Teilen möglich sein. Damit würden vor allem Bildwiederholschirme optimal unterstützt werden. Bei Rastergeräten ist selektives Löschen nur durch Überzeichnen in der Hintergrundfarbe möglich; dabei entstehen leider unschöne „Löcher", die sich aber nur sehr schwer vermeiden lassen.

Ein *Segment* ist ein Teil eines Bildes, das zum Zweck der einfacheren Manipulation als Einheit angesprochen werden kann. Segmente haben im allgemeinen Namen und sollten vom Programmierer definierbar sein. Segmente sind lediglich logische Einheiten, müssen also weder am Schirm noch in der internen Darstellung zusammenhängend sein.

In EGP werden Segmente durch die folgenden Prozeduren realisiert. Als Namen werden ganze Zahlen verwendet, da sie einfach zu handhaben und eindeutig sind.

oeffnesegment (n)	definiert ein neues Segment mit dem Namen n. Alles was danach gezeichnet wird, gehört zum Segment n;
schliessesegment	schließt das momentan offene Segment. Danach wird nichts mehr in das Segment aufgenommen;
loeschesegment (n)	entfernt das Segment mit dem Namen n.

Beispiel:

Die Bilder der Abb.2.31 erhält man der Reihe nach durch folgende Anweisungen.

```
initgraphik;
window (0,0,8,5);
...
oeffnesegment (1);
position (1,1); linie (7,4);
position (1,4); linie (7,1);
schliessesegment;    (* erstes Bild *)
...
oeffnesegment (2);
position (2,2); linie (6,2);
position (2,3); linie (6,3);
schliessesegment;    (* zweites Bild *)
...
loeschesegment (1); (* drittes Bild *)
```

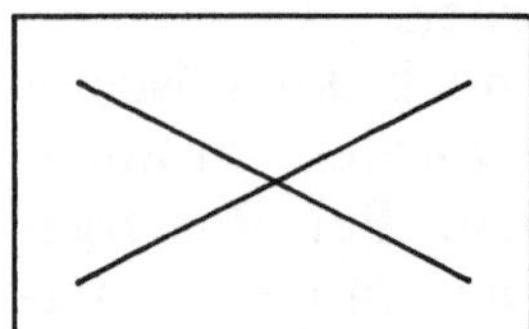
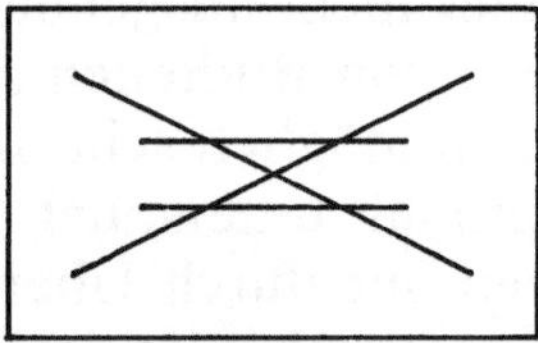

Abb. 2.31. Beispiel für Segmente

Sichtbare und unsichtbare Segmente

Segmente werden noch um vieles mächtiger, wenn man ermöglicht, daß sie zeitweise unsichtbar werden. Dazu werden zwei weitere Prozeduren erstellt.

sichtbar (n)	bewirkt, daß das Segment n sichtbar gemacht wird;
unsichtbar (n)	bewirkt, daß das Segment n unsichtbar gemacht wird.

Gleichzeitig wird definiert, daß ein Segment nach oeffnesegment(n) unsichtbar ist, und daß durch sichtbar(n) ein eventuell offenes Segment geschlossen wird. Der übliche Vorgang bei der Erstellung und Zeichnung eines Segmentes sieht daher etwa so aus:

```
oeffnesegment (n);
position (...); linie (...); ...
sichtbar (n)
```

2.4.5 Transformationen

Sehr oft werden einzelne „Symbole" immer wieder verwendet. Bei der Konstruktion eines Schaltplanes etwa werden öfter die gleichen Schaltzeichen verwendet (Abb.2.18). Um das Programmstück zu deren Erstellung nur einmal zu schreiben und dann wiederholt verwenden zu können, wird die Möglichkeit geboten, die Transformation von Weltkoordinaten in Gerätekoordinaten so zu verändern, daß die gleichen Anweisungen zu immer anders transformierten Abbildern führen. Das geschieht mit folgenden Prozeduren.

skalieren (sx,sy)	skalieren um die Faktoren sx und sy in x- bzw. y-Richtung;
drehen (phi)	drehen um den Winkel phi;
verschieben (tx,ty)	verschieben um den Vektor (tx,ty).

Das Aufrufen einer dieser Prozeduren hat zur Folge, daß alle nachfolgenden Aktionen *vor* der Abbildung auf das Weltkoordinatensystem entspechend transformiert werden, und zwar in der Reihenfolge wie die Transformationen definiert wurden (Abb.2.32 und 2.33).

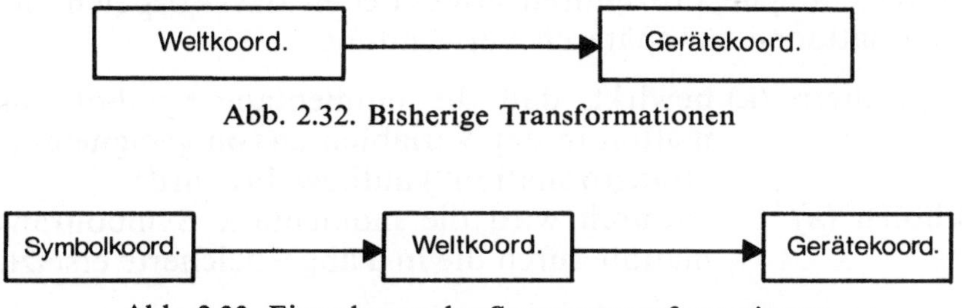

Abb. 2.32. Bisherige Transformationen

Abb. 2.33. Einordnung der Segmenttransformationen

Das allgemeine Muster für die Verwendung dieser Transformationen ist dabei sehr übersichtlich:

```
window (...);
viewport (...);
...
skalieren (...);
drehen (...);
```

```
...
position (...);
linie (...); ...     (* Symbol *)
```

Um die anschließenden Zeichnungen nicht den gleichen Transformationen zu unterwerfen, muß jede Änderung der aktuellen Transformation nach dem Zeichnen sofort wieder rückgängig gemacht werden.

Beispiel:

Mit dem folgenden Programmstück läßt sich ein Widerstand in jeder Lage an jede beliebige Stelle zeichnen.

```
repeat
  "tx, ty, phi, fertig berechnen"
  drehen (phi);
  verschieben (tx, ty);
  linie (2,0); linie (2,1); linie (6,1); linie (6,-1);
  linie (2,-1); linie (2,0); position (6,0); linie (8,0);
  verschieben (-tx, -ty);
  drehen (-phi)
until fertig
```

Bei komplexeren Transformationen ist das Zurücksetzen sehr lästig. Zwei einfache Prozeduren ermöglichen das Abspeichern von Transformationen zur späteren Verwendung.

transfspeichern (a) bewirkt, daß die momentane Symboltransformation in der Variablen a (von geeignetem Typ „transformation") aufbewahrt wird;

transfholen (a) dadurch wird die momentane Symboltransformation durch die in a abgespeicherte ersetzt.

Das obige Beispiel kann jetzt viel eleganter formuliert werden.

```
repeat
  transfspeichern (a);
  "tx, ty, phi, fertig berechnen"
  drehen (phi);
  verschieben (tx, ty);
  linie (...); ....
  transfholen (a)
until fertig
```

Die Verwendung von Unterprogrammen ermöglicht es, diese Anweisungsfolge für ein Programm bereitzustellen.

```
procedure widerstand (phi, x, y: real);
var a: transformation;
begin
  transfspeichern (a);
  drehen (phi);
  verschieben (x, y);
  linie (...); ...
  transfholen (a)
end ;
```

Mit dieser Prozedur kann man also einen Widerstand an beliebige Stelle plazieren, ohne die gültigen Transformationen zu ändern. Bei Verwendung der kürzeren Prozedur

```
procedure widerstand;
begin
  linie (...); ...
end ;
```

muß zwar die jeweilige Positionierung beim Aufruf erfolgen, dabei wird aber jetzt „widerstand“ wie ein graphisches Primitiv verwendet. Man sieht also, daß die kleine Menge vordefinierter Primitive keine bedeutenden Nachteile mit sich bringt.

2.4.6 Eingabefunktionen

Mit den bisher eingeführten Prozeduren ist es nur möglich, passive graphische Datenverarbeitung zu betreiben. Um auch die interaktive Kommunikation eines graphischen Programms mit dem Benutzer zu ermöglichen, braucht man im wesentlichen Zugang zu zwei verschiedenen logischen Eingabeklassen. Dies ist einerseits die Eingabe einer Position der Zeichenfläche, andererseits das Identifizieren bereits gezeichneter Bildteile.

liespunkt (x,y)	liest in (x,y) ein Koordinatenpaar von einem graphischen Eingabegerät;
identifiziere (x,y,n)	liefert den Namen des Segments, das den geringsten Abstand zum Punkt (x/y) hat.

Damit ist es nun möglich, interaktive graphische Dialogprogramme zu formulieren.

2.5 Das Graphische Kernsystem

Das Graphische Kernsystem GKS ist eine von DIN (Deutsche Industrie Norm) und ISO (International Standardization Organisation) genormte Schnittstellendefinition für ein graphisches Basissystem. Es beschreibt ausschließlich die *Funktion* der Prozeduren und Datenstrukturen für die Erzeugung und Behandlung computergenerierter Bilder, aber nicht wie deren Einbettung in eine Programmiersprache (etwa FORTRAN oder PASCAL) aussieht, und auch nicht wie es implementiert werden soll. Weiters ist es völlig unabhängig von irgendeiner speziellen Anwendung definiert.

Das GKS ist sicherlich ein erster bedeutsamer Schritt weg von den völlig an eine Geräte- und Computerkonfiguration gebundenen Programmen im Bereich der graphischen Datenverarbeitung. Ein Software-Hersteller, der ein GKS-System als Basis für seine Entwicklungen verwendet, darf ebenso wie der Käufer dieses Programms mit Recht hoffen, daß seine Produkte einen bisher nicht gekannten Grad an Portabilität und Geräteunabhängigkeit besitzen. Es bleibt natürlich abzuwarten, ob sich einzelne führende Computerhersteller durch die Definition eines anderen Standards Marktvorteile zu sichern versuchen, die auf der darauffolgenden Abhängigkeit von ihren Produkten beruhen.

Diese Normung hat auch zu einer starken Vereinheitlichung der in der graphischen Datenverarbeitung verwendeten Terminologie und des Spektrums graphischer Gerätefunktionen geführt und war schon allein aus diesem Grund von sehr großem Wert. Darüber hinaus muß man sich grundsätzlich auch die anderen Aspekte einer Standardisierung vor Augen führen. Einerseits bremst natürlich jede Einengung der Freiheit die Innovationsmöglichkeiten und den Ideenreichtum der Entwickler, andererseits muß jede Entwicklung einmal konsolidiert werden.

Das Graphische Kernsystem GKS ist also die funktionale Definition einer Schnittstelle zwischen Anwenderprogrammen und einem graphischen System, einschließlich den verwendeten graphischen Aus- und Eingabegeräten. Diese Schnittstelle enthält alle Grundfunktionen der passiven und interaktiven Graphik für eine große Menge von Gerätearten. Durch einen hohen Grad an Abstraktion werden spezielle Hardwareeigenschaften aus den Programmen ferngehalten.

Die GKS-Norm legt nur den Kern eines graphischen Systems in sprachunabhängiger Weise fest. Zur Integration in eine Sprache muß GKS in eine sprachabhängige Schicht eingebettet werden, welche die verwendeten Typen, die Namensdefinitionen der geforderten Prozeduren, deren genaue Parameter und ähnliches definiert. Man spricht vom GKS-Schichtenmodell (Abb.2.34).

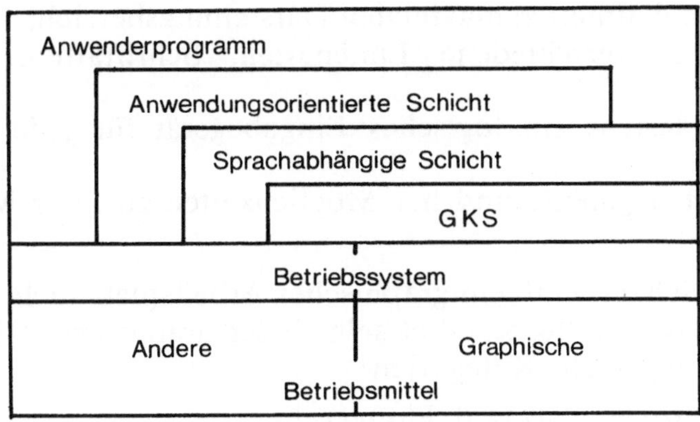

Abb. 2.34. GKS-Schichtenmodell

Jede Schicht kann die Funktionen der angrenzenden, niedrigeren Schichten aufrufen. Das Anwenderprogramm wird im allgemeinen, außer der anwendungsorientierten Schicht, noch die sprachabhängige Schicht und Betriebssystemteile verwenden. Alle Fähigkeiten der graphischen Ressourcen, die von GKS-Funktionen angesprochen werden können, sollen nur mittels GKS genutzt werden.

Graphische Arbeitsplätze (Workstations)

Das GKS basiert auf der Konzeption abstrakter graphischer Arbeitsplätze. Darauf ist die logische Schnittstelle zu tatsächlichen Geräten aufgebaut. Auch für die Speicherung graphischer Daten wird dieses Konzept verwendet. Einheiten zur Speicherung und zum Austausch graphischer Informationen werden einfach als spezielle graphische Arbeitsplätze betrachtet (Segmentspeicher, Metafiles). Für jede Art von graphischem Arbeitsplatz, der in einer GKS-Installation verwendet wird, existiert eine Beschreibungstabelle, die die Fähigkeiten und Charakteristika desselben beschreibt. Das Anwendungsprogramm kann erfragen, welche Eigenschaften und Fähigkeiten vorhanden sind, und sein Verhalten entsprechend anpassen. Verlangt ein Programm nicht vorhandene Aktionen, so gibt es Standard-Fehler-Reaktionen.

Ein abstrakter Arbeitsplatz mit nahezu maximalen Fähigkeiten

- hat eine adressierbare Darstellungsfläche mit bestimmter Auflösung,
- erlaubt mehrere rechteckige Darstellungsbereiche,
- hat einen definierten maximalen Darstellungsbereich,
- unterstützt verschiedene Linienarten, Schriftarten, Zeichengrößen,
- hat mindestens ein logisches Eingabegerät für jede Eingabeklasse,
- speichert Segmente und hat Möglichkeiten zu ihrer Manipulation.

In Wirklichkeit muß ein graphischer Arbeitsplatz nicht mit allen diesen Fähigkeiten ausgestattet sein. Jeder graphische Arbeitsplatz fällt in eine der sechs Kategorien:

- Ausgabearbeitsplatz (z.B. Plotter)
- Eingabearbeitsplatz (z.B. Digitalisierbrett)
- Aus-/Eingabearbeitsplatz (z.B. graph. Terminal)
- geräteunabhängiger Segmentspeicher
- GKS-Bilddatei-Ausgabe
- GKS-Bilddatei-Eingabe

Die letzten drei Arten sind besondere GKS-Fähigkeiten, die eine vorübergehende oder permanente Speicherung graphischer Informationen ermöglichen. Sie werden zwecks leichterer Steuerung als Arbeitsplätze mit sehr verschiedenen Eigenschaften behandelt. Tatsächliche graphische Arbeitsplätze können mehr Fähigkeiten bereitstellen, als die in der Beschreibungstabelle angeführten; diese können vom GKS aus jedoch nur über Umwege genutzt werden.

Arbeitsplätze können geschlossen, geöffnet oder aktiviert sein. Durch das Öffnen eines Arbeitsplatzes mit Namen und Eigenschaften bekommt das Anwenderprogramm Verbindung mit der Peripherie. An offenen Arbeitsplätzen kann Eingabe und Segmentmanipulation stattfinden. Ausgabe von graphischen Grundelementen und Speicherung von neuen Segmenten kann nur an aktivierten Arbeitsplätzen erfolgen.

Graphische Grundelemente (Primitive)

Das GKS unterscheidet sechs prinzipiell verschiedene Zeichen-Primitive (Darstellungselemente), das sind (Abb.2.35):

a. Polygonzug (polyline)
b. Markierungen (polymarker)

c. Schrift (text)
d. Flächenfüllungen (fill area)
e. Rasterbilder (pixel array)
f. Verallgemeinertes Darstellungselement VDEL (generalized drawing primitive GDP)

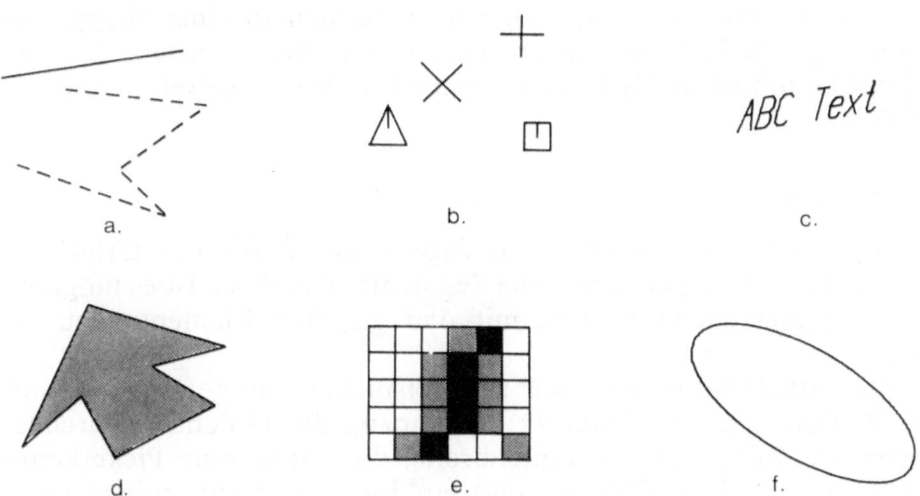

Abb. 2.35. Graphische Primitive im GKS

Graphische Ausgabeprimitive werden jeweils an allen aktivierten Arbeitsplätzen gezeichnet, und in alle offenen Segmente eingefügt.

Segmente

Im GKS ist ein Segment ein temporärer Speicher, in dem ein komplexeres Bild aufgebaut werden kann, das nachher als Einheit behandelt wird. Jedes Segment wird durch einen von der Anwendung festgelegten Segmentnamen gekennzeichnet und besteht aus einzelnen Ausgabeprimitiven. Nach dem Öffnen eines Segmentes werden alle Ausgabeprimitive auch in das Segment eingefügt. Ein einmal geschlossenes Segment kann nicht mehr geöffnet werden und ist daher in seiner Struktur nicht mehr veränderbar. Dagegen sind geometrische Transformationen oder Änderungen der Segmenteigenschaften möglich.

Segmente kann man

- öffnen, schließen, löschen,
- transformieren,
- sichtbar und unsichtbar machen,

- hervorheben,
- bei Überlappung ordnen,
- in andere Segmente einfügen,
- identifizieren,
- umbenennen.

Mehrere Primitive eines Segmentes können zu einer *Gruppe* zusammengefaßt und mit einem Namen versehen werden, der zur Identifikation dient. Es ist also möglich, Gruppen getrennt zu identifizieren.

Attribute

Attribute sind veränderbare Eigenschaften für die Grundelemente, die Arbeitsplätze und die Segmente. Durch sie ist es möglich, gezielt verschiedene Effekte mit den gleichen Elementen zu erhalten.

Die Attribute werden hier nur beispielhaft aufgezählt. So sind die Attribute für das Primitiv Polygonzug die Linienart (durchgezogen, strichliert, ...), die Linienbreite, die Farbe, eine Pickerkennzeichnung zur Identifikation und ein Index, der eine unterschiedliche Darstellung auf verschiedenen Arbeitsplätzen ermöglicht. Das Primitiv „Text" besitzt die Attribute Schrifthöhe, Schriftwinkel, Schriftrichtung, Ausrichtung, Art, Qualität, Verzerrung, Zeilenabstand, Farbe, Pickerkennzeichnung und Index.

Die Attribute für einen Arbeitsplatz ermöglichen eine individuelle Darstellung von Bildern. Sie umfassen etwa die Linienart, die Schriftart, die Farbe und andere. Dadurch können diese Eigenschaften an einem Arbeitsplatz dynamisch verändert werden.

Segmentattribute gelten für alle Grundelemente des Segmentes. Sie umfassen Transformationen, Sichtbarkeit, Hervorheben, Priorität und Ansprechbarkeit.

Koordinatensysteme und Transformationen

Im Anwendungsprogramm werden die Bilder in einem der Anwendung entsprechenden, sogenannten Weltkoordinatensystem erstellt. Die Transformation der Daten in die Koordinatensysteme der einzelnen Ausgabegeräte erfolgt zweistufig. Zuerst werden die Bilder auf ein normalisiertes Gerätekoordinatensystem abgebildet, und von diesem dann in die verschiedenen speziellen Gerätekoordinatensysteme. Dadurch gelingt es, die arbeitsplatzspezifischen und die arbeitsplatzunabhängigen Teile der Bilddefinition sauber zu trennen (Abb.2.36).

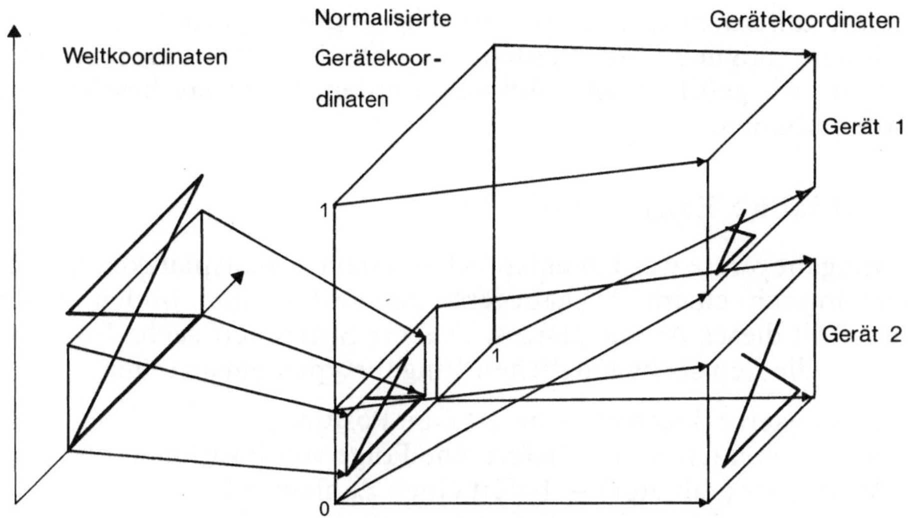

Abb. 2.36. GKS-Koordinatentransformationen

Alle Darstellungselemente müssen diese zweistufige Transformation durchlaufen; Koordinateneingaben werden umgekehrt abgebildet, sodaß das Ergebnis in Weltkoordinaten vorliegt. Neben diesen Transformationen gibt es noch Transformationen, die auf Segmente angewandt werden; diese werden ausschließlich im normalisierten Gerätekoordinatensystem ausgeführt. Das GKS bietet spezielle Funktionen zur Erstellung und Manipulation von Segmenttransformations-Matrizen (vergleiche Kapitel 3.1), mit denen Verschiebungen, Skalierungen und Drehungen bewerkstelligt werden können. Man hat also die Möglichkeit, auch komplexere Transformationen als eine Einheit anzusprechen.

Das Clippen (siehe Kapitel 3.2) ist sowohl bei der Normalisierungstransformation, als auch am Gerätefenster der Gerätetransformation möglich. Das Clippen bei der Normalisierungstransformation ist wahlfrei, das Clippen am Gerätefenster kann dagegen nicht abgeschaltet werden, um das Gerät vor ungültigen Daten zu schützen.

Bilddateien (Metafiles)

Im GKS sind auch permanente Dateien mit graphischen Informationen vorgesehen. Im Gegensatz zu Segmenten dienen sie zur permanenten Speicherung von Bildern und zur Übertragung graphischer Daten. GKS-Bilddateien (GKSB) enthalten im wesentlichen die Aufrufe der entsprechenden GKS-Prozeduren mit deren Parametern, außerdem ist auch die Speicherung nichtgraphischer Informationen möglich. Sie werden wie Arbeitsplätze angesprochen, müssen also geöffnet und aktiviert werden, bevor sie beschrieben werden können.

Graphische Eingabe

Eingabegeräte werden entsprechend dem Arbeitsplatzkonzept jeweils logisch einem Ausgabegerät zugeordnet und bilden damit einen Teil dieses Arbeitsplatzes. Das GKS definiert sechs Eingabeklassen, die den sechs möglichen Eingabetypen entsprechen:

a. Lokalisierer (locator) – liefert eine Position;
b. Strichgeber (stroke) – liefert eine Folge von Positionen;
c. Wertgeber (valuator) – liefert einen Zahlenwert;
d. Auswähler (choice) – liefert eine Variante einer Auswahlmöglichkeit (ganze Zahl);
e. Picker (pick) – liefert einen identifizierten Segmentnamen;
f. Text (string) – liefert eine Zeichenfolge.

Jedes logische Eingabegerät hat drei verschiedene Betriebszustände:

a. Anforderung (request) – das Programm wartet, bis eine Eingabe erfolgt;
b. Abfrage (sample) – der momentane Zustand des Gerätes wird zurückgegeben;
c. Ereignis (event) – Abfragen der Eingabewarteschlange.

Zustandslisten und Abfragefunktionen

Alle Informationen, die für die GKS-Funktionen von Bedeutung sind, werden in sogenannten Zustandslisten festgehalten. Solche Listen gibt es für den Betriebszustand, die Segmente, die Arbeitsplätze, die Eingabewarteschlange und die Fehler. Außerdem gibt es Beschreibungstabellen für die GKS-Implementierung und die verfügbaren Geräte. Alle Werte in diesen Zustandslisten und Beschreibungstabellen ermittelt man über spezielle Abfragefunktionen. Dadurch können Anwendungsprogramme unter anderem sehr flexibel an verschiedene Gerätekonfigurationen angepaßt werden.

GKS-Leistungsstufen

Um auch kleinere Graphik-Systeme GKS-kompatibel erstellen zu können, wurden mehrere Leistungsstufen definiert. Einerseits sind das für die graphische Ausgabe die aufwärtskompatiblen Möglichkeiten:

0: minimale Ausgabe;
1: volle Ausgabe und Segmente;
2: geräteunabhängiger Segmentspeicher.

Andererseits wurden auch für die Eingabe mehrere aufwärtskompatible Leistungsstufen vorgesehen:

a: keine graphische Eingabe;
b: nur request;
c: alle Eingaben.

Durch die Kombination dieser Möglichkeiten ergeben sich somit neun GKS-Leistungsstufen (Abb.2.37).

	a	b	c
0	0a	0b	0c
1	1a	1b	1c
2	2a	2b	2c

Abb. 2.37. GKS-Leistungsstufen

Sprachschalen

Da GKS „nur" die Funktionalität festlegt, muß für jede Sprache, in die GKS eingebettet werden soll, eine eigene Definition erfolgen (vergleiche Abb.2.34). Die Einbettung für FORTRAN wurde als erstes abgeschlossen, nicht zuletzt weil FORTRAN, trotz aller bekannten Nachteile, die seit jeher von Technikern am meisten verwendete Programmiersprache ist. Als Folge dieser frühen Definition gibt es heute bereits einige Implementierungen.

Die starke Verbreitung von Microcomputern hat wesentlich zu einer weiten Verbreitung der einfachen Sprache BASIC beigetragen. Da die Nachfrage des Marktes das Tempo und die Richtung einer Entwicklung wesentlich mitbestimmt, gibt es bereits eine BASIC-GKS-Schnittstelle. Auch für strukturierte höhere Programmiersprachen (Ada, PASCAL, C) gibt es bereits Implementierungen; die Standardisierung ist aber auch hier noch nicht abgeschlossen.

2.6 Höhere graphische Programmiersprachen

Höhere graphische Programmiersprachen unterscheiden sich von graphischen Unterprogrammpaketen dadurch, daß die graphischen Elemente in gleichberechtigter Form wie alle anderen Sprachelemente in die Sprache integriert sind. Die Zeichengeräte werden nicht mit getrennten Befehlen für jeden Strich gesteuert, sondern ein Bild ist eine logische Einheit, das zuerst unabhängig von einem Ausgabegerät erstellt und anschließend als ganzes gezeichnet wird (wie bei Zahlen, die nicht ziffernweise an einen Drucker gesendet werden, sondern durch einen einzigen Befehl).

Für den Entwurf einer höheren graphischen Programmiersprache gibt es zwei Möglichkeiten, entweder man erfindet eine völlig neue Programmiersprache mit allen Datentypen, Kontrollstrukturen, Standardfunktionen usw., in der die Graphik gleichberechtigt integriert ist, oder man erweitert einfach eine bewährte existierende Programmiersprache um geeignete Sprachelemente.

Im ersten Fall wird mit existierenden Sprachen nicht nur vieles redundant sein, auch wird man bei der Implementierung völlig bei Null beginnen müssen. Erweiterungen von Programmiersprachen wie FORTRAN, PL/I, PASCAL, Modula-2, Ada oder CHILL bewirken nicht nur eine größere Akzeptanz unter den Programmierern, die diese Sprachen bereits beherrschen, sie sind auch im allgemeinen einfacher und portabler zu implementieren, da man auf einen Compiler der Muttersprache zurückgreifen kann.

Im folgenden werden Beispiele für solche Erweiterungen oberflächlich beschrieben. PASCAL/Graph wird etwas ausführlicher behandelt, um die typischen Komponenten einer solchen Erweiterung im Detail kennenzulernen.

2.6.1 GRAF — Eine FORTRAN-Erweiterung

GRAF ist eine Erweiterung von FORTRAN um einige neue Anweisungen, die zur Bildmanipulation dienen. Zusätzlich zu den in FORTRAN vordefinierten Typen gibt es in GRAF den Typ DISPLAY. Variablen dieses Typs enthalten als Wert eine Kette von Befehlen für ein graphisches Ausgabegerät. Wenn dieser Wert zum entsprechenden Gerät übertragen wird, so hat das die direkte Ausführung dieser Befehle zur Folge, das ist also die Erzeugung von Punkten, Linien und Buchstaben.

DISPLAY-Variablen können wie alle anderen Variablen verwendet werden, also dimensioniert werden, in EQUIVALENCE-

und COMMON-Blöcken stehen und als Parameter in Unterprogramme übergeben werden.

Als Grundelemente für die Wertzuweisung existieren mehrere Display-Funktionen, sie stellen die einfachen Befehle an ein Gerät dar. Dabei gibt es

POINT (x,y)	Befehl zur Ausgabe eines Punktes an (x/y);
LINE (x,y)	Befehl zur Ausgabe einer Linie nach (x/y);
PLACE (x,y)	Befehl zur Ausgabe einer unsichtbaren Linie;
CHAR (z,l,m)	Befehl zur Ausgabe der Zeichenkette z mit der Länge l im Modus m.

Die Wertzuweisung selbst erfolgt mittels des gleichen Zuweisungszeichens „=" wie bei allen anderen Zuweisungen. Auf der rechten Seite muß dabei ein DISPLAY-Ausdruck stehen, das ist eine Kette von DISPLAY-Variablen und -Funktionen, getrennt durch das Zeichen „+". Der Wert dieses Ausdrucks wird später von links nach rechts ausgeführt. Eine solche Wertzuweisung sieht dann etwa so aus:

```
DISPLAY P, Q, R (3)
P = Q + LINE (2,1) + R (2)
```

Die Ausführung einer in einer DISPLAY-Variablen aufgebauten Befehlskette geschieht durch Aufruf der Funktion PLOT, die mehrere DISPLAY-Werte als Argumente haben kann. Der Funktionswert von PLOT läßt danach Rückschlüsse auf den Erfolg der Aktion zu.

```
T = PLOT (Q, R (1), P)
```

GRAF sieht weitere Funktionen zur Erstellung interaktiver Anwenderprogramme vor, insbesondere geeignete Eingabeprozeduren.

Außer den vorgegebenen DISPLAY-Funktionen kann man sich in GRAF auch eigene DISPLAY-Funktionen schreiben, die dann genauso verwendet werden können. So eine Deklaration sieht einem Funktions-Unterprogramm sehr ähnlich, lediglich die erste Zeile zeigt den Typ an:

```
DISPLAY FUNCTION fname (par1, par2, ..., parN)
```

Beispiel:

```
DISPLAY FUNCTION dreieck (x1,y1,x2,y2,x3,y3)
dreieck = PLACE(x1,y1) + LINE(x2,y2) +
          LINE(x3,y3) + LINE(x1,y1)
```

Diese kann dann verwendet werden wie LINE und PLACE:

```
bild = dreieck(1,1,3,1,2,3) + LINE(2,2)
```

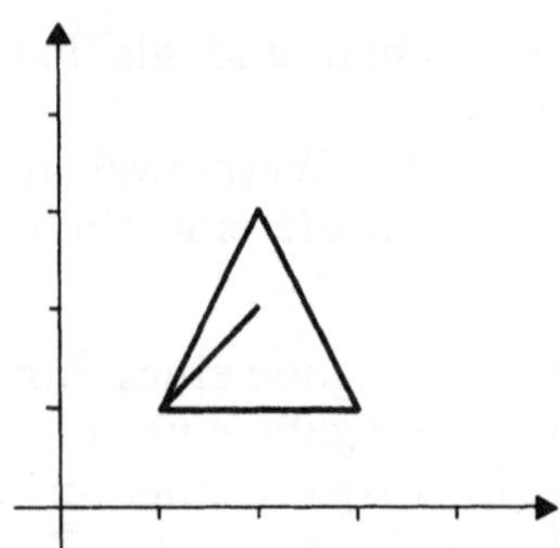

Abb. 2.38. Ergebnis des GRAF-Beispielprogramms

2.6.2 GPL/I - Eine PL/I-Erweiterung

Die Erweiterung von PL/I macht sich die höheren Datenkonzepte, die hier zur Verfügung stehen, zunutze. Es wird als grundlegender neuer Typ der Vektor eingeführt, und es werden entsprechende Vektoroperationen definiert. Vektoren können zwei- oder dreidimensional sein und werden durch ihre Komponenten beschrieben. Der Operator für das Skalarprodukt hat die Gestalt „*. *“, der für das Kreuzprodukt hat die Gestalt „***“.

Weiters gibt es wieder einen Typ, der Bilder aufzunehmen imstande ist, und zwar in zwei Teilen, dem eigentlichen Bildwert und seinen Attributen. Zum Zusammensetzen und Verändern von Bildvariablen gibt es fünf verschiedene Bildoperatoren:

A+ >B ist ein Bild, das aus A und B besteht (Einfügen);
P1 ||| P2 ist eine Linie von P1 nach P2 (Verbinden);
A@P schiebt A mit seinem Ursprung nach P (Verschieben);
A< >(10.0 X + 10.0 Y) skaliert A um 10 (Skalierung);
A* >3.14159 Z dreht A um 180 Grad um die z-Achse (Drehung).

Entsprechend den zwei oder drei Dimensionen, die Vektoren haben können, sind Bilder ebenfalls zwei- oder dreidimensional. Bildwerte kann man natürlich zur Erstellung weiterer Bilder verwenden. Bildattribute sind unter anderem BLANKED, FLICKER, THICKNESS, VIEWPLANE usw.

Weitere Möglichkeiten erlauben interaktive Benutzereingriffe und die Speicherung graphischer Daten auf externen Dateien. Das eigentliche Zeichnen wird als Ausgabe auf entsprechende Dateien betrachtet.

2.6.3 PASCAL/Graph — Eine PASCAL-Erweiterung

Sprachelemente

PASCAL/Graph ist eine von W. Barth konzipierte Erweiterung von PASCAL zu einer höheren graphischen Programmiersprache. Neben den üblichen PASCAL-Sprachelementen enthält PASCAL/ Graph zusätzliche Elemente für die graphische Datenverarbeitung. Die Erweiterungen sind den Standard-PASCAL-Konstrukten so ähnlich wie möglich, um ein leichtes Erlernen des neuen Sprachumfangs zu gewährleisten und auch um die gewohnten Gedankengänge intuitiv auf die graphische Datenverarbeitung zu übertragen.

Die Grundlage für die Verarbeitung graphischer Daten auf höherem Sprachniveau bildet ein zusätzlicher einfacher Typ *picture*. Variablen dieses Typs können Bildwerte annehmen. picture wird genauso verwendet, wie alle übrigen einfachen Typen. Dies soll durch den direkten Vergleich mit Zahlenwerten in den folgenden Beispielen verdeutlicht werden. Variablen müssen deklariert werden:

```
var x, y: real;
    b, c: boolean;
    p, q: picture;
```

p und q haben, genau wie x, y, b und c, nach dieser Deklaration noch keine Werte, sie reservieren lediglich Speicherplatz dafür. Durch eine Wertzuweisung

```
x := 3.14159;
b := true;
p := circle (2);
```

erhalten die Variablen gültige Werte. Dafür braucht man aber Wertkonstante, wie eben zum Beispiel circle (2), das einen Kreis mit Radius 2 repräsentiert. Solche Bildwerte stellt die Sprache zur Verfügung (siehe auch Abb.2.39):

line (x,y)	ist eine gerade Linie von der momentanen Position um den Vektor (x,y);
circle (rad)	ist ein Kreis mit der momentanen Position als Mittelpunkt und dem Radius rad;
arc (rad,o,d)	ist ein Kreisbogen beginnend an der momentanen Position mit dem Radius rad, dem Öffnungswinkel o und dem Winkel d als Drehwinkel zwischen der x-Achse und der Verbindung vom Anfangspunkt zum Mittelpunkt;

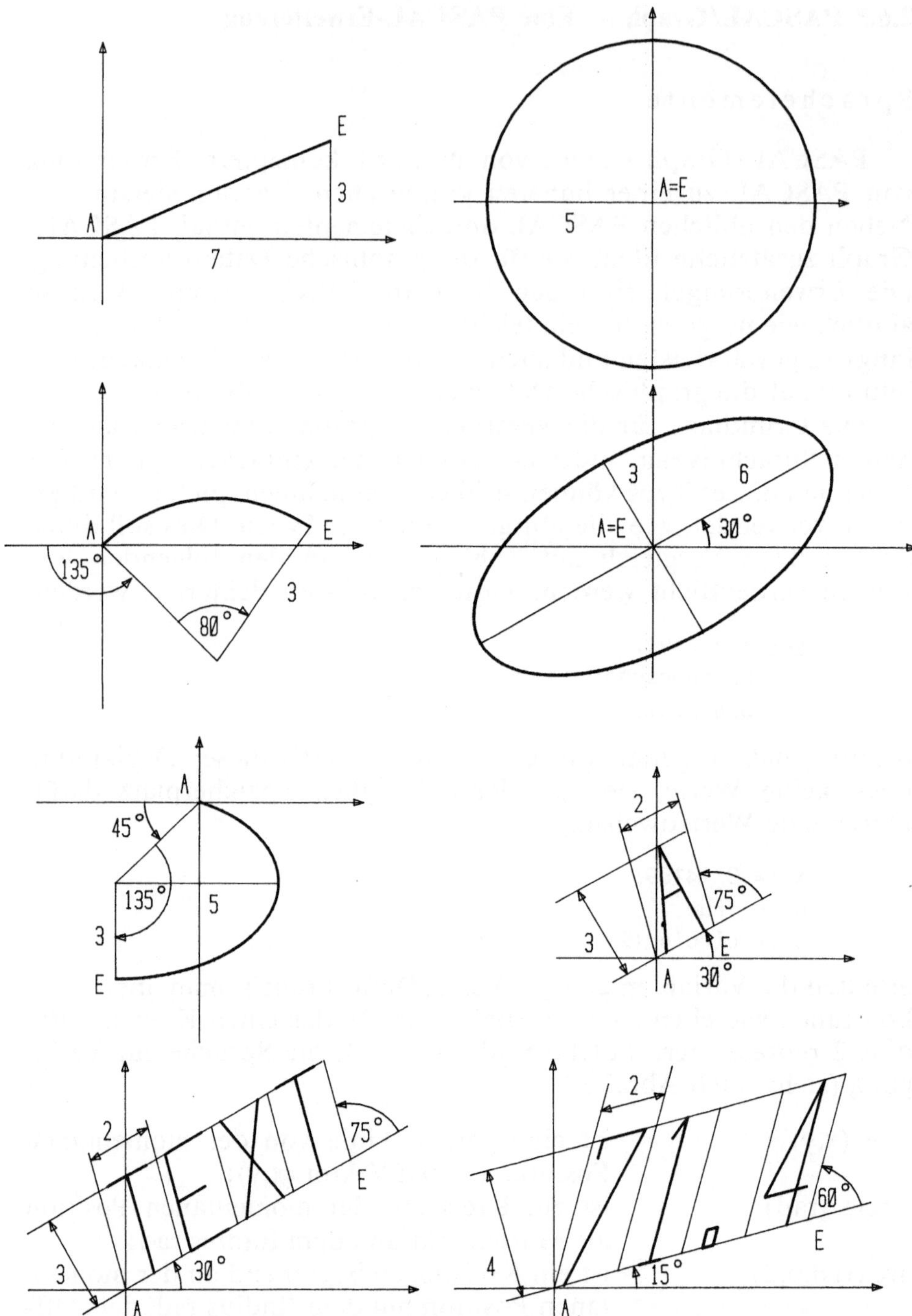

Abb. 2.39. Elementarbilder von PASCAL/Graph. Von links oben nach rechts unten: line(7,3), circle(5), arc(3,80,135), ellipse(6,3,30), ellarc(5,3,135,45), letter('A',2,3,75,30), nletters('TEXT',2,3,75,30), number(71.4:4:1,2,4,60,15).

ellipse (a,b,w)	ist eine Ellipse um den momentanen Punkt mit den Achsenlängen a und b und im Winkel w zur x-Achse;
ellarc (a,b,o,d)	ist ein achsenparalleler Ellipsenbogen, mit den Achsenlängen a und b, dem Öffnungswinkel o und dem Drehwinkel d;
letter (ch,b,h,s,w)	ist das Bild eines Buchstaben ch mit Breite b, Höhe h, Schräge s und Winkel w der Grundlinie zur x-Achse;
nletters (t,b,h,s,w)	ist das Bild eines ganzen Textes t; b, h, s, w sind wie bei letter;
number (z:l:d,b,h,s,w)	ist das l Zeichen lange Bild einer real-Zahl z mit d Nachkommastellen; b, h, s, w sind wie bei letter;
empty	ist das leere Bild.

Es wäre sehr unbefriedigend, könnte man nur solche einfachen Werte durch einmalige Zuweisung erstellen. Verwertbare Ergebnisse erhält man erst nach längerem Rechnen. Dazu müssen schon vorhandene Werte weiterverwendet und miteinander auf wohldefinierte Weise verknüpft werden können. Für die verschiedenen Variablentypen gibt es dazu geeignete Operatoren, die in infix-Notation verfügbar sind:

```
x := x + y;
b := b and c;
```

Analoge Operatoren gibt es auch in PASCAL/Graph zur Zusammensetzung von Bildwerten. Diese sind in Form von Schlüsselwörtern realisiert, um die Verständlichkeit zu erhöhen:

```
p := p over q;
q := p conn q;
```

Das zugrundeliegende formale Bildbeschreibungsschema stammt von A.C.Shaw und basiert auf der Vektorgraphik. Danach hat jedes Bild einen Anfangspunkt, von dem aus das Bild gezeichnet wird, und einen Endpunkt, der die Position nach der Zeichnung festlegt. Anfangs- und Endpunkt sind bei den Elementarbildern durch A und E gekennzeichnet (Abb.2.39). Der Vektor zwischen diesen beiden Punkten heißt Bildvektor. Verschiedene Arten, zwei Vektoren zusammenzusetzen, definieren dann das Resultat verschiedener Bildoperatoren (Abb.2.40).

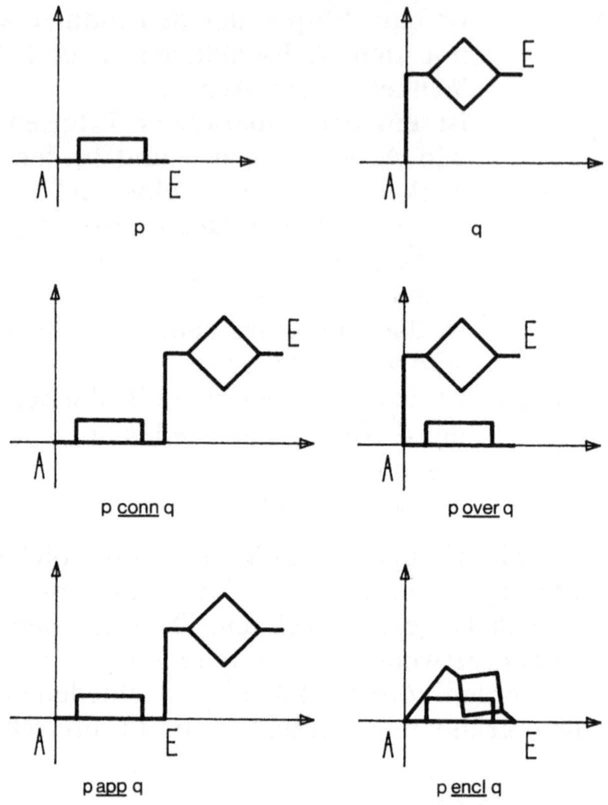

Abb. 2.40. In PASCAL/Graph gibt es vier Bildoperatoren: conn („connect"), over („overlay"), app („append") und encl („enclose").

Die Verfügbarkeit einiger Standardfunktionen, welche die Berechnung komplexerer Werte ermöglichen, ist ebenfalls wichtig:

```
x := sin (x);
y := ln (y);
p := scal (3,p);
q := refl (45,p);
```

Das Ergebnis einer Standardfunktion ist also wieder vom Typ picture. Folgende Operationen stehen zur Verfügung:

scal (fak,p)	skaliert p mit dem Faktor fak;
scalxy (fx,fy,p)	skaliert p in x-Richtung um fx und in y-Richtung um fy;
refl (w,p)	spiegelt p um die Gerade mit Winkel w, die durch den Anfangspunkt verläuft;
rot (w,p)	dreht p um den Winkel w um seinen Anfangspunkt;

trans (dx,dy,p) verschiebt p um den Vektor (dx,dy);
inv (p) vertauscht bei p Anfangs- und Endpunkt.

Alle bisherigen Operationen verändern nur die Werte von Variablen, haben aber keine sichtbaren Ergebnisse. Das Ansprechen von Ausgabegeräten geschieht mit Hilfe von entsprechenden Prozeduren:

```
write (liste, x);
draw (plotter, p);
erase (plotter, p);
```

Durch eine solche Anweisung geht der Wert der Variablen nicht verloren, er steht also zur nachfolgenden Weiterbearbeitung zur Verfügung. Die Angabe des Gerätes in der draw- und erase-Anweisung ermöglicht das Ansprechen mehrerer Geräte von einem Programm aus. Außerdem ist diese Form der Ausgabe völlig geräteunabhängig.

Das Wort „plotter" ist dabei ein symbolischer Name für ein Ausgabegerät, der mit einem tatsächlich vorhandenen Gerät nichts zu tun hat. Dieser logische Name wird im Programm als Ausgabegerät deklariert:

```
var plotter: outunit;
```

und muß außerdem in der program-Zeile stehen (wie eine externe Datei). Erst zur Laufzeit wird jedem symbolischen Gerät wahlweise ein geeignetes physisches Gerät zugeordnet. Dies geschieht über Gerätebeschreibungstafeln, die zur Installationszeit einmal für jedes verfügbare Gerät erstellt werden.

Vor der ersten Benutzung eines Ausgabegerätes im PASCAL/Graph-Programm muß man eine Vorbereitungsprozedur aufrufen:

```
openoutunit (plotter)
```

Nach einem solchen Aufruf kann man annehmen, daß das Ausgabegerät plotter betriebsbereit ist. Will man eine neue Zeichnung anfangen, so ist vorher die Prozedur init aufzurufen:

```
init (plotter, xmin, xmax, ymin, ymax, maßstab)
```

Dabei ist (xmin,xmax,ymin,ymax) der Rahmen, in dem sich das zu zeichnende Bild befindet. Bildteile, die über diesen Rahmen hinausragen, werden abgeschnitten. Der letzte Parameter ist vom Typ boolean. Bei maßstab = true wird maßstabgetreu gezeichnet (Einheit = 1cm), bei maßstab = false wird die Zeichnung so skaliert, daß die zur Verfügung stehende Zeichenfläche optimal genutzt wird, das Bild wird dabei aber nicht in eine Richtung verzerrt. Dieser Aufruf bewirkt also das Setzen neuer Umrechnungskonstanten für die Transformation von Weltkoordinaten in Gerätekoordinaten.

Um graphische Dialogsysteme in PASCAL/Graph formulieren zu können, werden auch graphische Eingabegeräte unterstützt, die genauso wie Ausgabegeräte behandelt werden (Typ inunit). Für sie gibt es geeignete Eingabeprozeduren, das sind:

readcoord (tablett,x,y)	liest ein Koordinatenpaar von einem Tablett, Lichtgriffel, Digitizer, oder ähnlichem;
readchar (funktionstastatur,ch)	liest von einer anderen als der Standardtastatur ein Zeichen ein;
readreal (valuator,r)	liest von einem Wertgeber einen Wert ein.

Gemäß dem Prinzip, daß jedes Eingabegerät einem Ausgabegerät zugeordnet sein muß, muß man in PASCAL/Graph für jedes Eingabegerät durch die Prozedur

```
link (tablett, schirm)
```

ein zugehöriges Ausgabegerät definieren. Erst nach diesem Aufruf kann von dem Eingabegerät eine Eingabe erwartet werden. Das entsprechende init des zugeordneten Ausgabegerätes ist dann auch für das Eingabegerät gültig.

Das folgende Beispiel soll verdeutlichen, wie ein ganz einfaches PASCAL/Graph-Programm aussieht:

```
program sunshine (plotter);
var plotter: outunit;
    i: integer;
    sonne, strahl: picture;
begin (* Öffnen des Ausgabegerätes: *)
  openoutunit(plotter);
    (* Angeben des Rahmens, in dem sich die Zeichnung befindet;
       false heißt "nicht maßstabgetreu": *)
  init(plotter, -40, 40, -30, 30, false);
    (* strahl wird das Bild eines Sonnenstrahls: *)
  strahl: =trans(10, 0, line(15, 0));
    (* Die Sonne wird als Kreis initialisiert: *)
  sonne: =circle(10);
    (* Es werden 24 Strahlen, jeweils um 15 Grad gedreht,
       angefügt: *)
  for i:=1 to 24 do
    sonne: =sonne over rot(15*i, strahl);
    (* Zeichnen des fertigen Bildes: *)
  draw(plotter, sonne)
end.
```

Das Programm erzeugt folgendes Bild:

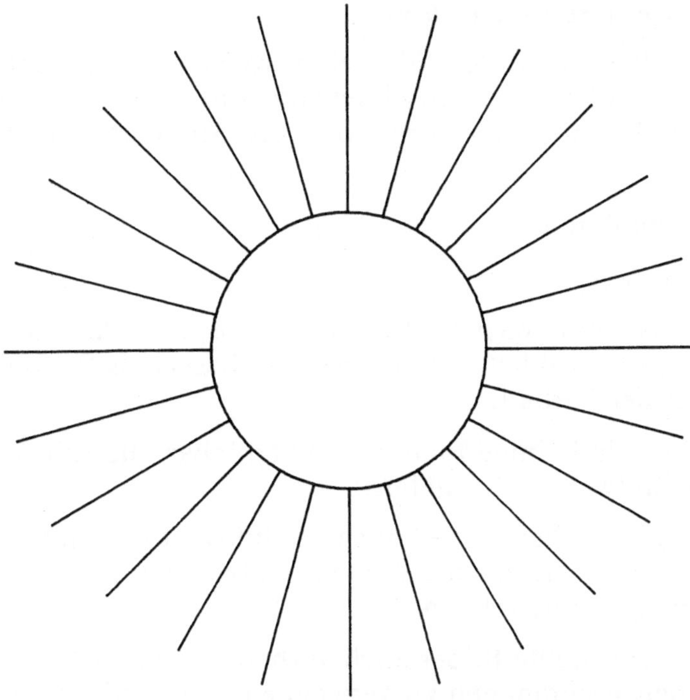

Abb. 2.41. Ergebnis des PASCAL/Graph-Beispielprogramms

Außer den beschriebenen Sprachelementen gibt es in PASCAL/Graph noch eine Reihe weiterer Möglichkeiten. Auch diese werden im folgenden noch überblicksmäßig beschrieben, weil sie ein gutes Beispiel für die Möglichkeiten, die eine höhere graphische Programmiersprache bieten kann, sind.

Für die meisten Anwendungen werden die vordefinierten Elementarbilder nur bedingt zweckmäßig sein. Die Sprache bietet hierfür die Möglichkeit, sich eigene Grundbausteine zu definieren, die ähnlich wie Bildkonstante verwendet werden:

```
item widerstand;
begin ...
   widerstand := ...
end;
```

PASCAL/Graph unterstützt auch mehrfarbige Darstellungen und verschiedene Linienarten. Diese Attribute können entweder als zusätzliche Parameter bei Elementarbildern angegeben werden, oder hinterher geändert werden:

```
a := line (3,2,red,0.5);
a := othercolour (blue,a);
a := otherlinefont (0,a);
```

Hier erhält a zuerst den Wert einer roten Linie, die mit Strichlänge 0.5 cm strichliert ist. Anschließend wird ihr Farbwert auf blau geändert, und schließlich wird noch die Strichart auf „durchgezogen" gesetzt.

Mit der Funktion

```
area (f,p)
```

kann man aus p ein neues Bild erzeugen, das, falls das Bild p einen geschlossenen Umriß hat, eine Fläche mit diesem als Rand darstellt, und zwar in der Farbe f.

Außerdem sind einige Funktionen verfügbar, die Informationen über einen Bildwert zurückliefern:

piclength (p)	liefert die Länge des Bildvektors von p,
angle (p)	liefert den Winkel des Bildvektors von p,
getvector (p,x,y)	liefert den Bildvektor von p.

Um einmal erstellte Bilder auch aufbewahren zu können oder in verschiedenen Programmen zu verwenden, gibt es die Möglichkeit, Bild-Dateien anzulegen:

```
var bilddatei:picfile;
   ...
 picout(bilddatei,a1,a2,...);
 picin (bilddatei,b1,b2,...);
```

Damit können beliebig viele Bilder gemeinsam abgespeichert werden, und deren Zusammenhang-Struktur bleibt dabei erhalten. Das ist für das Sprachelement subst, das etwas später erklärt wird, von grundlegender Bedeutung.

An dieser Stelle muß noch der Unterschied zwischen „identischen" und lediglich „gleichen" Bildern erklärt werden. Bei der Konstruktion eines Bildes wird ein zeigerverketteter Bildgraph aufgebaut. Durch die Zuweisung p:=q wird der Bildgraph nicht kopiert, sondern p erhält lediglich einen Verweis auf diesen schon bestehenden Bildgraph. Dadurch sind p und q völlig „identisch", sie können durch nichts unterschieden werden. Hätte man dagegen das Bild q genauso wie p neu aufgebaut, würden sie wohl zur gleichen Zeichnung führen, dieser Umstand kann aber vom System durch nichts erkannt werden. Diese Bilder werden hier als „gleich" bezeichnet. Mit der Funktion copy, die etwas später erklärt wird, kann man gleiche Bilder statt identischen erzeugen, d.h. der gesamte Bildgraph wird dabei dupliziert.

Analog dazu werden beim Aufbau komplexerer Bilder die Bildgraphen der einfacheren Bilder, aus denen sie zusammengesetzt sind, nicht kopiert, sondern es wird mit Verweisen gearbeitet. Die verwendeten Bilder können daher nachfolgend als Teilbilder erkannt werden. Solche Teilbilder können beim Aufbau natürlich auch mehrfach Verwendung finden. Dies spielt insbesondere bei den Sprachelementen subst und substpicked eine Rolle.

Wie man sich nach den Ausführungen des Abschnittes „Implementierung" leicht überlegen kann, hat das PASCAL/Graph-System einerseits keine Chance, identische Bildwerte voneinander zu unterscheiden, andererseits besitzt es aber auch keine Möglichkeit, gleiche Bildwerte als gleich zu erkennen. Der Programmierer muß daher diese beiden Begriffe klar unterscheiden können.

In PASCAL/Graph gibt es eine sehr spezielle Art der indirekten Identifikation, die dem Programmierer volle Kontrolle über die zu identifizierenden Bilder bei optimaler Unterstützung durch das System bietet.

Kern der Identifikation ist die Prozedur

```
procedure search (eps, x, y: real; b: picture)
```

die im Bild b alle diejenigen Teilbilder kennzeichnet, die durch den Punkt (x/y) mit Genauigkeit eps als getroffen angesehen werden können. Der Punkt (x/y) kann dabei beliebig ermittelt werden. Es ist zum Beispiel möglich, ihn mittels readcoord oder read einzulesen, oder er kann aus einer Berechnung hervorgehen. Die Genauigkeitsschranke eps muß natürlich im allgemeinen an die physischen Eigenschaften des benutzten Eingabegerätes angepaßt werden. Um auch in dieser Hinsicht geräteunabhängige Programme schreiben zu können, gibt es die Funktion

```
function epsilon (e: inunit): real
```

die für jedes Eingabegerät einen dafür brauchbaren Wert liefert.

Die Prozedur search wird für das zu untersuchende Bild genau einmal aufgerufen, dadurch werden alle getroffenen Bildteile markiert. Einige Funktionen ermöglichen es danach, diese Kennzeichnungen auszuwerten. Mit der Funktion

```
function picked (b, t: picture): boolean
```

kann festgestellt werden, ob irgendein Vorkommen des Teilbildes t von b durch search markiert wurde.

Teilbilder, die identische Werte haben, aber getrennt untersucht werden sollen (d.h. man möchte jeweils nur eines der Vorkommen eines Teilbildes identifizieren), müssen vor dem Bildaufbau geeignet vorbereitet werden. Nach

```
t1:=t
```

sind t1 und t in keiner Weise unterscheidbar. Es gibt daher die Funktion

```
function copy (b:picture):picture
```

mit der man Bildwerte so kopieren kann, daß sie wohl das gleiche Bild darstellen, im Wert aber nicht mehr identisch sind. Es gilt nicht nur b ≠ copy(b), sondern auch alle Teilbilder dieser beiden Bilder sind verschieden. Sie verhalten sich so, als ob sie völlig getrennt konstruiert wurden, also wie zwei verschiedene Bilder.

Die Begriffe gleicher Wert und identischer Wert sind auch beim Sprachelement „subst", mit dem man Teilbilder durch andere ersetzen kann, von grundlegender Bedeutung. Das Ergebnis der Funktion

```
function subst (b,t,t1:picture):picture
```

ist ein neues Bild, das genauso aussieht wie b, bei dem aber alle Vorkommen des Teilbildes t durch das Bild t1 ersetzt sind.

Eine häufige Folge der Identifizierung ist das Ersetzen des getroffenen Objektes durch ein anderes (oder durch empty). Will man nun alle solchen Teile ersetzen, so erfolgt dies leicht mit subst. Möchte man aber nur ein (identifiziertes) Vorkommen eines Teilbildes durch etwas anderes ersetzen, so verwendet man die Funktion

```
function substpicked (b,t,t1:picture):picture
```

die nur das eine getroffene Vorkommen von t durch t1 ersetzt (wieder bleibt dabei der alte Bildwert erhalten). Unter Umständen kann auch der Fall eintreten, daß mehr als ein Vorkommen von t durch search markiert wurde, dann werden natürlich alle diese Vorkommen ersetzt.

Zusätzlich steht die Funktion

```
function pickedpart (b,t:picture):picture
```

zur Verfügung, deren Ergebnis das Teilbild t ist, jedoch in Größe, Lage, etc. dem identifizierten Vorkommen von t entspricht. Dadurch ist es leicht möglich, dieses herauszulöschen, zu färben, blinken zu lassen oder ähnliches.

Implementierung

Bei der Implementierung einer höheren Programmiersprache ist darauf zu achten, daß eine weitgehende Maschinen- und Geräteunabhängigkeit erreicht wird. Dazu müssen also einerseits die hardwarenahen Teile sauber vom Rest getrennt sein, andererseits sollten die wesentlichen Teile auf portable Art konzipiert und formuliert sein. Die Verwendung einer verbreiteten Programmiersprache ist eine gute Ausgangsbasis dafür.

Für PASCAL/Graph gibt es keinen eigenen Compiler, vielmehr wurde ein Vorübersetzer (Precompiler) geschrieben, der jedes korrekte PASCAL/Graph-Programm in ein äquivalentes, aber weniger übersichtliches PASCAL-Programm übersetzt (Abb.2.42). Der gewöhnliche PASCAL-Compiler kann dann dieses vorübersetzte Programm weiterverarbeiten. Der Precompiler selbst ist aus Portabilitätsgründen in PASCAL geschrieben.

Die zur Laufzeit benötigten graphischen Funktionen sind ebenfalls in PASCAL geschrieben, lediglich einige kleine Teile müssen geräteabhängige Kommandos enthalten. Diese sind durch eine übersichtliche, einfache Schnittstelle vom Rest getrennt; damit ist die PASCAL/Graph-Implementierung sehr portabel. Bei jeder neuen Installation ist es lediglich notwendig, die Treiber für die vorhandenen Geräte einzusetzen, und für jedes Gerät muß eine Gerätetafel erstellt werden. Dafür gibt es ein kleines Dialogprogramm, das alle benötigten Informationen erfragt.

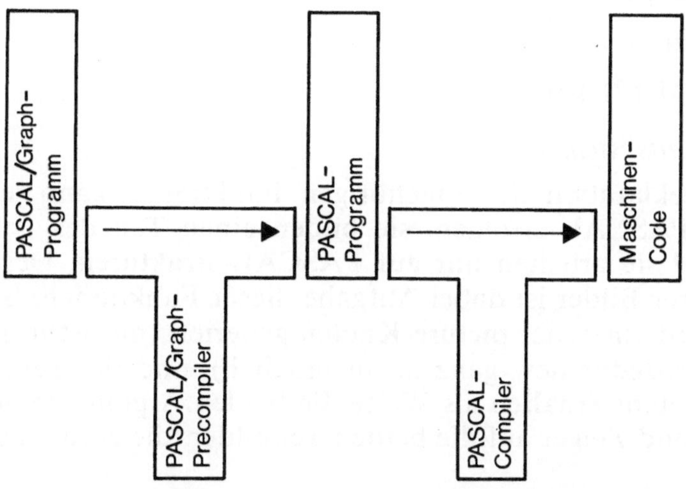

Abb. 2.42. Implementierung von PASCAL/Graph

Der Precompiler

Der Precompiler übersetzt ein PASCAL/Graph-Programm in ein äquivalentes Standard-PASCAL-Programm. Das ist natürlich nur deshalb sinnvoll, weil die Quellsprache (PASCAL/Graph) und die Zielsprache (PASCAL) sehr ähnlich sind. Vom Precompiler werden nur solche Teile bearbeitet, die als Erweiterung von PASCAL zu betrachten sind, alle anderen werden unverändert gelassen. Dementsprechend wird der Einfachheit und Ausführungsgeschwindigkeit halber auch keine vollständige syntaktische Analyse durchgeführt, es werden nur die PASCAL/Graph-Erweiterungen genauer untersucht.

Der Precompiler bildet aus jeder PASCAL/Graph-spezifischen Anweisung eine Anweisung, die der PASCAL-Syntax entspricht. Durch Einsetzen der Typ-Definition

```
type picture = ↑picnode;
     picnode = record ...
               (* enthält Informationen des Knotens
                  und evtl. Zeiger auf Teilbilder *)
               end;
```

können alle picture-Deklarationen unverändert übernommen werden. Ausdrücke vom Typ picture, also Ausdrücke, bei denen die Operatoren conn, over, app, encl vorkommen, werden in geschachtelte Funktionsaufrufe übersetzt. Das ist nicht weiter schwierig, wenn man die im Compilerbau üblichen Verfahren zur Abarbeitung arithmetischer Ausdrücke verwendet. Beispielsweise wird

```
p1 conn p2 over p3
```

übersetzt in

```
over(conn(p1,p2),p3).
```

Das Laufzeitsystem

Die Deklaration der zugehörigen Funktionen kann jetzt ganz leicht in PASCAL erfolgen, sie bilden einen Teil des Laufzeitsystems, und sie arbeiten nur auf PASCAL-Strukturen. Der Aufbau komplexerer Bilder ist dabei Aufgabe dieser Funktionen. Bei jedem Aufruf wird ein neuer picture-Knoten generiert (das ist in PASCAL mit der Prozedur new ganz leicht möglich), und die Zeiger dieses neuen Knotens erhalten als Werte die beiden Argumente der Funktion, das sind Zeiger auf die beiden Teilbilder, die zusammengesetzt werden.

Die interne Datenstruktur läßt sich dann folgendermaßen ansehen: Jedes Verwenden eines Primitivs generiert einen neuen Knoten; der Wert der entsprechenden Variablen vom Typ picture ist ein Zeiger auf diesen Knoten (Abb.2.43).

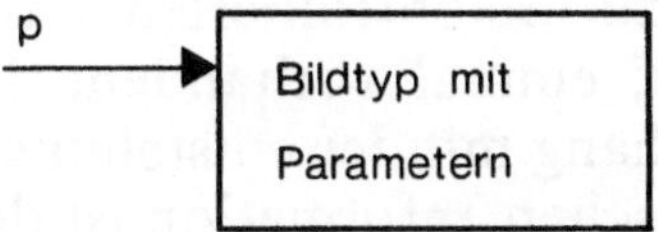

Abb. 2.43. Bildknoten nach p: = bildtyp(...)

Wenn zwei Bilder mittels eines Operators zu einem neuen zusammengesetzt werden, wird ebenfalls ein neuer Knoten generiert, der zwei Zeiger enthält, die auf die Teilbilder weisen (Abb.2.44).

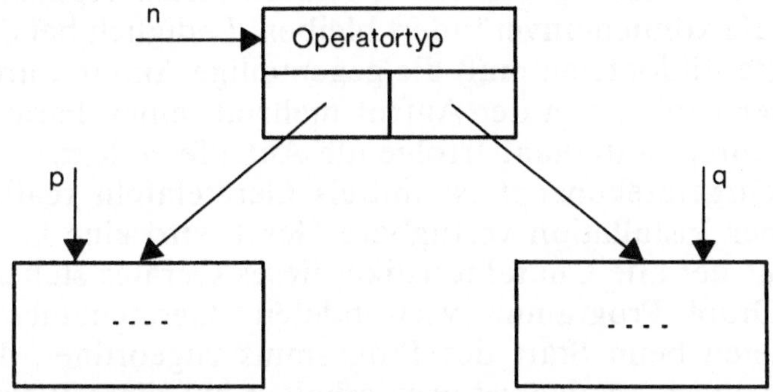

Abb. 2.44. Datenstruktur nach Verwendung eines Bildoperators n: = p op q

Dadurch werden die alten Bildwerte nicht verändert. Die Verwendung einstelliger Operatoren (das sind die Transformationen) ist genauso implementiert. Auch hier bleiben wieder alle alten Bild-

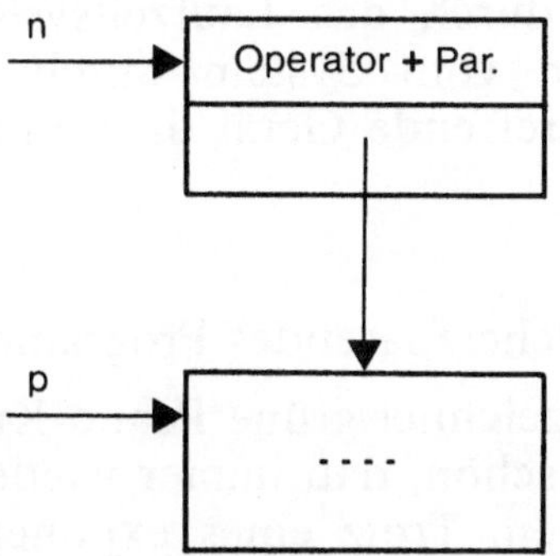

Abb. 2.45. Datenstruktur nach Verwendung eines einstelligen Operators (Funktion) n: = op(p,...)

werte erhalten, es wird nur die neue Information dazugefügt (Abb.2.45).

Es ist ein grundlegendes Prinzip dieser Implementierung, daß bei keiner Aktion irgendein bereits erstelltes Bild verändert wird. Dadurch kann es nie zu unkontrollierten Nebeneffekten kommen. Weiters ist es möglich, einmal vorhandene Bildteile mehrfach zu nutzen. Im Zusammenhang mit der entstehungsorientierten internen Darstellung der graphischen Information ist diese Realisierung sehr speichereffizient.

Die Deklarationen von Festbildern (item) werden in Funktionen vom Typ picture umgewandelt, und es werden Variablen eingeführt, die deren Wert erhalten. Damit ist gesichert, daß dafür nur einmal Speicher verbraucht wird. Die Aufrufe von Festbildern, wie auch aller anderen Funktionen und Prozeduren, bei denen einzelne Parameter optional sind, werden mit Standardwerten ergänzt, alle anderen Aufrufe können unverändert bleiben. Lediglich bei den Prozeduren für die Bilddateien muß die gegenteilige Aktion durchgeführt werden. Hier wird, wenn der Aufruf mehr als einen Parameter hat, dieser in mehrere aufeinanderfolgende Aufrufe zerlegt.

Das Mehrgerätekonzept ist mittels Gerätetafeln realisiert. Für jedes in einer Installation verfügbare Gerät wird eine kleine Datei angelegt, auf der alle Charakteristika dieses Gerätes stehen. Die im PASCAL/Graph-Programm verwendeten Gerätenamen werden diesen Dateien beim Start des Programms zugeordnet, die Prozeduren draw, erase, readcoord usw. erhalten auf diese Weise alle Informationen, die sie zur korrekten Ausführung ihrer Aufgaben brauchen. Voraussetzung dafür ist selbstverständlich, daß für dieses Gerät die benötigten Steuerprogramme (Treiber) in das Laufzeitsystem eingesetzt worden sind.

So wird es auch ermöglicht, spezielle Fähigkeiten intelligenterer Geräte auszunützen. Bei Fehlen bestimmter erforderlicher Fähigkeiten werden diese durch das Laufzeitsystem bereitgestellt. So können etwa Flächen vom System durch Schraffieren erzeugt werden, wenn das betreffende Gerät dazu nicht selbständig in der Lage ist.

Beispiel 1

Ein besonders speichersparendes Programm.

Dieses Programm zeichnet grüne Peano-Kurven beliebiger Ordnung. Man sieht sehr schön, daß immer wieder die gleichen Werte weiterverwendet werden. Trotz eines exponentiellen Anstiegs der Anzahl der Striche steigt der Speicheraufwand hier nur linear (!) mit der Ordnung.

```
program peano (input,output,plotter);
var p,up,right,down:picture; plotter:outunit;
    i,n:integer; size:real;
begin
  writeln('Peano-Kurve welcher Ordnung?:');
  read(n);
  up:=line(0,1,green);
  right:=line(1,0,green);
  down:=line(0,-1,green);
  p:=empty;
  size:=1;
  for i:=1 to n do
    begin size:=size*2;
      p:=refl(45,p) conn
         up conn p conn right conn p conn down
         conn refl(-45,p)
    end;
  openoutunit(plotter);
  size:=size-1;
  init(plotter,0,size,0,size,false);
  draw(plotter,p)
end.
```

Abb. 2.46. Peano-Kurve als Ergebnis des Beispielprogramms

Beispiel 2:

Typische Struktur eines graphischen Dialoges (vergleiche Abb.1.28).

```
program dialog (input, output, bildschirm, plotter, griffel);
const max=...;
var bildsch, plotter: outunit;
    griffel: inunit;
    zeichnung, teil: picture;
    teile: array[1..max] of picture;
    x, y: real;
    befehl: (einfügen, zeichnen, ...);
function menünummer (x, y: real): integer;
begin  ...(* liefert die Nummer des Menüfeldes, in dem sich
            der Punkt (x/y) befindet *)
end;
  ...
begin (* dialog *)
   ...
  case befehl of
    einfügen: begin
                readcoord(griffel, x, y);  (* was? *)
                teil:=teile[menünummer(x, y)];
                readcoord(griffel, x, y);  (* wohin? *)
                zeichnung:=zeichnung over trans(x, y, teil);
                draw(bildsch, trans(x, y, teil))
              end;
     zeichnen: draw(plotter, zeichnung);
     ...
end.
```

Im Programm werden die Geräte nur symbolisch verwendet, eine Zuordnung zu existierender Hardware erfolgt erst zur Exekutionszeit durch das Betriebssystem, z.B. durch:

```
EXECUTE DIALOG, INPUT, OUTPUT, SCHIRM3, PLOT1, STIFT3
```

oder durch

```
ASSIGN SCHIRM3 bildschirm
ASSIGN PLOT1 plotter
ASSIGN STIFT3 griffel
RUN DIALOG
```

wobei SCHIRM3, PLOT1 und STIFT3 die Dateien mit den Gerätetafeln tatsächlich vorhandener Geräte sind.

3. Mathematische Grundlagen und Algorithmen

3.1 Transformationen

3.1.1 Window-Viewport-Transformationen

Üblicherweise programmiert man graphische Probleme in einem kartesischen, also rechtwinkeligen Koordinatensystem, dem sogenannten Weltkoordinatensystem. Dieses Koordinatensystem ist den Größenordnungen und Anforderungen des speziellen Problems angepaßt und muß nun in ein Gerätekoordinatensystem transformiert werden, um auf einem Ausgabegerät dargestellt zu werden. Allgemein möchte man ein beliebiges, meist rechteckiges Fenster des Weltkoordinatensystems (Window) auf einen beliebigen Teil der zur Verfügung stehenden Zeichenfläche (Viewport) abbilden (Abb.3.1). Die dabei erforderlichen Umrechnungen müssen für sehr viele Punkte sehr oft erfolgen und daher möglichst schnell ablaufen.

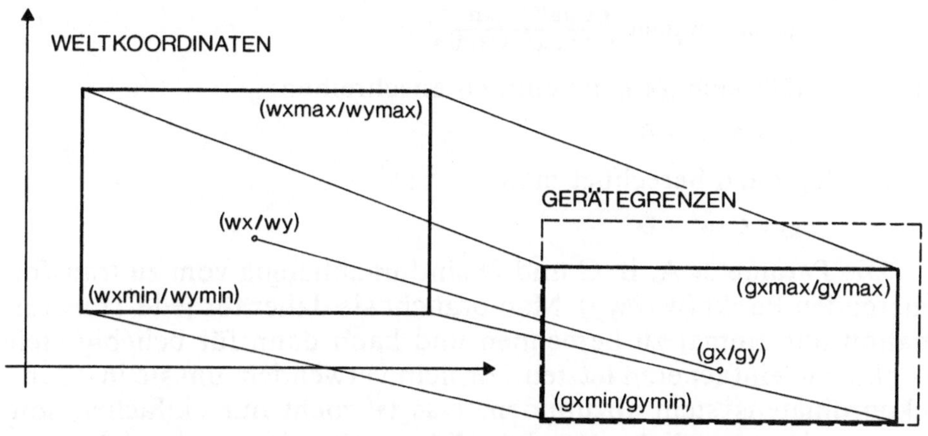

Abb. 3.1. Weltkoordinaten-Gerätekoordinaten-Transformation

Es geht dabei also darum, einen beliebigen Punkt (wx/wy) des Weltkoordinatensystems in den entsprechenden Punkt (gx/gy) des Gerätekoordinatensystems umzurechnen. Die dazu notwendige Transformation nennt man Window-Viewport-Transformation.

Im allgemeinen beschränkt sie sich auf zwei rechteckige Gebiete, sie ist also linear in x und y.

Aus den Bedingungen

$$(wxmin/wymin) \rightarrow (gxmin/gymin) \quad \text{und}$$
$$(wxmax/wymax) \rightarrow (gxmax/gymax)$$

sowie den Ansätzen

$$wx = wxmin + a \cdot (wxmax - wxmin) \qquad (0 \leqq a \leqq 1) \qquad \text{und}$$
$$gx = gxmin + a \cdot (gxmax - gxmin)$$

und daher

$$a = \frac{wx - wxmin}{wxmax - wxmin}$$

folgt sofort

$$gx = gxmin + \frac{wx - wxmin}{wxmax - wxmin} \cdot (gxmax - gxmin)$$
$$= gxmin - wxmin \cdot \frac{gxmax - gxmin}{wxmax - wxmin} + wx \cdot \frac{gxmax - gxmin}{wxmax - wxmin}$$

Wenn man

$$\frac{gxmax - gxmin}{wxmax - wxmin}$$

mit A bezeichnet und

$$gxmin - wxmin \cdot \frac{gxmax - gxmin}{wxmax - wxmin}$$

mit B, so läßt sich gx ganz einfach anschreiben:

$$gx = A \cdot wx + B$$

Analog dazu berechnet man

$$gy = C \cdot wy + D$$

Die Parameter A, B, C und D sind unabhängig vom zu transformierenden Punkt (wx/wy). Man braucht sie daher für jede Transformation nur einmal zu berechnen und kann dann für beliebig viele Punkte die einfacheren letzten Formeln verwenden, um sie ins Gerätekoordinatensystem abzubilden. Das ist nicht nur einfacher, sondern auch wesentlich schneller. Für $a < 0$ oder $a > 1$ erhält man Punkte, die nicht dargestellt werden. In diesem Fall kann man sich die Transformation ersparen, wenn man das *vorher* erkennt (siehe Kapitel 3.2).

3.1.2 Geometrische Transformationen

Unter geometrischen Transformationen versteht man das Verschieben, Vergrößern und Verkleinern, Drehen, Spiegeln usw. von Bildern innerhalb eines Koordinatensystems. Meist werden solche Transformationen im Weltkoordinatensystem durchgeführt, damit man sich die Übertragung der danach irrelevanten Teile ersparen kann (z.B. Teile, die nach der Transformation geclippt werden). Bei der Behandlung der geometrischen Transformationen können wir uns wie im vorigen Kapitel auf die Transformationsregeln für Punkte beschränken. Alle anderen Bildelemente sind dann ebenfalls leicht zu behandeln.

Die Koordinaten eines Punktes ändern sich bei den üblichsten Transformationen wie folgt.

Translation:

Das Verschieben eines Punktes (x/y) um den Vektor (dx,dy) liefert den neuen Punkt $(x+dx/y+dy)$.

Skalierung:

Das Vergrößern bzw. Verkleinern eines Bildes mit dem Faktor f um den Ursprung (0/0) bildet den einzelnen Punkt (x/y) auf $(f \cdot x/f \cdot y)$ ab. Beim Skalieren um verschiedene Faktoren f und g in die beiden Achsenrichtungen entsteht $(f \cdot x/g \cdot y)$.

Drehung:

Durch die Drehung eines Bildes mit dem Winkel w um den Ursprung wird aus dem Punkt (x/y) der Punkt

$$(x \cdot \cos w - y \cdot \sin w \;/\; x \cdot \sin w + y \cdot \cos w).$$

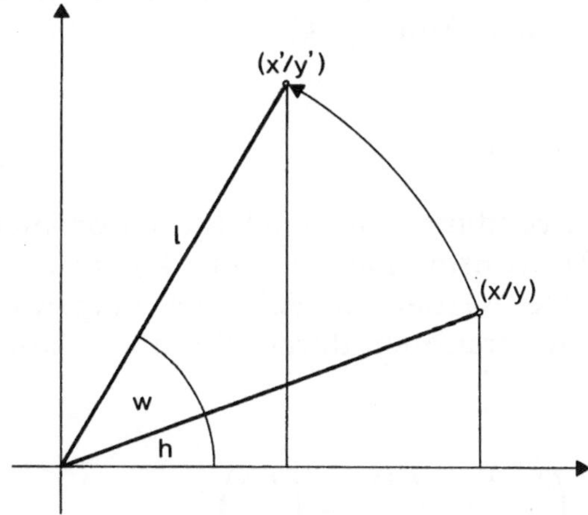

Abb. 3.2. Drehung eines Punktes um den Ursprung

Dies kann man sich leicht anhand der Skizze (Abb.3.2) und den anschließenden Ableitungen überlegen.

$l = \sqrt{x^2 + y^2}$ ist die Länge des Punktvektors.

Es gilt

$$\begin{aligned} x &= l \cdot \cos h \\ y &= l \cdot \sin h \\ x' &= l \cdot \cos(h + w) \\ y' &= l \cdot \sin(h + w) \end{aligned}$$

$$\begin{aligned} \underline{x'} &= l \cdot \cos(h + w) = \\ &= l \cdot (\cos h \cdot \cos w - \sin h \cdot \sin w) = \\ &= l \cdot \cos h \cdot \cos w - l \cdot \sin h \cdot \sin w = \\ &= \underline{x \cdot \cos w - y \cdot \sin w} \end{aligned}$$

und analog: $y' = x \cdot \sin w + y \cdot \cos w$.

Spiegelung:

Prinzipiell kann man die Spiegelung als Sonderfall der Skalierung ansehen. Bei der Spiegelung des Punktes (x/y) an der x-Achse entsteht das Bild (x/ − y), das entspricht einer Skalierung mit den Faktoren 1 und − 1.

Alle anderen Transformationen in der Ebene können durch Hintereinanderausführen der beschriebenen einfachen Transformationen erreicht werden.

Ganz allgemein kann man für diese Abbildungen feststellen, daß sie von der Form

$$(x/y) \rightarrow (f_1(x,y)/f_2(x,y))$$

sind, wobei f_1 und f_2 beide linear in x und y sind. Solche Abbildungen lassen sich durch Transformationsmatrizen sehr schön darstellen (siehe dazu auch Anhang A).

Transformationsmatrizen

Durch die Verwendung von Transformationsmatrizen können die einzelnen Transformationen sehr komprimiert dargestellt werden. Die Punkte werden in Vektoren umgewandelt, um mit ihnen die Matrizenoperationen durchführen zu können.

Skalierung:

$$\begin{pmatrix} x' \\ y' \end{pmatrix} = \begin{pmatrix} f & 0 \\ 0 & g \end{pmatrix} \cdot \begin{pmatrix} x \\ y \end{pmatrix} = \begin{pmatrix} f \cdot x \\ g \cdot y \end{pmatrix}$$

Drehung:

$$\begin{pmatrix} x' \\ y' \end{pmatrix} = \begin{pmatrix} \cos w & -\sin w \\ \sin w & \cos w \end{pmatrix} \cdot \begin{pmatrix} x \\ y \end{pmatrix} = \begin{pmatrix} x \cdot \cos w - y \cdot \sin w \\ x \cdot \sin w + y \cdot \cos w \end{pmatrix}$$

x-Spiegelung:

$$\begin{pmatrix} x' \\ y' \end{pmatrix} = \begin{pmatrix} 1 & 0 \\ 0 & -1 \end{pmatrix} \cdot \begin{pmatrix} x \\ y \end{pmatrix} = \begin{pmatrix} x \\ -y \end{pmatrix}$$

Translation:

$$\begin{pmatrix} x' \\ y' \end{pmatrix} = \begin{pmatrix} x \\ y \end{pmatrix} + \begin{pmatrix} dx \\ dy \end{pmatrix} = \begin{pmatrix} x + dx \\ y + dy \end{pmatrix}$$

Wie man sieht, haben die Abbildungen jetzt eine sehr einheitliche Form, bis auf die Translation. Um auch der Translation dieselbe Form zu geben, muß man homogene Koordinaten verwenden.

Homogene Koordinaten

Abbildungen von Punkten, die mit Matrizen durchgeführt werden, haben immer einen Fixpunkt, und zwar den Ursprung (0/0), denn es gilt

$$\begin{pmatrix} a & b \\ c & d \end{pmatrix} \cdot \begin{pmatrix} 0 \\ 0 \end{pmatrix} = \begin{pmatrix} 0 \\ 0 \end{pmatrix}$$

für beliebige a, b, c, d. Daher lassen sich mit Matrizen nur solche Transformationen beschreiben, die einen Fixpunkt haben. Will man mit Matrizen auch Transformationen durchführen, bei denen sich alle Punkte ändern (z. B. Translation), so muß man erreichen, daß der Fixpunkt außerhalb der Abbildungsebene zu liegen kommt. Dazu führt man eine zusätzliche Dimension ein und begibt sich in die Ebene $z = 1$. Die Transformationen werden jetzt im Raum durch 3×3-Matrizen beschrieben, der Fixpunkt (0/0/0) liegt aber außerhalb der Bildebene $z = 1$. Die zusätzliche dritte Komponente 1 jedes Punktes wird nicht beachtet und beim Ergebnis weggelassen. Man spricht von homogenen Koordinaten.

Matrizen, in denen die letzte Zeile (0,0,1) ist, bilden Punkte der Ebene $z = 1$ immer wieder in diese Ebene ab:

$$\begin{pmatrix} a & b & c \\ d & e & f \\ 0 & 0 & 1 \end{pmatrix} \cdot \begin{pmatrix} x \\ y \\ 1 \end{pmatrix} = \begin{pmatrix} x' \\ y' \\ 1 \end{pmatrix}$$

Mit homogenen Koordinaten läßt sich genauso rechnen wie mit einfachen Transformationsmatrizen.

Skalierung:

Die Skalierung eines Vektors (u,v) um den Faktor f läßt sich leicht mit folgender Matrix durchführen:

$$\begin{pmatrix} f & 0 & 0 \\ 0 & f & 0 \\ 0 & 0 & 1 \end{pmatrix} \cdot \begin{pmatrix} u \\ v \\ 1 \end{pmatrix} = \begin{pmatrix} f \cdot u \\ f \cdot v \\ 1 \end{pmatrix}$$

Soll nun in x- und in y-Richtung verschiedene Faktoren verwendet werden (z.B. f und g), so verändert sich diese Matrix nur unwesentlich:

$$\begin{pmatrix} f & 0 & 0 \\ 0 & g & 0 \\ 0 & 0 & 1 \end{pmatrix} \cdot \begin{pmatrix} u \\ v \\ 1 \end{pmatrix} = \begin{pmatrix} f \cdot u \\ g \cdot v \\ 1 \end{pmatrix}$$

Drehung:

Die Drehung des Vektors (u,v) um den Winkel w läßt sich mit folgender Matrix bewerkstelligen:

$$\begin{pmatrix} \cos w & -\sin w & 0 \\ \sin w & \cos w & 0 \\ 0 & 0 & 1 \end{pmatrix} \cdot \begin{pmatrix} u \\ v \\ 1 \end{pmatrix} = \begin{pmatrix} u \cdot \cos w - v \cdot \sin w \\ v \cdot \cos w + u \cdot \sin w \\ 1 \end{pmatrix}$$

Spiegelung:

Die Matrix für die Spiegelung um die Achse mit dem Winkel w zur Horizontalen läßt sich folgendermaßen herleiten: Man dreht das Bild zuerst um $-w$, spiegelt dann an der x-Achse und dreht das Ergebnis wieder um w. Das Ergebnis entspricht dann einer Spiegelung um den Winkel w.

1. Schritt:

$$\begin{pmatrix} u' \\ v' \\ 1 \end{pmatrix} = \begin{pmatrix} \cos(-w) & -\sin(-w) & 0 \\ \sin(-w) & \cos(-w) & 0 \\ 0 & 0 & 1 \end{pmatrix} \cdot \begin{pmatrix} u \\ v \\ 1 \end{pmatrix} = M_1 \cdot \begin{pmatrix} u \\ v \\ 1 \end{pmatrix}$$

2. Schritt:

Einer Spiegelung um die x-Achse entspricht die Matrix

$$\begin{pmatrix} 1 & 0 & 0 \\ 0 & -1 & 0 \\ 0 & 0 & 1 \end{pmatrix} \cdot \begin{pmatrix} u \\ v \\ 1 \end{pmatrix} = \begin{pmatrix} u \\ -v \\ 1 \end{pmatrix}$$

Daher ist der zweite Schritt

$$\begin{pmatrix} u'' \\ v'' \\ 1 \end{pmatrix} = \begin{pmatrix} 1 & 0 & 0 \\ 0 & -1 & 0 \\ 0 & 0 & 1 \end{pmatrix} \cdot \begin{pmatrix} u' \\ v' \\ 1 \end{pmatrix} = M_2 \cdot \begin{pmatrix} u' \\ v' \\ 1 \end{pmatrix}$$

3.Schritt:

$$\begin{pmatrix} u''' \\ v''' \\ 1 \end{pmatrix} = \begin{pmatrix} \cos w & -\sin w & 0 \\ \sin w & \cos w & 0 \\ 0 & 0 & 1 \end{pmatrix} \cdot \begin{pmatrix} u'' \\ v'' \\ 1 \end{pmatrix} = M_3 \cdot \begin{pmatrix} u'' \\ v'' \\ 1 \end{pmatrix}$$

Also:

$$\begin{pmatrix} u''' \\ v''' \\ 1 \end{pmatrix} = M_3 \cdot (M_2 \cdot (M_1 \cdot \begin{pmatrix} u \\ v \\ 1 \end{pmatrix}))$$

Da das Multiplizieren von Matrizen assoziativ ist, kann man die Klammern umsetzen

$$\begin{pmatrix} u''' \\ v''' \\ 1 \end{pmatrix} = (M_3 \cdot M_2 \cdot M_1) \cdot \begin{pmatrix} u \\ v \\ 1 \end{pmatrix}$$

und zuerst $M_3 \cdot M_2 \cdot M_1$ berechnen, das genau der gesuchten Matrix für die Spiegelung um den Winkel w entspricht.

$$M_3 \cdot M_2 \cdot M_1 =$$

$$= \begin{pmatrix} \cos w & -\sin w & 0 \\ \sin w & \cos w & 0 \\ 0 & 0 & 1 \end{pmatrix} \cdot \begin{pmatrix} 1 & 0 & 0 \\ 0 & -1 & 0 \\ 0 & 0 & 1 \end{pmatrix} \cdot \begin{pmatrix} \cos(-w) & -\sin(-w) & 0 \\ \sin(-w) & \cos(-w) & 0 \\ 0 & 0 & 1 \end{pmatrix} =$$

$$= \begin{pmatrix} \cos w & \sin w & 0 \\ \sin w & -\cos w & 0 \\ 0 & 0 & 1 \end{pmatrix} \cdot \begin{pmatrix} \cos w & \sin w & 0 \\ -\sin w & \cos w & 0 \\ 0 & 0 & 1 \end{pmatrix} =$$

$$= \begin{pmatrix} \cos^2 w - \sin^2 w & 2 \cdot \sin w \cdot \cos w & 0 \\ 2 \cdot \sin w \cdot \cos w & \sin^2 w - \cos^2 w & 0 \\ 0 & 0 & 1 \end{pmatrix} =$$

$$= \begin{pmatrix} \cos 2w & \sin 2w & 0 \\ \sin 2w & -\cos 2w & 0 \\ 0 & 0 & 1 \end{pmatrix}$$

Translation:

Durch die Verwendung von homogenen Koordinaten ist es möglich, auch Verschiebungen in Matrizenform anzuschreiben:

$$\begin{pmatrix} 1 & 0 & x \\ 0 & 1 & y \\ 0 & 0 & 1 \end{pmatrix} \cdot \begin{pmatrix} u \\ v \\ 1 \end{pmatrix} = \begin{pmatrix} u+x \\ v+y \\ 1 \end{pmatrix}$$

Zusammensetzen von Transformationen

Es passiert sehr oft, daß auf viele Bilder oder Bildteile dieselbe Folge von Transformationen angewendet werden muß. Dazu müßte jeder Punkt dieser Bilder mit der gleichen Folge von Matrizen multipliziert werden, was sehr aufwendig wäre. Um das zu vereinfachen, macht man sich die Assoziativität der Matrizenmultiplikation zunutze, d.h. für je drei Matrizen M_1, M_2, M_3 gilt:

$$(M_1 \cdot M_2) \cdot M_3 = M_1 \cdot (M_2 \cdot M_3)$$

Damit kann man sich für alle gleich zu transformierenden Bilder eine Gesamtmatrix berechnen, und dann alle Punkte lediglich mit dieser einen Matrix multiplizieren.

Manchmal kommt es auch vor, daß die Transformationen in umgekehrter Reihenfolge vorliegen, als sie auf ein Bild angewendet gehören. Auch hier kann man sich mit dem Aufmultiplizieren helfen, das man ja auch von der anderen Seite her durchführen darf.

Seien T_1, T_2, ..., T_n die auf ein Bild auszuübenden Transformationen und zwar in der Reihenfolge ihrer Ausführung. Auf das Bild wird also zuerst T_1, dann T_2 usw. und zuletzt T_n angewandt, bevor es gezeichnet wird. Diese Transformationen T_i, $i = 1,...,n$, lassen sich nun als homogene Matrizen M_i, $i = 1,...,n$, darstellen. Die Gesamttransformation jedes Vektors des Elementarbildes läßt sich dann folgendermaßen berechnen:

$$\begin{pmatrix} u' \\ v' \\ 1 \end{pmatrix} = M_n \cdot (M_{n-1} \cdot (\ldots M_2 \cdot (M_1 \cdot \begin{pmatrix} u \\ v \\ 1 \end{pmatrix}) \ldots))$$

Bedingt durch die Assoziativität läßt sich die Gesamttransformation auch so darstellen:

$$\begin{pmatrix} u' \\ v' \\ 1 \end{pmatrix} = ((\ldots((M_n \cdot M_{n-1}) \cdot M_{n-2}) \ldots) \cdot M_1) \cdot \begin{pmatrix} u \\ v \\ 1 \end{pmatrix}$$

oder einfacher:

$$\begin{pmatrix} u' \\ v' \\ 1 \end{pmatrix} = M_n \cdot M_{n-1} \cdot M_{n-2} \cdot \ldots \cdot M_2 \cdot M_1 \cdot \begin{pmatrix} u \\ v \\ 1 \end{pmatrix}$$

Wie man sieht, kann man auf diese Weise die Gesamttransformation auf eine einzige Matrix reduzieren. Diese ist jeweils für ein ganzes Bild, Segment oder Symbol konstant, braucht also nur einmal berechnet zu werden.

Beispiel: Drehung um beliebigen Punkt

Die Transformationsmatrizen für die Drehung und Skalierung drehen bzw. skalieren einen Punkt um den Koordinatenursprung (0/0). Auch die Spiegelung erfolgt an einer Achse durch den Ursprung. Zur Ermittlung der Matrizen für die allgemeinen Transformationen um beliebige Punkte bzw. Achsen kann man wie in diesem

Beispiel vorgehen. Es wird hier die Matrix für die Drehung um einen beliebigen Punkt (x/y) hergeleitet. Dabei werden nur bekannte Tatsachen verwendet.

Eine Drehung um den Punkt (x/y) erhält man auch, wenn man das Bild zuerst so verschiebt, daß der Drehpunkt im Koordinatenursprung liegt, es dann dort dreht, und anschließend wieder an den ursprünglichen Platz zurückverschiebt.

Also
1. Schritt: Translation um $(-x, -y)$,
2. Schritt: Drehung um Winkel w,
3. Schritt: Translation um (x, y).

$$M = \begin{pmatrix} 1 & 0 & x \\ 0 & 1 & y \\ 0 & 0 & 1 \end{pmatrix} \cdot \begin{pmatrix} \cos w & -\sin w & 0 \\ \sin w & \cos w & 0 \\ 0 & 0 & 1 \end{pmatrix} \cdot \begin{pmatrix} 1 & 0 & -x \\ 0 & 1 & -y \\ 0 & 0 & 1 \end{pmatrix} =$$

$$= \begin{pmatrix} 1 & 0 & x \\ 0 & 1 & y \\ 0 & 0 & 1 \end{pmatrix} \cdot \begin{pmatrix} \cos w & -\sin w & -x \cdot \cos w + y \cdot \sin w \\ \sin w & \cos w & -x \cdot \sin w - y \cdot \cos w \\ 0 & 0 & 1 \end{pmatrix} =$$

$$= \begin{pmatrix} \cos w & -\sin w & x \cdot (1 - \cos w) + y \cdot \sin w \\ \sin w & \cos w & y \cdot (1 - \cos w) - x \cdot \sin w \\ 0 & 0 & 1 \end{pmatrix}$$

Dreidimensionale geometrische Transformationen

Ganz analog zu den Transformationen in der Ebene lassen sich auch die Drehung, Verschiebung, Skalierung und Spiegelung für Körper im Raum angeben. Es ist lediglich eine zusätzliche Komponente notwendig, ansonsten arbeitet man genauso mit homogenen Koordinaten.

Ein Punkt (x/y/z) wird in homogenen Koordinaten angeschrieben als

$$\begin{pmatrix} x \\ y \\ z \\ 1 \end{pmatrix}$$

Die Transformationsmatrizen sind jetzt 4×4-Matrizen und haben folgende Gestalt:

Skalierung:

$$\begin{pmatrix} f & 0 & 0 & 0 \\ 0 & g & 0 & 0 \\ 0 & 0 & h & 0 \\ 0 & 0 & 0 & 1 \end{pmatrix}$$

Drehung:

um x-Achse

$$\begin{pmatrix} 1 & 0 & 0 & 0 \\ 0 & \cos w & -\sin w & 0 \\ 0 & \sin w & \cos w & 0 \\ 0 & 0 & 0 & 1 \end{pmatrix}$$

um y-Achse

$$\begin{pmatrix} \cos w & 0 & \sin w & 0 \\ 0 & 1 & 0 & 0 \\ -\sin w & 0 & \cos w & 0 \\ 0 & 0 & 0 & 1 \end{pmatrix}$$

um z-Achse

$$\begin{pmatrix} \cos w & -\sin w & 0 & 0 \\ \sin w & \cos w & 0 & 0 \\ 0 & 0 & 1 & 0 \\ 0 & 0 & 0 & 1 \end{pmatrix}$$

Spiegelung:

an xy-Ebene

$$\begin{pmatrix} 1 & 0 & 0 & 0 \\ 0 & 1 & 0 & 0 \\ 0 & 0 & -1 & 0 \\ 0 & 0 & 0 & 1 \end{pmatrix}$$

an xz-Ebene

$$\begin{pmatrix} 1 & 0 & 0 & 0 \\ 0 & -1 & 0 & 0 \\ 0 & 0 & 1 & 0 \\ 0 & 0 & 0 & 1 \end{pmatrix}$$

an yz-Ebene

$$\begin{pmatrix} -1 & 0 & 0 & 0 \\ 0 & 1 & 0 & 0 \\ 0 & 0 & 1 & 0 \\ 0 & 0 & 0 & 1 \end{pmatrix}$$

Translation:

$$\begin{pmatrix} 1 & 0 & 0 & dx \\ 0 & 1 & 0 & dy \\ 0 & 0 & 1 & dz \\ 0 & 0 & 0 & 1 \end{pmatrix}$$

Sie können leicht selbst verifizieren, daß diese Matrizen die gewünschten Operationen ausführen. Komplexere Transformationen erhält man wieder durch Hintereinanderausführen dieser einfachen Abbildungen, man kann sie natürlich wie oben auch zu einer Gesamtmatrix verknüpfen.

3.1.3 Abbildungen vom Raum auf eine Bildebene

Parallelprojektion

Die einfachste Form der Parallelprojektion ist sicherlich die orthogonale Abbildung auf eine der drei Koordinatenebenen $x=0$, $y=0$ oder $z=0$. Man braucht dabei nur den jeweiligen Koordinatenteil wegzulassen. Der Punkt $(x/y/z)$ im Raum bildet sich auf $(x/y/0)$ in der Ebene $z=0$ ab und kann als (x/y) auf der Bildebene gezeichnet werden.

In Matrixschreibweise erfolgt die Abbildung auf die Ebene $z=0$ durch die Transformation

$$\begin{pmatrix} 1 & 0 & 0 & 0 \\ 0 & 1 & 0 & 0 \\ 0 & 0 & 0 & 0 \\ 0 & 0 & 0 & 1 \end{pmatrix}$$

und analog für $x=0$ und $y=0$. Abbildungen aus anderen Richtungen erreicht man, indem man das abzubildende Objekt zuerst geeignet dreht und dann auf eine der Grundebenen abbildet. Durch die Möglichkeit, die erhaltenen Abbildungsmatrizen zusammenzusetzen, kann man dafür ebenfalls eine geschlossene Matrix aufstellen.

Perspektivische Projektion

Nehmen wir an, daß die Projektionsebene die Ebene $z=0$ ist, und daß der Blickpunkt (Augpunkt) die Koordinaten $(0/0/-d)$ hat (Abb.3.3).

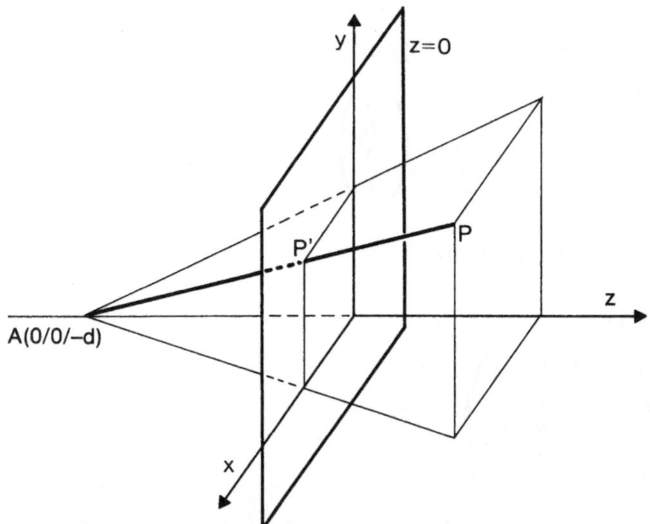

Abb. 3.3. Perspektivische Abbildung auf die Ebene $z=0$ mit dem Augpunkt $(0/0/-d)$

Der Punkt $P'(x'/y'/z')$ berechnet sich aus $P(x/y/z)$ folgendermaßen:

$$x' = \frac{x \cdot d}{d+z} \qquad y' = \frac{y \cdot d}{d+z} \qquad z' = 0$$

also $P'\ (x \cdot d/(d+z)\ /\ y \cdot d/(d+z)\ /\ 0)$.

Diese Abbildung läßt sich nicht allein mit einer Matrix darstellen, da man mit Matrizen nur Linearkombinationen der Vektorkomponenten erreichen kann, nicht aber deren Division. Man behilft sich durch Verwendung der Matrix

$$\begin{pmatrix} 1 & 0 & 0 & 0 \\ 0 & 1 & 0 & 0 \\ 0 & 0 & 0 & 0 \\ 0 & 0 & \frac{1}{d} & 1 \end{pmatrix} \cdot \begin{pmatrix} x \\ y \\ z \\ 1 \end{pmatrix} = \begin{pmatrix} x \\ y \\ 0 \\ \frac{z}{d}+1 \end{pmatrix}$$

die einen Vektor erzeugt, dessen homogene Komponente von 1 verschieden ist. Mittels anschließender Division durch diesen Wert normalisiert man den Ergebnisvektor und erhält das gewünschte Resultat:

$$\begin{pmatrix} \frac{x \cdot d}{z+d} \\ \frac{y \cdot d}{z+d} \\ 0 \\ 1 \end{pmatrix}$$

Beispiel:

P=(4/6/2), Augpunkt=(0/0/−2)

$$\begin{pmatrix} 1 & 0 & 0 & 0 \\ 0 & 1 & 0 & 0 \\ 0 & 0 & 0 & 0 \\ 0 & 0 & 0.5 & 1 \end{pmatrix} \cdot \begin{pmatrix} 4 \\ 6 \\ 2 \\ 1 \end{pmatrix} = \begin{pmatrix} 4 \\ 6 \\ 0 \\ 2 \end{pmatrix}$$

$$P' = \frac{1}{2} \cdot (4/6/0/2) = (2/3/0/1)$$

Die Matrix

$$\begin{pmatrix} 1 & 0 & 0 & 0 \\ 0 & 1 & 0 & 0 \\ 0 & 0 & 0 & 0 \\ 0 & 0 & \frac{1}{d} & 1 \end{pmatrix}$$

bewirkt also eine perspektivische Abbildung des Raumes auf die Ebene z=0 mit dem Augpunkt (0/0/−d). Man darf allerdings nicht vergessen, das Ergebnis so zu skalieren, daß die vierte Vektorkomponente wieder 1 wird.

Perspektivische Abbildungen aus anderen Richtungen in andere Ebenen erhält man wieder durch vorheriges Drehen und Verschieben des Objektes und Zusammensetzen der erhaltenen Matrizen mit der Perspektive-Matrix. Achtgeben muß man, daß die Ergebnismatrix im allgemeinen bewirkt, daß die vierte Komponente des homogenen Ergebnisvektors ungleich eins ist, und man daher jedesmal durch sie dividieren muß.

Ausführlichere Beschreibungen von homogenen Koordinaten und Abbildungen des Raumes in eine Ebene finden sich im Buch von Rogers und Adams.

3.2 Clipping

Unter Clipping versteht man das Abschneiden des zu zeichnenden Bildes am Rand eines Fensters. Dieses Fenster kann entweder durch den Rand der zur Verfügung stehenden Zeichenfläche begrenzt sein, oder ein kleineres Format haben. Dadurch ist man in der Lage, auf eine Zeichenfläche mehrere, genau abgegrenzte Bilder zu zeichnen.

Die Algorithmen für beide Fälle sind im wesentlichen die gleichen. Während das Abschneiden am Geräterand (Hard-Clipping) meist vom Gerät selbst durchgeführt wird, ist für andere Fenster (Soft-Clipping) zusätzliche Software erforderlich, die allerdings ebenfalls in der Geräte-Firmware stecken kann.

Auf den ersten Blick mag es scheinen, daß Clipping eine äußerst einfache Sache ist. Man muß allerdings berücksichtigen, daß es sowohl zu falschen Ergebnissen führt, wenn man alle nur teilweise sichtbaren Teile ganz wegläßt, als auch wenn man alle Teile einfach zu zeichnen versucht - unter dem Motto „das Gerät kann ja sowieso nichts damit anfangen“. Im ersten Fall kann es zu völlig unbrauchbaren Verstümmelungen kommen (Abb.3.4).

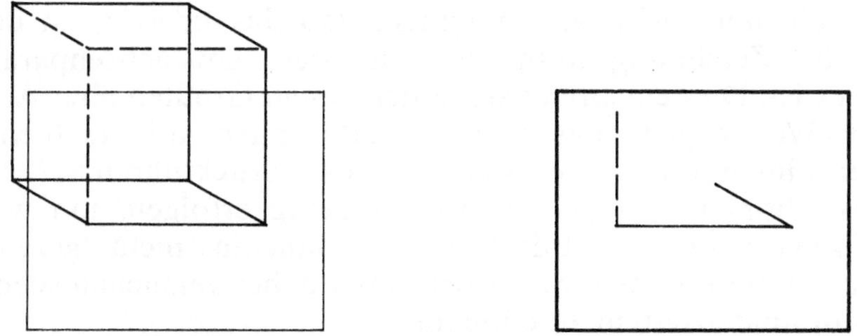

Abb. 3.4. Clippen durch Weglassen aller nicht vollständig sichtbaren Linien

Der zweite Fall wird sicherlich für einige Geräte nichts ausmachen, wenn allerdings weder das Gerät noch die treibende Software einen Clipping-Algorithmus anwendet, so erhält man meist unerwünschte Effekte. Bei einem Bildschirm kann es zum Beispiel passieren, daß nur die relevanten Bits verwertet werden, alle anderen werden zu null angenommen und ignoriert. Das hat den Effekt einer Modulo-Operation, und der Strich, der oben den Bildschirm verläßt, kommt unten wieder herein (Abb.3.5, links).

Bei inkremental zeichnenden Geräten, wie es Plotter meist sind, kann es auch passieren, daß zwar der Strich richtig abgeschnitten wird, die logische Position des Plotters aber nachher mit der Position des Stiftes nicht mehr übereinstimmt (wie z.B. in Abb.3.5, rechts).

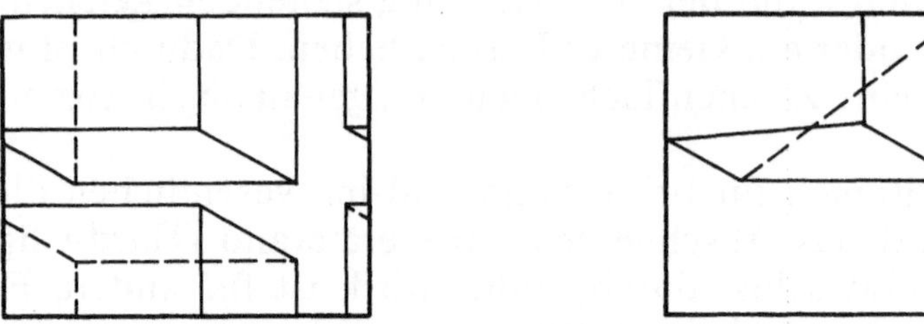

Abb. 3.5. Zeichnen ohne zu clippen

3.2.1 Clippen von Linien

Man muß sich also Gedanken darüber machen, wie man möglichst einfach und schnell einen Clipping-Algorithmus implementiert. Diese Algorithmen werden sowohl in Graphik-Software-Systemen Verwendung finden, als auch in Firmware bei intelligenteren Geräten. Natürlich sind manche der Algorithmen für den einen oder anderen Zweck besser geeignet.

Im folgenden wird angenommen, daß das Fenster, an dessen Rand die Zeichnung aufhören soll, stets ein achsenparalleles Rechteck ist. Dies entspricht sicherlich einem Großteil aller Anwendungen. Weiters genügt es vorerst gerade Linien zu betrachten, alle anderen Linienbilder lassen sich auf diese zurückführen.

Das Clippen sollte möglichst frühzeitig erfolgen, um weitere Transformationen der Bildteile, die ohnehin nicht gezeichnet werden, zu unterbinden. Meist wird man daher versuchen schon im Weltkoordinatensystem zu clippen.

Es gibt zwei prinzipielle Möglichkeiten das Problem anzupacken, nämlich punktweise zu entscheiden oder geometrisch abzuschneiden.

Punktweises Clipping ist im allgemeinen sehr aufwendig und nur bei Rastergeräten einsetzbar. Jeder zu zeichnende Punkt (x/y) wird darauf untersucht, ob er innerhalb des definierten Fensters liegt, das heißt also für ein Rechteck, ob

$$(xmin \leqq x \leqq xmax) \text{ und } (ymin \leqq y \leqq ymax)$$

gilt.

Die folgenden Algorithmen sind Beispiele für typische geometrische Clipping-Algorithmen, wie sie meist verwendet werden.

Algorithmus von Cohen und Sutherland

Dieser Algorithmus beschränkt sich auf das Clippen von geraden Linien an einem rechteckigen Fenster. Er geht davon aus, daß jede Linie höchstens einen sichtbaren Teil haben kann (Abb.3.6).

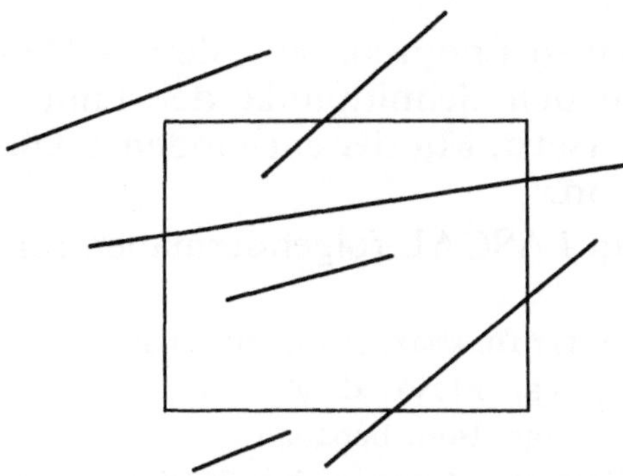

Abb. 3.6. Mögliche Lagen einer Strecke

Durch Verlängerung der Fensterkanten zu Geraden wird die Ebene in neun Regionen unterteilt. Man kann durch einfache Vergleiche leicht feststellen, in welcher Region ein Punkt liegt.

Nun werden vier Eigenschaften definiert, dies sind „oben", „unten", „links" und „rechts". Jeder Region wird eine Menge mit den Eigenschaften zugeordnet, die sie beschreiben (Abb.3.7). Dadurch wird auch jedem Punkt die Menge der Region zugeordnet, in der er liegt.

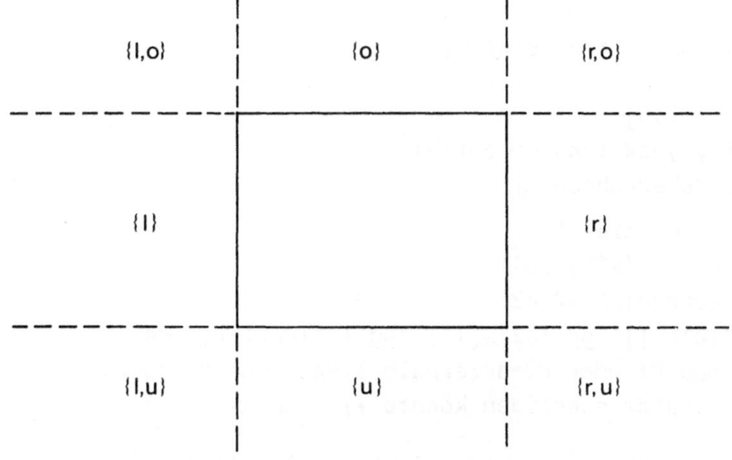

Abb. 3.7. Einteilung der Ebene in neun Teile

Der folgende Algorithmus wird nun auf jede Linie angewendet:

1. Wenn beiden Endpunkten die leere Menge zugeordnet wird, ist die Linie sichtbar, und man ist fertig.

2. Wenn der Durchschnitt der beiden, den Punkten zugeordneten Mengen, nicht leer ist, so ist die Linie nicht sichtbar, und man ist fertig.

3. Man wählt einen Endpunkt aus, dessen Menge nicht leer ist. Dieser wird durch den Schnittpunkt der Linie mit der entsprechenden Geraden ersetzt. Mit der entstandenen kürzeren Linie fährt man bei Punkt 1. fort.

Dies läßt sich in PASCAL folgendermaßen formulieren:

```
procedure cliplinie (xmin, xmax, ymin, ymax: real;
                     var x1, y1, x2, y2: real;
                     var leer: boolean);
(* xmin,...,ymax sind die Grenzen des Bildfensters,
   (x1/y1), (x2/y2) sind die Endpunkte der zu clippenden
                    Strecke, in ihnen steht nachher die
                    geclippte Strecke,
   leer gibt an, ob überhaupt ein Teil sichtbar ist. *)
type seite=(li, re, ob, un);
     code=set of seite;
var c, c1, c2: code;
    x, y: real;

procedure codeberechnen (x, y: real;var c: code);
begin c:=[];
  if x<xmin
  then c:=[li]
  else if x>xmax then c:=[re];
  if y<ymin
  then c:=c+[un]
  else if y>ymax then c:=c+[ob]
end; (* codeberechnen *)

begin (* cliplinie *)
  codeberechnen(x1, y1, c1);
  codeberechnen(x2, y2, c2);
  while ((c1<>[]) or (c2<>[])) and ((c1*c2)=[]) do
  (* solange P1 oder P2 außerhalb liegt, und die Gerade
     das Fenster schneiden könnte *)
  begin
    if c1<>[] then c:=c1 else c:=c2;
```

```
    if li in c
    then
      begin x:=xmin;
        y:=y1+(y2-y1)*(xmin-x1)/(x2-x1)
        (* x2-x1 kann nie Null sein *)
      end
    else
      if re in c
      then
        begin x:=xmax;
          y:=y1+(y2-y1)*(xmax-x1)/(x2-x1)
        end
      else
        if un in c
        then
          begin y:=ymin;
            x:=x1+(x2-x1)*(ymin-y1)/(y2-y1)
          end
        else
          if ob in c
          then
            begin y:=ymax;
              x:=x1+(x2-x1)*(ymax-y1)/(y2-y1)
            end;
    if c=c1
    then begin x1:=x; y1:=y; codeberechnen(x,y,c1) end
    else begin x2:=x; y2:=y; codeberechnen(x,y,c2) end
  end; (* while *)
  leer:=(c1<>[])
end;  (* cliplinie *)
```

Man kann sich leicht überlegen, daß die while-Schleife für jede Linie höchstens vier Mal durchlaufen werden muß. Allerdings benötigt man für diesen Algorithmus Multiplikationen und Divisionen, sodaß der Algorithmus auf Rechnern, die hier sehr langsam sind, untragbar wird.

Midpoint-Subdivision

Dieser Clipping-Algorithmus benötigt, im Gegensatz zum Cohen-Sutherland, keine Multiplikationen oder Divisionen, er kommt mit den Operationen Addition und Shift aus. Allerdings kann er nur im Gerätekoordinatensystem durchgeführt werden, sodaß also ein Clippen vor der Window-Viewport-Transformation unmöglich wird.

Der Midpoint-Subdivision-Algorithmus geht von den gleichen Voraussetzungen aus wie der Cohen-Sutherland, und läuft folgendermaßen ab:

1. Wenn beiden Endpunkten die leere Menge zugeordnet wird, ist die Linie sichtbar, und man ist fertig.

2. Wenn der Durchschnitt der beiden, den Punkten zugeordneten Mengen, nicht leer ist, so ist die Linie nicht sichtbar, und man ist ebenfalls fertig.

3. Die Linie wird in zwei Hälften geteilt (der Mittelpunkt ist einfach zu berechnen: ((x1 + x2)/2 / (y1 + y2)/2)), für jede der beiden Hälften wird bei 1. fortgefahren, ein Abbruch erfolgt automatisch bei Erreichen der Zeichengenauigkeit (Abb.3.8).

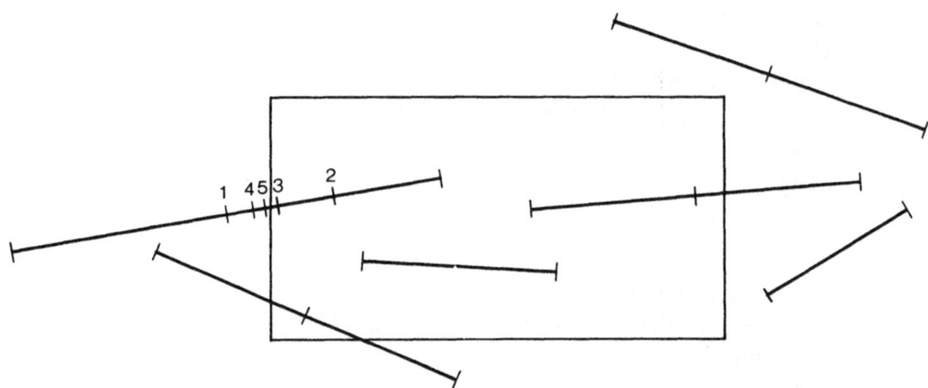

Abb. 3.8. Midpoint Subdivision Algorithmus: Jede Linie wird solange unterteilt, bis über ihre Sichtbarkeit eine eindeutige Aussage gemacht werden kann, oder bis die Auflösung des Ausgabegerätes erreicht ist. Die Unterteilungspunkte sind bei der linken Linie fortlaufend numeriert.

Clippen von Schrift

Die meisten Graphiksysteme unterstützen auch Schrift als Bildteile. Man muß daher auch damit rechnen, daß ein Text über den Bildrand ragt. Die sicherlich schönste Lösung zum Clippen von Buchstaben ist es, sie als Strichzeichnungen aufzufassen und korrekt zu clippen, wie in der Abb.3.9 die Texte 'EINS' und 'ZWEI'. Sehr oft werden aber die einzelnen Zeichen als Bitmuster betrachtet und entsprechend auf niederer Ebene implementiert. Hier ist ein korrektes Clippen sehr schwierig durchzuführen. Entweder werden jetzt nur alle Zeichen wiedergegeben, die ganz innerhalb des Rahmens liegen (siehe in der Abb.3.9 die Texte 'DREI', 'VIER', 'FUENF'), oder es wird sogar der ganze Text unterdrückt, wenn er nicht vollständig auf die Bildfläche paßt ('SECHS' und 'SIEBEN' in der Abb.3.9). Je einfacher die Entscheidung ausfällt, desto einfacher läßt sich dieses Clipping natürlich implementieren.

Abb. 3.9. Clippen von Schrift

Clippen von Kreisen

Das Clippen von Kreisen kann auf ähnliche Art geschehen wie das Clippen von Linien. Man muß jedoch beachten, daß ein Kreis mehrere sichtbare Abschnitte haben kann (Abb.3.10).

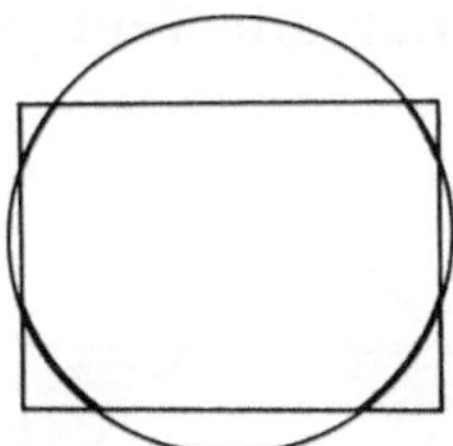

Abb. 3.10. Beim Clippen dieses Kreises entstehen vier sichtbare Kreisteile.

Eine mögliche Vorgangsweise ist die folgende. Der Kreis wird mit den vier Geraden, die den Bildrahmen formen, geschnitten. Dabei erhält man eine Liste von bis zu acht Schnittpunkten. Ist diese Menge der Schnittpunkte leer, dann ist der Kreis entweder ganz sichtbar oder ganz unsichtbar. Das läßt sich leicht aus der Lage eines beliebigen Kreispunktes bestimmen. Im zweiten Schritt kann man alle Schnittpunkte, die außerhalb des Rahmens liegen, entfernen. Ist danach die Menge wieder leer, so ist der Kreis sicher zur Gänze außerhalb der Clipping-Grenzen.

An allen Schnittpunkten, die jetzt noch in der Liste sind, wechselt die Sichtbarkeit des Kreises. Wenn man doppelte Punkte doppelt zählt, so ist das sicher eine gerade Anzahl. Man muß jetzt nur noch zwei Punkte finden, zwischen denen der Kreisbogen im Rahmen liegt, danach kann man die Kreisbögen zwischen den Punkten abwechselnd weglassen und zeichnen. Ein solches sichtbares Kreissegment findet man, indem man die Streckensymmetrale zweier Punkte mit dem Kreis schneidet und untersucht, ob dieser Schnittpunkt innerhalb oder außerhalb des Clipping-Rahmens liegt.

Alle anderen Strichzeichnungen, wie Kurven und Muster, werden meist in viele kurze Linien zerlegt und einzeln geclippt.

3.2.2 Clippen von Flächen

Üblicherweise werden Flächen durch ihren Rand beschrieben und dieser wieder durch ein Polygon angenähert. Wenn es also gelingt, ein beliebiges Vieleck korrekt zu clippen, ist schon einiges erreicht.

Das Ergebnis des Clippens soll möglichst wieder ein Polygon sein, damit man mit der gleichen Datenstruktur weiterarbeiten kann. Außerdem muß man darauf achten, daß, wenn das Polygon dabei in mehrere Teile zerfällt, diese logisch wie ein einziges Polygon behandelt werden. So muß etwa beim Flächenfüllen so eines geteilten Polygons sichergestellt sein, daß alle Teile gefärbt werden (Abb.3.11).

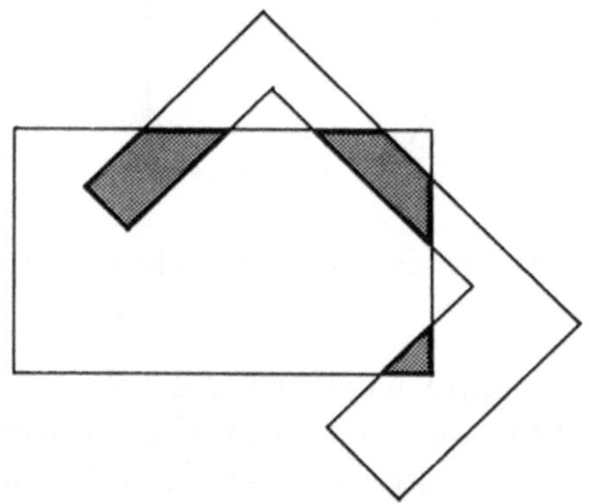

Abb. 3.11. Richtiges Clippen von Polygonen

Ein Polygon wird im allgemeinen dargestellt durch eine Liste von Punkten, das daraus entstehende geclippte Polygon soll daher wieder aus einer Liste von Punkten bestehen, die allerdings alle innerhalb des erlaubten Fensters liegen.

Algorithmus von Hodgman und Sutherland

Dieser Algorithmus zum Polygon-Clippen ist erstaunlich einfach, und liefert in genau vier Schritten das korrekte Ergebnis. Man clippt das Polygon nacheinander an allen vier Kanten des Rahmens, und erhält dabei jeweils ein neues Polygon, das nicht mehr über diese Kante ragt (Abb.3.12).

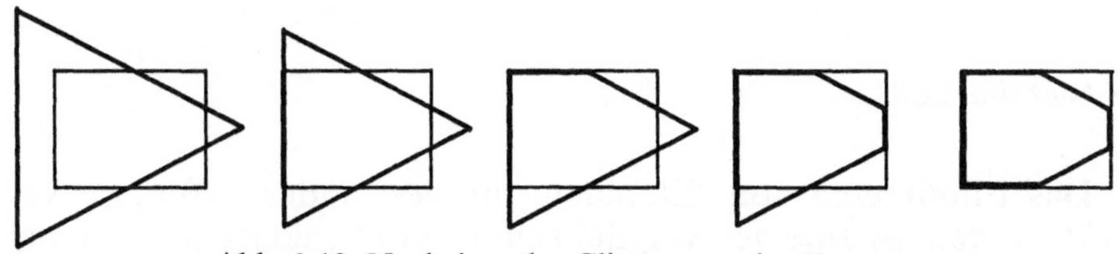

Abb. 3.12. Nacheinander Clippen an vier Kanten

Dabei wird für jede Rahmen-Kante folgender Algorithmus durchlaufen:

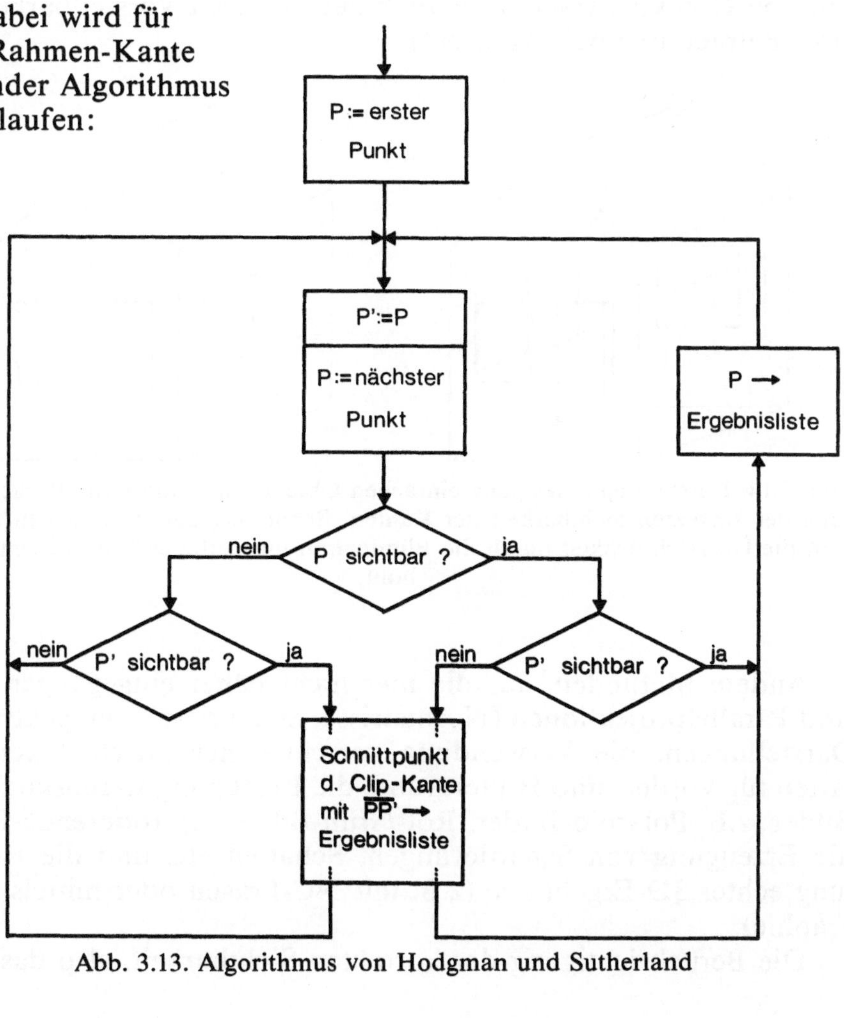

P := erster Punkt

P' := P

P := nächster Punkt

P sichtbar ? (nein / ja)

P' sichtbar ? (nein / ja)

P' sichtbar ? (nein / ja)

Schnittpunkt d. Clip-Kante mit $\overline{PP'}$ → Ergebnisliste

P → Ergebnisliste

Abb. 3.13. Algorithmus von Hodgman und Sutherland

Dieser Algorithmus muß also viermal durchlaufen werden, es wird dabei viel Speicherplatz für Zwischenresultate gebraucht. Dies kann man vermeiden, indem man den Algorithmus für alle vier Tests rekursiv aufruft, dabei erhält man nur eine Ergebnisliste. Es wird also immer nur ein neues Polygon erzeugt; wenn es in mehrere Teile zerfällt, so sind die Teile am Fensterrand verbunden.

3.3 Sichtbarkeit

Das Eliminieren von Bildteilen, die von anderen Bildern verdeckt werden, ist eine der Möglichkeiten, wirklichkeitsnahe Darstellungen zu erzeugen. Die Berücksichtigung der korrekten Sichtbarkeit von Objekten trägt wesentlich zur besseren Vorstellbarkeit bei ihrer Betrachtung bei (Abb.3.14).

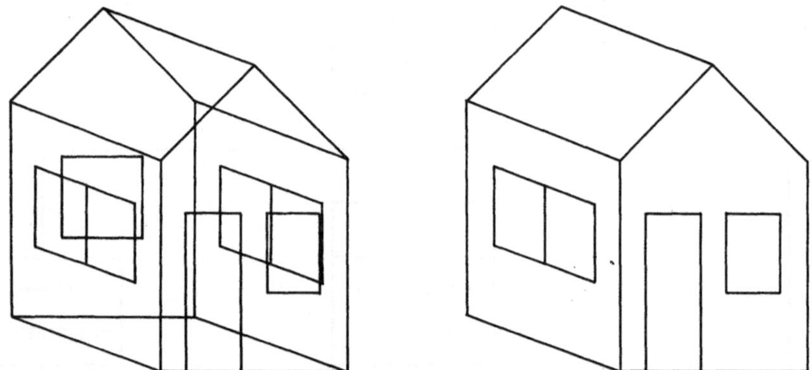

Abb. 3.14. Darstellung eines ganz einfachen Objektes mit und ohne Berücksichtigung der korrekten Sichtbarkeit der Kanten. Bereits bei derart einfachen Bildern wird die Übersichtlichkeit durch die Elimination unsichtbarer Teile wesentlich erhöht.

Andere Methoden, auf die hier nicht näher eingegangen wird, sind Parallelprojektionen (Normalrisse, Seitenrisse), perspektivische Darstellungen, die Verwendung verschiedener Strichstärken und -arten für Vorder- und Hintergrund, die Erzeugung stereoskopischer Bilder (z.B. Polaroid-Bilder, Rot-Grün-Bilder,...), rotierende Bilder, die Erzeugung von Schattierungen, Schatten etc. und die Herstellung echter 3D-Ergebnisse (z.B. mit NC-Fräsen oder mittels Holographie).

Die Berücksichtigung der korrekten Sichtbarkeit, also das Weglassen von verdeckten Kanten und Flächen, ist die verbreitetste Technik in dieser Liste, und wird daher ausführlicher behandelt.

Man spricht von Hidden-Line- oder Hidden-Surface-Eliminierung. Die Methoden, die dafür angewendet werden können, hängen natürlich in erster Linie von der verwendeten internen Darstellung der Daten ab. Für eine auf dem Drahtmodell basierende Datenstruktur etwa ist eine Sichtbarkeitsentscheidung gar nicht möglich. Am häufigsten werden 3D-Körper intern durch die sie begrenzenden Vielecke (Polygone) repräsentiert, die Mehrzahl der beschriebenen Algorithmen ist auf diese Repräsentationen zugeschnitten. Dabei gibt es zwei prinzipiell unterschiedliche Vorgangsweisen, den Punkt-Test und den Flächen-Test.

Beim Punkt-Test wird für jeden Ausgabepunkt festgestellt, ob dort ein Polygon sichtbar ist, und welches. Der Aufwand hat die Größenordnung $n \cdot N$, wobei n die Anzahl der Polygone ist und N die Anzahl der Bildpunkte.

Beim Flächen-Test werden je zwei Flächen miteinander verglichen, und die unsichtbaren Teile ausgeschieden. Der Aufwand ist hier proportional zu n^2, hat aber eine wesentlich höhere Grundkonstante.

Depth-Sort-Algorithmus

Dieses Verfahren geht auf Newell, Newell und Sancha zurück. Es ermöglicht die Darstellung von ausgefüllten Polygonen in richtiger Sichtbarkeit. Grob gesprochen werden die Polygone von hinten nach vorne sortiert und dann in dieser Reihenfolge gezeichnet. Dabei werden die weiter entfernt liegenden Teile von allen sie verdeckenden Teilen überschrieben, sodaß zum Schluß ein korrektes Gesamtbild entsteht.

Und so sehen die Schritte im einzelnen aus:

1. Schritt: Sortiere alle Polygone bezüglich ihres entferntesten z-Wertes. Dabei wird angenommen, daß die Blickrichtung stets die z-Richtung ist, und die z-Werte mit dem Abstand von der Bildebene steigen.

2. Schritt: Löse alle Mehrdeutigkeiten.

Dabei wird jeweils ein hinteres Polygon H gegen ein vorderes Polygon V untersucht. Das geschieht so, daß einfache Fälle früh erkannt werden.

1. Wenn der vorderste z-Wert von H weiter entfernt liegt, als der hinterste z-Wert von V, so ist die Reihenfolge richtig.

2. Wenn sich die den Bildern der Polygone umschriebenen achsenparallelen Rechtecke nicht überschneiden, so ist die Reihenfolge

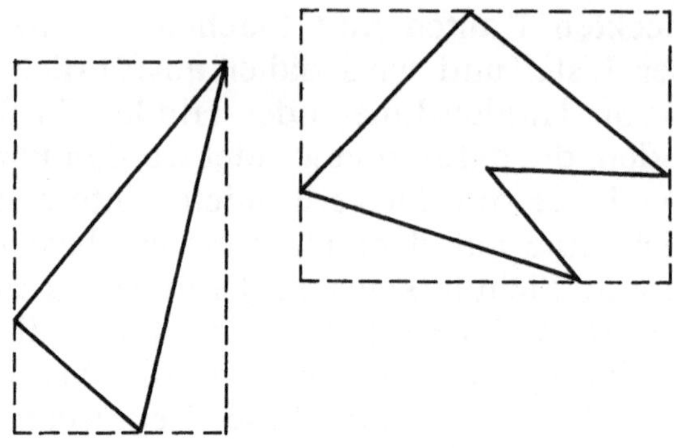

Abb. 3.15. Minimax-Test

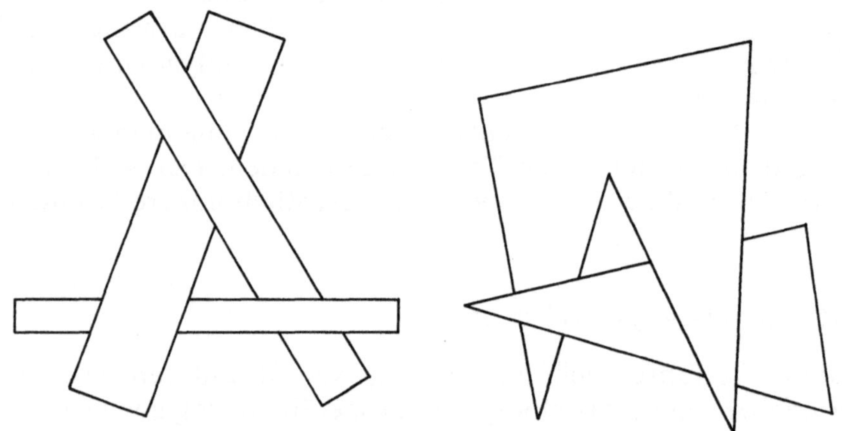

Abb. 3.16. Nichtentscheidbare Reihenfolge bei der Sortierung der Polygone

egal, also richtig. Diesen Test nennt man auch Minimax-Test (Abb.3.15).

3. Wenn alle Punkte von H hinter der Ebene liegen, die von V aufgespannt wird, so ist die Reihenfolge richtig.

4. Wenn alle Punkte von V vor der Ebene liegen, die von H aufgespannt wird, so ist die Reihenfolge richtig.

5. Wenn sich die Bilder von V und H nicht überschneiden, so ist die Reihenfolge egal, also richtig. Wie man sieht, muß diese kompliziertere Untersuchung nur dann durchgeführt werden, wenn bereits alle einfachen Tests versagt haben.

6. Die Reihenfolge ist wahrscheinlich falsch, die Polygone müßten also vertauscht werden. Um zu verhindern, daß es in Fällen, wie den in der Abbildung 3.16 gezeigten, zu Endlosvertauschungen kommt, verwendet man eine Markierung. Wenn V noch nicht mar-

kiert ist, so werden H und V vertauscht und H markiert. Anderenfalls läßt sich eines der beiden Polygone mit der Ebene des anderen schneiden, dieses Polygon wird durch die beiden bei dem Schnitt entstehenden Teile ersetzt, und man setzt bei Punkt 1 fort.

3. Schritt: Durch das Eintragen der Polygone in den Bildwiederholspeicher von hinten nach vorne werden die unsichtbaren Teile überschrieben.

Prioritätsverfahren

Das Depth-Sort-Verfahren kann natürlich nur für Bildwiederholschirme zur Anwendung kommen. Das Prioritätsverfahren hat zum Ziel, auch solche Geräte zu unterstützen, bei denen ein Überschreiben oder Löschen von einmal gezeichneter Information nicht mehr möglich ist, also Bildspeicherschirme und Plotter. Bei diesem von J.Encarnacao stammenden Verfahren werden alle Polygone in Dreiecke zerlegt, sortiert und gegebenenfalls entfernt. Das Ergebnis ist eine Kantenliste, deren Ausgabe überall leicht möglich ist.

1. Alle Polygone werden in Dreiecke zerlegt und in einer Liste abgespeichert.
2. Die Dreiecke werden in die Bildebene projiziert.
3. Den Dreiecken wird eine Priorität zugeordnet. Wenn ein Dreieck von einem anderen verdeckt wird, hat es niedrigere Priorität.
4. Die Liste wird nach Priorität sortiert.
5. Jede Dreieckskante wird gegen alle Dreiecke höherer Priorität auf Sichtbarkeit untersucht, und gegebenenfalls (teilweise) entfernt.
6. Alle Kanten, die nicht zu den ursprünglichen Polygonen gehörten, werden entfernt.

Z-Puffer- und Alpha-Puffer-Algorithmus

Diese Methode ist nur für Rasterschirme, wie es allerdings die meisten heute verwendeten Bildschirme sind, anwendbar. Es werden alle Bildteile ohne vorausgehende Sortierung in den Bildwiederholspeicher geschrieben. Zusätzlich ist für jeden Bildpunkt ein Speicherbereich, der sogenannte z-Puffer, nötig, in dem der z-Wert des bis jetzt nächstliegenden Bildteiles gespeichert wird. Bei der Ausgabe jedes weiteren Bildteils wird nur dort ein Punkt gezeichnet, wo der eingetragene z-Wert größer ist als der des einzutragenden Teils, d.h. der neue Teil liegt näher der Bildfläche als das bisher gezeichnete. Zusätzlich wird in diesem Fall sein z-Wert in den z-Puffer geschrieben.

Dieser Algorithmus benötigt keine Sortierungen und ist daher relativ schnell. Allerdings ist der Speicherbedarf für den z-Puffer sehr groß. Bei einer durchaus üblichen Bildfläche von 1024 x 1024 Pixel und 4 Byte pro Gleitkommazahl braucht man etwa 4MB an Speicher nur für diesen Zweck.

Eine Abart des z-Puffer-Algorithmus ist das alpha-Puffer-Verfahren. Dabei wird die Szene in mehrere hintereinanderliegende Regionen unterteilt. Die einzelnen Regionen werden nun der Reihe nach getrennt bearbeitet, und zwar in der Reihenfolge von der dem Blickpunkt am nächsten liegenden bis zur entferntesten. Innerhalb jeder Region wird nach irgendeinem anderen Verfahren die richtige Sichtbarkeit ermittelt (falls nötig). Dann wird das Ergebnis ausgegeben, und im alpha-Puffer für jeden Bildpunkt eingetragen, ob dort etwas ausgegeben wurde, oder ob dort noch die Hintergrundfarbe zu sehen ist. Bei der Ausgabe der weiteren Bildschichten wird nur noch an jenen Stellen etwas gezeichnet, an denen sich noch nichts befindet. Der alpha-Wert stellt also eine Markierung für bereits belegte Pixel dar.

In diesem einfachsten Fall genügt ein Bit pro Bildpunkt für den alpha-Puffer. Es werden aber auch aufwendigere Versionen verwendet, die sich als eine Mischform mit dem z-Puffer-Verfahren interpretieren lassen.

Alpha-Puffer werden vor allem dort angewendet, wo einzelne Bildteile mit unterschiedlichen Techniken, Datenstrukturen und Algorithmen erstellt werden, sodaß es unmöglich ist, ein einheitliches Sichtbarkeitsverfahren auf das ganze Bild anzuwenden (z.B. in der Computer-Animation). Weiters können auf diese einfache Weise ohne dreidimensionale Datenstruktur Bilder erstellt werden, bei denen die richtige Sichtbarkeit des Ergebnisses einen räumlichen Eindruck vermittelt; man spricht von 2 1/2 D-Bildern.

Scan-Line-Algorithmus

Auch dieser Algorithmus ist sehr eng an ein Raster-Wiederholgerät geknüpft. Für jede Scan-Line (Bildschirmzeile) wird der richtige Wechsel der Farben bzw. Graustufen getrennt ermittelt. Dabei nutzt man aus, daß sich zwei übereinander liegende Pixelreihen in ihrem Sichtbarkeitsverhalten meist nur unwesentlich unterscheiden (Abb.3.17). Die Informationen der jeweils vorhergehenden Bildschirmzeile werden abgespeichert und nur bei auftretenden Änderungen neu berechnet.

Das richtige Aussehen der Bildschirmzeilen ermittelt man nach folgenden Regeln:

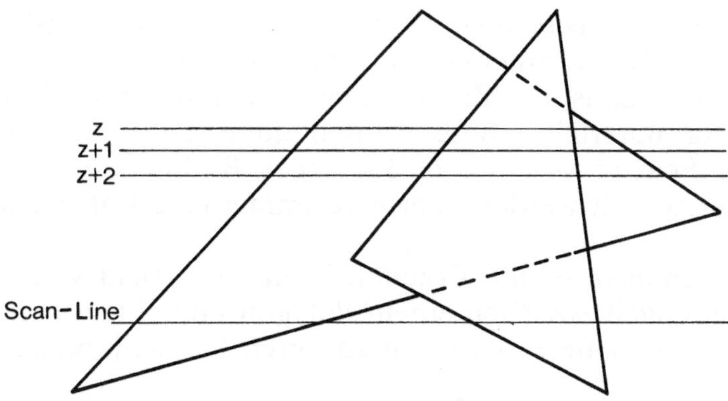

Abb. 3.17. Darstellung einzelner Scan-Lines

1. Es wird eine Liste aller Polygonkanten angelegt.
2. Es wird eine Liste aller Polygone angelegt.
3. Für jede zu untersuchende Horizontale h (Scan-line) geht man von links nach rechts, dabei gilt

a) Wenn h auf eine Kante stößt, wird das entsprechende Polygon in der Liste als „in" markiert, bzw., wenn es bereits „in" war, als „out". Damit sind stets alle Polygone, die sich hinter der jeweiligen Position befinden, mit „in" markiert.

b) Unter den markierten Polygonen sucht man das vorderste und wählt dessen Farbe.

c) Wenn man davon ausgeht, daß sich die Polygone nicht schneiden (was man durch entsprechende Teilungen immer leicht erreichen kann), kann sich die Farbe nur bei Passieren einer Kante ändern.

d) Wenn bei der Zeile $z+1$ die Reihenfolge der Kantenschnitte gleich ist wie bei z (siehe Abb.3.17), so kann man sich b) ersparen.

Für die richtige Behandlung des Hintergrundes muß man entweder den Bildschirm zu Beginn initialisieren, ein großes Hintergrundpolygon einfügen oder die dargestellten Algorithmen geringfügig modifizieren.

Area-Subdivision-Algorithmus

Eine völlig andere Philosophie verfolgt der Area-Subdivision-Algorithmus. Er ist konzeptionell ein Punkt-Test, obwohl nicht jeder Punkt einzeln betrachtet wird. Dennoch ist er auf Raster-Geräte beschränkt, nützt aber nicht aus, daß man falsch eingetragene Inhalte des Wiederholspeichers überschreiben kann.

Es werden jeweils rechteckige Fenster der Darstellungsfläche betrachtet. Wenn für ein solches Fenster die Sichtbarkeitsentscheidung sehr einfach ist, so ist das Ziel erreicht. Anderenfalls wird es in kleinere Fenster unterteilt, diese werden dann getrennt weiteruntersucht. Ein Fenster von der Größe eines Bildpunktes kann nicht mehr weiter zerteilt werden, hier wird immer eine Entscheidung getroffen.

Eine Grundlage ist die Erkenntnis, daß es genau vier verschiedene Beziehungen zwischen einem Polygon und einem Fenster gibt (Abb.3.18). Effiziente Prozeduren zu deren Feststellung sind nötig.

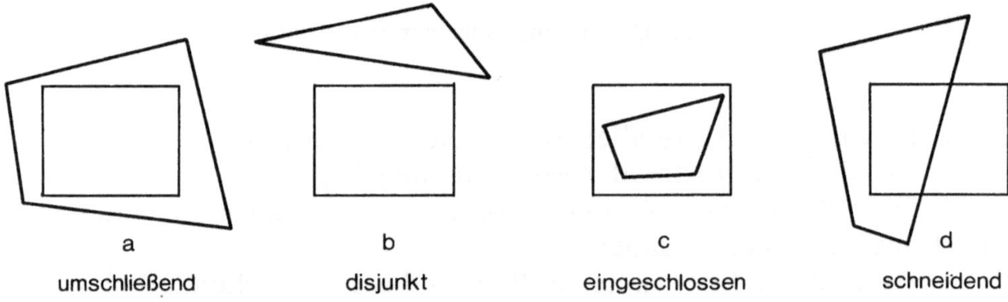

Abb. 3.18. Mögliche Beziehungen zwischen Fenster und Polygon

Folgende einfache Entscheidungen können getroffen werden. Sie sind so geordnet, daß sehr einfache Fälle mit wenig Aufwand früh erkannt werden können, und somit ein Weiterrechnen unnötig machen.

1. Das Fenster ist mit allen Polygonen disjunkt (b), das Fenster wird mit der Hintergrundfarbe ausgefüllt.

2. Das Fenster wird nur von einem Polygon umschlossen (a) und ist mit allen anderen disjunkt, dann wird es mit der Farbe dieses Polygons gefärbt.

3. Das Fenster schneidet sich mit nur einem Polygon (d), oder schließt es ein (c), und ist mit allen anderen disjunkt, dann wird der eingeschlossene Polygonteil entsprechend gefärbt, der Rest mit Hintergrundfarbe.

4. Es gibt ein Polygon, das alle anderen in dem untersuchten Fenster verdeckt und das Fenster ganz umschließt (a), dann kann mit der Polygonfarbe ausgefüllt werden.

5. Wenn die Auflösung des Gerätes erreicht ist, erhält der entsprechende Bildpunkt die Farbe des vordersten Polygons an dieser Stelle.

In allen anderen Fällen muß weiter unterteilt werden, bis eine der einfachen Entscheidungen 1. bis 5. möglich ist.

Beispiel: Das linke Dreieck überdeckt das rechte Dreieck teilweise. In der Abb.3.19 sind die notwendigen Unterteilungen eingezeichnet. Wie man sieht wird nur an den Stellen sehr fein unterteilt, an denen tatsächlich ein Wechsel der Sichtbarkeit vorliegt. Das linke untere Viertel ist schon nach der ersten Unterteilung abgeschlossen. In den einzelnen Quadraten steht jeweils die Nummer der Regel, nach der sie bearbeitet werden.

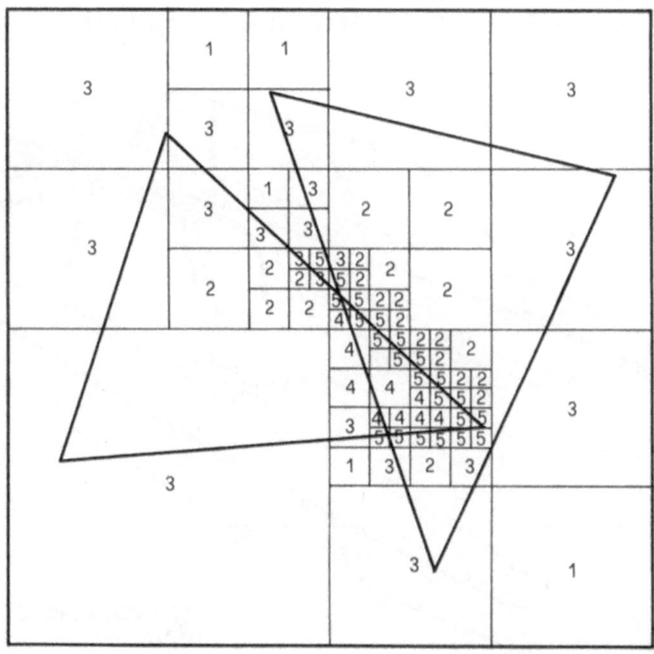

Abb. 3.19. Beispiel für die Ermittlung der richtigen Sichtbarkeit mit dem Area Subdivision-Algorithmus

Sichtbarkeit durch Ray-Tracing

In Kapitel 3.5.4 wird eine nur für Farbrastergeräte brauchbare Methode vorgestellt, ein Bild punktweise zu berechnen. Dabei wird automatisch für jeden Punkt die richtige Sichtbarkeit ermittelt.

3.4 Kurven und Flächen

Viele Anwendungen der Graphischen Datenverarbeitung benötigen neben den „einfachen“ Elementen Gerade, Kreis, Ebene, Kugel, Zylinder, Kegel etc. auch die Möglichkeit zur Darstellung beliebiger, allgemeiner Kurven und Flächen. Typische Beispiele dafür sind die Darstellung von Isolinien und statistischen Daten, viele Bereiche des CAD (z.B. Autokarosserie-Entwurf), Simulation von Bewegungsabläufen, Animation und Computerkunst (Abb.3.20, 3.21 und 3.22).

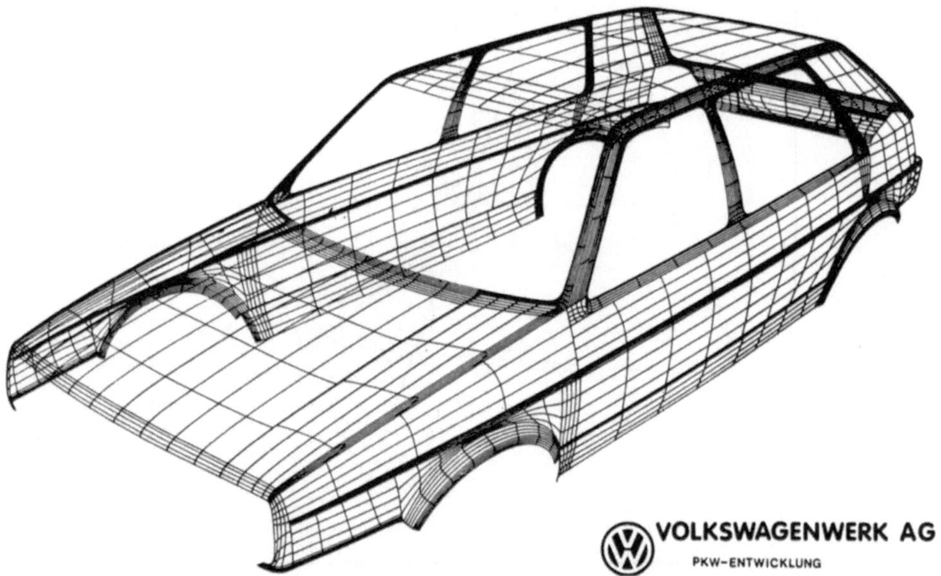

Abb. 3.20. Konstruktion einer PKW-Karosserie mit Computerunterstützung. Mit freundlicher Genehmigung der Firma Volkswagenwerk AG.

Allgemeine Kurven werden durch ein Aneinanderreihen einzelner Funktionspunkte gezeichnet. Wenn diese Punkte eng genug beieinander liegen, erhält man ein der Auflösung des Gerätes entsprechendes Bild der Kurve. Meist werden jedoch aus Gründen der Zeichengeschwindigkeit wesentlich weniger Punkte berechnet und durch gerade Linien verbunden. Bei richtiger Wahl dieser Punkte erhält man im allgemeinen Bilder, deren Qualität den „perfekten“ Kurven um fast nichts nachsteht.

Prinzipiell gibt es zwei verschiedene Wege allgemein geformte Kurven und Flächen zu repräsentieren, entweder explizit analytisch, oder implizit durch die Vorgabe von Punkten, die das Ergebnis festlegen.

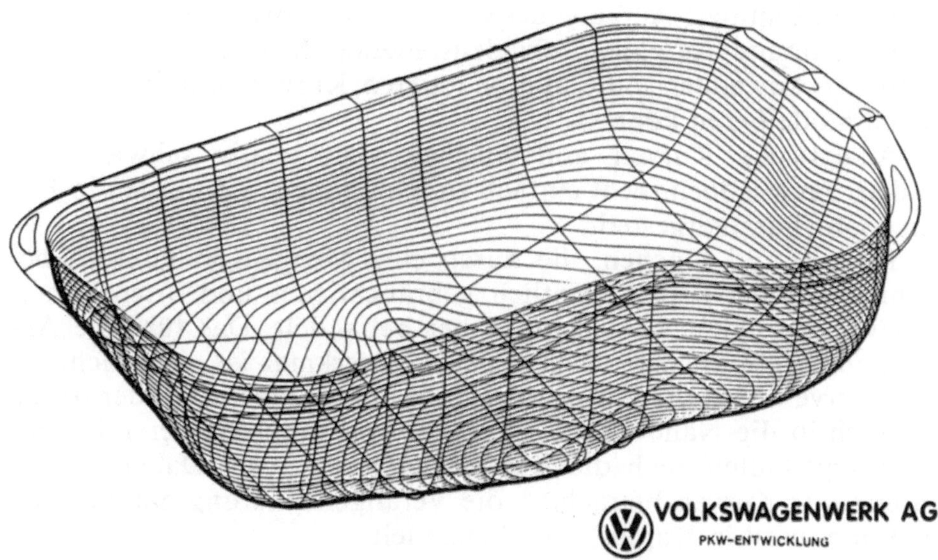

Abb. 3.21. Freiformfläche in der PKW-Entwicklung (Ölwanne). Mit freundlicher Genehmigung der Firma Volkswagenwerk AG.

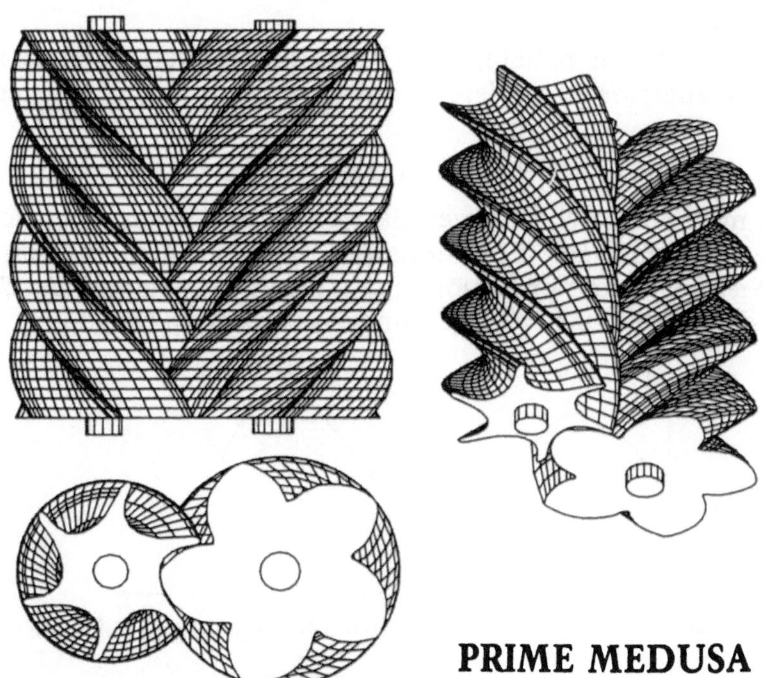

Abb. 3.22. Darstellung einer Verschraubung durch Verwendung von interpolierenden Flächen. Mit freundlicher Genehmigung der Firma Prime-Datamed.

Die wesentliche Aufgabe des Computergraphikers ist es, eine für eine bestimmte Aufgabe zufriedenstellende Kurvenart zu finden, denn der Anwender sollte alle benötigten Kurven ohne Schwierigkeiten modellieren können.

Analytische Kurven und Flächen sind relativ schwierig zu finden, dann jedoch recht einfach zu handhaben. Sie werden in Kapitel 3.4.1 kurz vorgestellt.

Kurven und Flächen, die durch eine Menge von Punkten bestimmt werden, sind wesentlich gebräuchlicher und artenreicher, und werden daher viel ausführlicher behandelt. Das für eine Anwendung wesentlichste Klassifizierungsmerkmal ist sicherlich, ob eine Kurve durch die Stützpunkte geht (interpolierend), oder ob sie lediglich in die Nähe dieser Punkte kommt (approximierend). Entsprechend lauten auch die Kapitel 3.4.2 und 3.4.3. Dabei werden vorerst nur Kurven betrachtet, die Verallgemeinerung auf Flächen im Raum wird in Kapitel 3.4.4 behandelt.

3.4.1 Analytische Kurven und Flächen

Analytisch bedeutet hier, daß Funktionen vorliegen, durch die die Kurve definiert ist.

Wenn für jeden beliebigen x-Wert im definierten Bereich der Kurve der zugehörige y-Wert durch eine Funktion f festgelegt ist, also

$$y = f(x) \qquad \text{für } x \in [xmin, xmax]$$

so kann man nur solche Kurven darstellen, bei denen es für jedes x nur einen zugehörigen Funktionswert gibt, die also in x injektiv sind. Es ist dem Programm möglich, in genügend kleinen Abständen Punkte der Kurve zu berechnen und zu zeichnen (Abb.3.23).

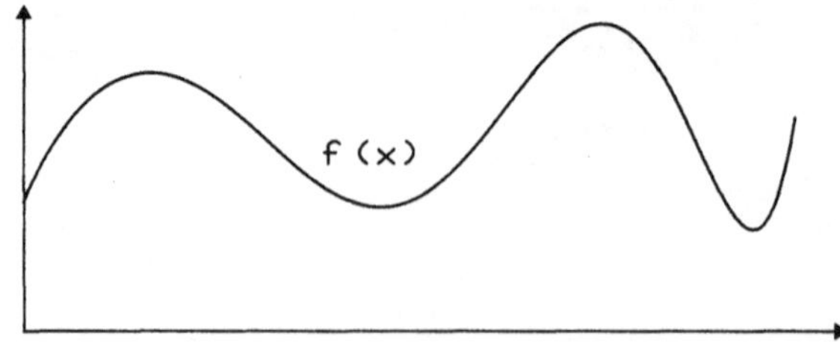

Abb. 3.23. Darstellung einer Funktion durch Verwendung kurzer Geradenstücke

Um beliebige ebene Kurven analytisch darzustellen, muß eine Parameterdarstellung gewählt werden. Dabei liefern zwei Funk-

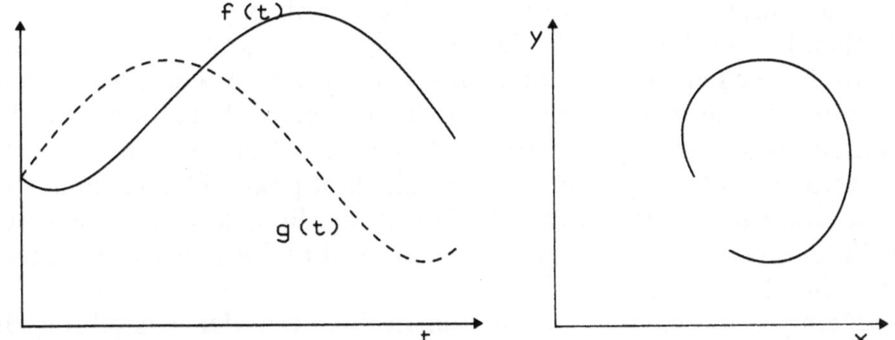

Abb. 3.24. Schaubilder von f(t) und g(t) (links), sowie der durch sie definierten ebenen Kurve (rechts)

tionen f und g für jeden Wert eines Parameters t die jeweils zusammengehörigen Komponenten eines Punktes der Kurve, also

$$x = f(t)$$
$$y = g(t) \qquad \text{für } t \in [\text{tmin}, \text{tmax}]$$

dann liegt (x/y) auf der Kurve (Abb.3.24).

Durch Hinzufügen einer dritten Funktion $z = h(t)$ ist es auf diese Weise auch möglich, Kurven darzustellen, die sich beliebig im Raum bewegen.

Die analytische Darstellung von Flächen erfolgt analog, entweder durch eine Funktion

$$z = f(x, y)$$

oder durch eine Parameterdarstellung

$$x = f(t, u)$$
$$y = g(t, u)$$
$$z = h(t, u)$$

Besonders Oberflächen von geometrischen Körpern, wie Kugel, Kegel, Torus usw. (auch Teile davon), lassen sich durch eine Parameterdarstellung sehr elegant darstellen.

Beispiel: Die Formel für eine Kugel lautet:

$$x^2 + y^2 + z^2 = r^2$$

also

$$z = \sqrt{r^2 - x^2 - y^2}$$

Die Parameterdarstellung für dieselbe Kugel lautet:

$$x = r \cdot \sin t \cdot \cos u$$
$$y = r \cdot \sin t \cdot \sin u$$
$$z = r \cdot \cos t$$

wobei $t \in [0,360)$ und $u \in [0,180)$ ist.

Mathematische Funktionen zur Beschreibung von Kurven und Flächen haben den Vorteil, daß beliebig viele Punkte beliebig exakt ermittelt werden können, und daher auch Werte wie Oberflächen, Ableitungen und ähnliche weitgehend genau berechnet werden können. Weiters ist der Speicherbedarf zur Repräsentation dieser Funktionen relativ gering. Durch die kompakte Darstellung sind auch Änderungen mit wenig Aufwand möglich, sofern sie sich formulieren lassen. Der größte Vorteil ist und bleibt jedoch die extrem einfache Handhabung.

Demgegenüber stehen die Schwierigkeiten der Erstellung der Funktionen, die vor allem dem Endanwender sehr schwer fallen wird. Die Methode der Erzeugung von Kurven mittels bestimmender Punkte erscheint auch wesentlich dialogfähiger. Daher bleiben analytisch dargestellte Kurven und Flächen speziellen Systemen und mathematisch exakten Anwendungen vorbehalten.

3.4.2 Interpolierende Kurven

Eine interpolierende Kurve ist eine Funktion, die eine vorgegebene Menge von Stützpunkten in der richtigen Reihenfolge durchläuft. Die einfachste solche Kurve ist der Polygonzug der entsteht, wenn man die Stützpunkte durch gerade Linien verbindet.

An interpolierende Kurven kann man verschiedene Forderungen richten, deren Erfüllung oder Nichterfüllung den Charakter der Kurve bestimmt.

1. Grad der Stetigkeit. Hierbei ist vor allem der Stetigkeitsgrad an Zusammensetzpunkten einzelner Kurvenstücke gemeint, da längere Kurven oft aus mehreren Teilen zusammengesetzt werden. Der Mensch ist sehr sensibel für plötzliche Richtungs- oder Krümmungsänderungen, daher ist die Forderung nach glatten Übergängen recht wichtig.

2. Achsenunabhängigkeit. Das Verdrehen der Punkte im Koordinatensystem soll möglichst keinen Einfluß auf das Aussehen der Kurve haben. Wenn eine Kurve Teil eines Gesamtbildes ist, und dieses wird gedreht, so darf das keine Veränderung der Kurvenform nach sich ziehen.

3. Lokaler oder globaler Einfluß der Stützpunkte. Wenn jeder Punkt Einfluß auf die gesamte Kurve hat, muß bei jeder kleinen Änderung die gesamte Kurve neu berechnet werden, außerdem können dabei an anderen Stellen unerwünschte Nebenwirkungen auftreten. Demgegenüber sind bei lokalem Einfluß der Stützpunkte nur kleine Teile der Kurve betroffen.

4. Neigung zum Glätten oder Überschwingen. Manche Interpolationsmethoden neigen am Rand oder an Stellen, an denen die Punkte einen eher eckigen Verlauf haben, zum Überschwingen. Dies entspricht meist nicht einmal annähernd der Kurve, die ein Mensch mit der Hand zeichnen würde, und ist für viele Anwendungen untragbar.

Im folgenden werden die gebräuchlichsten Methoden, die in der graphischen Datenverarbeitung zur Anwendung kommen, einzeln beschrieben. Dabei werden jeweils auch diese vier Punkte behandelt.

Für alle Kurven gilt: P_0, P_1, ..., P_n sind die $n+1$ Stützpunkte, wobei $P_i = (x_i/y_i)$.

Interpolation durch Polynome

Dabei versucht man ein Polynom möglichst niedrigen Grades zu finden, das durch alle Stützpunkte geht. Eine bekannte Tatsache aus der Mathematik ist, daß sich $n+1$ Punkte P_i ($i=0,...,n$), die in ihren x-Werten aufsteigend sortiert sind, durch genau ein Polynom n-ten Grades interpolieren lassen, aber i.a. durch kein Polynom niedrigeren Grades. Der Beweis dazu wird hier nicht geführt. Man kann sich leicht überlegen, daß sich dieses Polynom in der Form

$$\sum_{j=0}^{n} \left(y_j \cdot \prod_{\substack{i=0 \\ i \neq j}}^{n} \frac{x - x_i}{x_j - x_i} \right)$$

darstellen läßt. Es ist ein Polynom n-ten Grades in x und hat an jeder Stützstelle x_k den Wert

$$y_k \cdot \prod_{\substack{i=0 \\ i \neq k}}^{n} \frac{x_k - x_i}{x_k - x_i} + \sum_{\substack{j=0 \\ j \neq k}}^{n} \left(y_j \cdot \prod_{\substack{i=0 \\ i \neq j}}^{n} \frac{x_k - x_i}{x_j - x_i} \right)$$

Der erste Term hat den Wert y_k, da das Produkt 1 ist, und in der rechten Summe ist jedes Produkt 0, da auch der Faktor $(x_k - x_k)/(x_j - x_k)$ vorkommt. Also ist die ganze rechte Summe null und das Ergebnis des gesamten Ausdrucks y_k. Wie erwähnt, ist das Polynom eindeutig, also ist es das gesuchte.

Interpolierende Polynome haben viele Nachteile. Zum ersten wächst der Rechenaufwand mit dem Quadrat der Anzahl der Stützpunkte. Gleichzeitig neigen Polynome in sehr starkem Maße zum Überschwingen, besonders in der Nähe der Ränder (Abb. 3.25). Das ist für die meisten Anwendungen völlig unzumutbar. Durch die Darstellung in einer Form $y = f(x)$, also nicht parametrisch, ist die Polynominterpolation außerdem achsenabhängig; bei einer geringen Drehung der Punkte erhält man ein völlig anderes Bild. Auch hat jeder einzelne Stützpunkt Einfluß auf die gesamte Kurve, eine kleine Änderung an einem Ende kann etwa am anderen Ende die Kurve völlig verändern. Bei all diesen Mängeln fällt der Pluspunkt, daß Polynome an allen Stellen beliebig oft differenzierbar sind, fast nicht ins Gewicht.

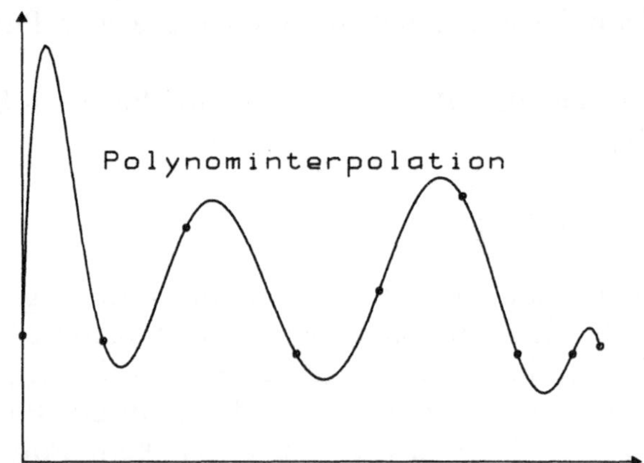

Abb. 3.25. Beispiel für die Interpolation mit einem Polynom

Kubische Splines

Kubische Splines sind stückweise kubische Polynome, d.h. zwischen je zwei Stützpunkte kommt je ein Polynom dritten Grades zu liegen. Das ist auf solche Weise möglich, daß die Kurve an allen Übergangsstellen, also an den Stützpunkten, zweimal stetig differenzierbar ist.

Der Berechnungsaufwand steigt mit der Anzahl der Punkte stark an, für $n+1$ Punkte muß ein lineares Gleichungssystem mit $n+1$ Unbekannten aufgelöst werden. Auch hier hat jeder Punkt Einfluß auf den gesamten Kurvenverlauf. Will man diese Nachteile dadurch umgehen, daß die Kurve in mehrere Teilbereiche zerlegt wird, so geht an den Zusammensetzpunkten die zweimalige Differenzierbarkeit verloren.

Kubische Splines, meist einfach Splines genannt, neigen wesentlich weniger zum Überschwingen als Polynome höherer Ordnung, dennoch kommt es an Stellen, an denen die Richtung der Punkte schnell wechselt, zu meist nicht bezweckten Formen (Abb.3.26).

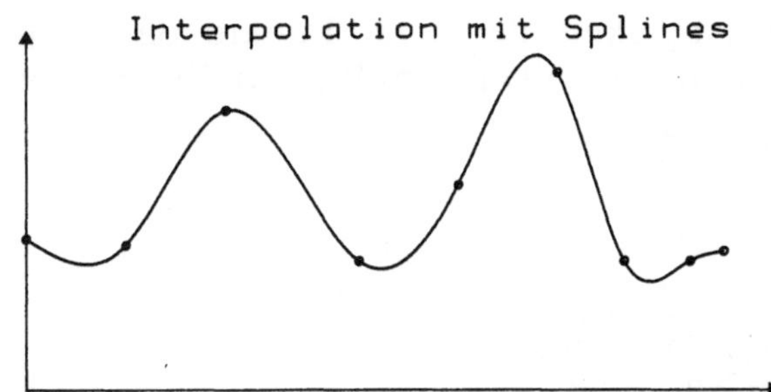

Abb. 3.26. Beispiel für die Interpolation mit kubischen Splines

Splines werden trotzdem für viele Anwendungen verwendet, da sie eine bewährte und numerisch analysierte Möglichkeit darstellen, Punkte zu interpolieren. Eine Abart der kubischen Splines wird von Akima vorgeschlagen, sie wird hier mit Akima-Interpolation bezeichnet.

Akima-Interpolation

Für die meisten Anwendungen ist weniger die zweimalige Differenzierbarkeit, als die Tatsache maßgebend, ob die Kurve einer von Hand gezeichneten Kurve nahekommt. Akima schlägt dazu vor, ähnlich den kubischen Splines, stückweise kubische Polynome zwischen die Stützpunkte einzusetzen, dabei aber die zweimalige Differenzierbarkeit an den Stützstellen außer Acht zu lassen. Die dadurch gewonnenen Freiheitsgrade werden dazu benützt, ein Überschwingen zu verhindern. Die Tangentenanstiege in den Stützstellen, also die Ableitungswerte, werden durch ein einfaches Verfahren vorgegeben. Die Berechnungen dazu erfolgen relativ heuristisch aus den Nachbarpunkten so, daß ein Überschwingen unmöglich wird, und die Kurve dem Auge gefällt.

Für jeden Stützpunkt wird der Ableitungswert aus insgesamt fünf Punkten wie folgt definiert:

Wir bezeichnen mit dq_j den j-ten Differenzenquotienten

$$dq_j = \frac{y_{j+1} - y_j}{x_{j+1} - x_j}$$

dann gilt für die Ableitung s_i' im Punkt (x_i/y_i)

$$s_i' = \frac{|dq_{i+1} - dq_i| \cdot dq_{i-1} + |dq_{i-1} - dq_{i-2}| \cdot dq_i}{|dq_{i+1} - dq_i| + |dq_{i-1} - dq_{i-2}|}$$

also nur in Abhängigkeit der zwei Punkte davor und der zwei Punkte danach. Falls der Nenner null ist, definiert man:

$$s_i' = \frac{dq_{i-1} + dq_i}{2}.$$

Für Randpunkte gelten eigene Regeln:

$$\begin{aligned} dq_{-1} &= 2 \cdot dq_0 - dq_1 \\ dq_{-2} &= 2 \cdot dq_{-1} - dq_0 \\ dq_n &= 2 \cdot dq_{n-1} - dq_{n-2} \\ dq_{n+1} &= 2 \cdot dq_n - dq_{n-1} \end{aligned}$$

Für jedes Kurvenstück ist das entsprechende kubische Polynom durch die vier gegebenen Stücke definiert. Das Ergebnis ist eine stetig differenzierbare Kurve, bei der die Stützpunkte nur lokalen Einfluß haben. Der Berechnungsaufwand ist daher linear proportional zur Anzahl der Stützpunkte, Änderungen erfordern wenig Aufwand. Nebenwirkungen an anderen Stellen sind dabei ausgeschlossen. Durch die lokale Definition der Steigungswerte kommt es praktisch zu keinen unvorhergesehenen Überschwingungen (Abb.3.27).

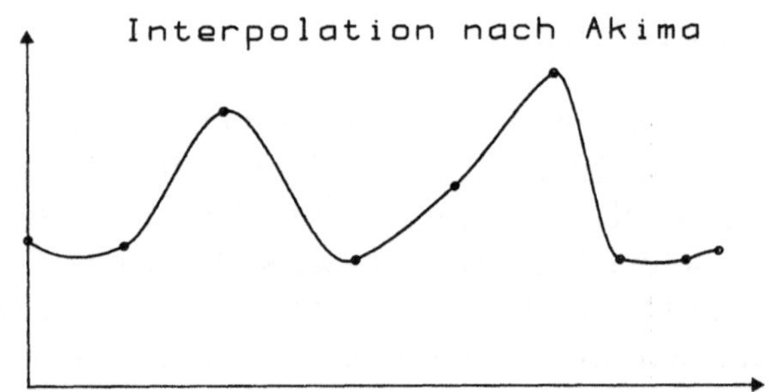

Abb. 3.27. Beispiel für die Interpolation nach Akima

Solche Interpolationen können, ebenso wie kubische Splines, für alle diejenigen Bereiche verwendet werden, in denen eine Funktion der Form $y = f(x)$ brauchbar ist. Die bekannten Nachteile sind Achsenabhängigkeit und die Unmöglichkeit mehrfacher Funktionswerte für ein x. Spiralen können auf diese Art also nicht dargestellt werden.

Ebene Interpolation

Die bisher behandelten Interpolationsmethoden erfordern alle Stützpunkte, die in den x-Werten geordnet sind, und ermöglichen daher nur Kurven „von links nach rechts“. Spiralen, geschlossene

Kurven aller Art usw. benötigen eine parametrische Darstellungsweise - diese läßt sich aus den bisherigen Methoden wie folgt ableiten.

Als Parameter t wählt man den Abstand zwischen den Punkten. Der Definitionsbereich von t ist folglich [0, tmax], wobei

$$tmax = \sum_{i=1}^{n} \overline{P_{i-1} P_i}$$

Die Werte tj seien definiert als

$$t_0 = 0$$

$$t_j = \sum_{i=1}^{j} \overline{P_{i-1} P_i} \qquad \text{für } j = 1, \ldots, n$$

entsprechen also den Parameterwerten an den Stützpunkten. Für die Paare

$$(t_0, x_0), (t_1, x_1), \ldots, (t_n, x_n) \qquad \text{bzw.}$$

$$(t_0, y_0), (t_1, y_1), \ldots, (t_n, y_n)$$

sind die Bedingungen für die bekannten Interpolationsverfahren erfüllt. Die entsprechenden Interpolationsfunktionen fx(t) und fy(t) legen natürlich für jedes $t \in [0, tmax]$ einen x-Wert und einen y-Wert fest (vergleiche Abb.3.24). Die entstehende Parameterdarstellung lautet also

$$x = fx(t)$$
$$y = fy(t) \qquad \text{für } t \in [0, tmax]$$

und beschreibt eine ebene Interpolationskurve für die Stützpunkte (x_i/y_i).

Wählt man z.B. die kubische Splineinterpolation für fx und fy, so erhält man eine achsenunabhängige Kurve ohne Ecken, die nur unwesentlich zum Überschwingen neigt, bei der aber der Einfluß der Stützpunkte nicht lokal ist.

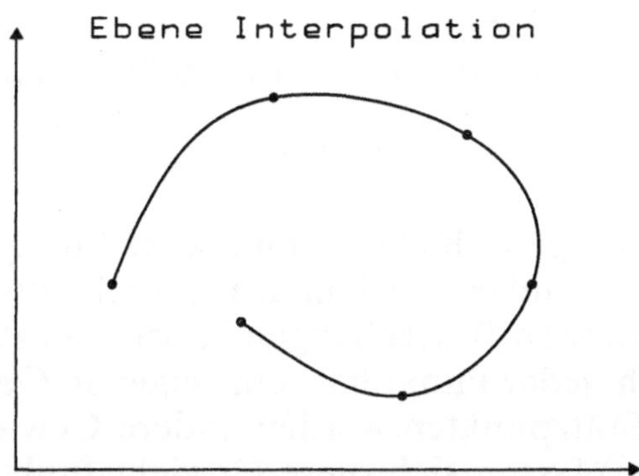

Abb. 3.28. Beispiel für eine ebene Interpolation mit kubischen Splines

3.4.3 Approximierende Kurven

Für viele Anwendungen reicht es, wenn die erzeugte Kurve hinreichend formbar ist; sie muß nicht durch irgendwelche bestimmten Punkte verlaufen, durch die sie definiert ist. Der Einfluß der definierenden Stützpunkte sollte lediglich einigermaßen vorhersehbar sein.

Anschaulich kann man sich die nun zu besprechenden Kurven am besten als Linien vorstellen, die von den erzeugenden Punkten wie durch Gummibänder angezogen werden. Bei einem Punkt, der etwas abseits liegt, wird sich der Gummi mehr spannen, und der Punkt wird einen größeren Abstand zum Ergebnis haben als andere.

Bezier-Kurven

Bezier ist ein französischer Mathematiker, der bei der Automobil-Firma Renault für das Karosseriedesign ein eigenes Verfahren entwickelte. Eine Bezier-Kurve B(t) ist definiert durch

$$B(t) = \sum_{i=0}^{n} p_i \cdot B_{i,n}(t) \qquad t \in [0,1]$$

wobei

$$B_{i,n}(t) = \binom{n}{i} \cdot t^i \cdot (1-t)^{n-i}$$

Diese formale Darstellung ist sicherlich auf den ersten Blick völlig unverständlich. Wir wollen versuchen, uns das Prinzip zu veranschaulichen.

Zuerst einmal ist B(t) eine Kurve, die mittels eines Parameters t erzeugt wird. Die Bezier-Kurve ist also parametrisch dargestellt und daher für beliebige ebene Kurven verwendbar. Jedem $t \in [0,1]$ entspricht ein Punkt der Kurve.

Die p_i sind die Vektoren zu den $n+1$ Stützpunkten P_i, also

$$p_i = \begin{pmatrix} x_i \\ y_i \end{pmatrix}$$

B(t) ist also eine gewichtete Summe aller Stützpunkt-Vektoren, und zwar für jedes t anders gewichtet. Dadurch entsteht die Kurve. Die Gewichtsfunktionen $B_{i,n}(t)$ hängen außer vom Parameter t auch von i und n ab, d.h. jeder Punkt hat seine eigenen Gewichte, und für jede Anzahl von Stützpunkten werden andere Gewichte verwendet. Für jedes Paar (i,n) lassen sich diese Gewichtsfunktionen $B_{i,n}(t)$ in Abhängigkeit von t darstellen (Abb.3.29).

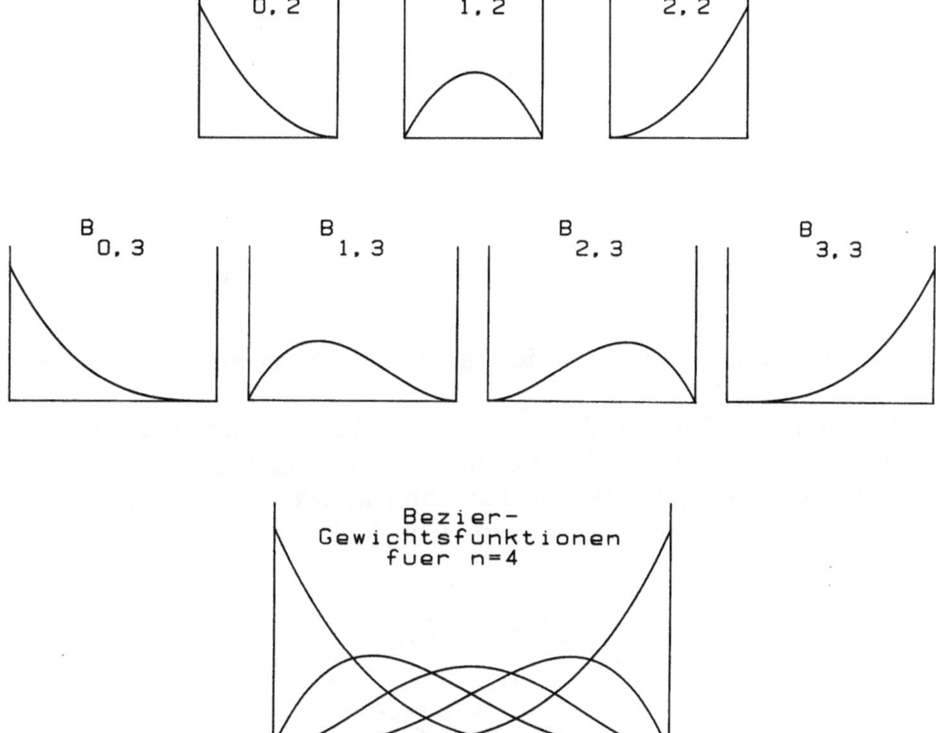

Abb. 3.29. Gewichtsfunktionen für die Bezier-Approximation für n = 2,3,4

Die mathematisch exakte Darstellung der $B_{i,n}$ ist für die Anschaulichkeit weniger wichtig als diese Abbildungen. Für die Kurve bedeutet dies nun etwa folgendes: der Punkt P_i hat für $t = i/n$ das größte Gewicht, dieses nimmt stetig nach beiden Seiten ab. Für $t = i/n$ wird die Kurve daher relativ nah bei P_i liegen, während der Einfluß von P_i für solche t, die sich von i/n stark unterscheiden, sehr gering ist.

Wie man aus der Definition der $B_{i,n}$ sieht, hat jeder Stützpunkt P_i für jedes $t \in [0, 1]$ Einfluß auf die Kurve. Folglich wird jeder Kurvenpunkt von allen Stützpunkten beeinflußt, die Kurve ist also global definert. Daraus folgt auch unmittelbar, daß die Kurve nicht genau durch ihre definierenden Punkte geht, sondern diese nur approximiert (Abb.3.30).

Wenn die Kurve durch sehr viele Punkte definiert ist, ist der Berechnungsaufwand sehr groß. Man teilt daher die Punktmenge in mehrere kürzere Teilfolgen, bei denen der Aufwand jeweils vertretbar ist. Allerdings muß man dabei einen Trick anwenden, um

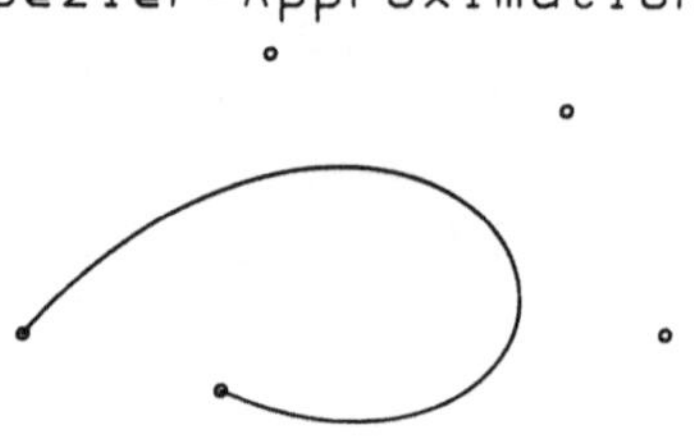

Abb. 3.30. Beispiel für eine Approximation nach Bezier

glatte Übergänge zwischen den einzelnen Kurvenstücken zu erzwingen.

Bezier-Kurven haben die Eigenschaft, daß die Tangenten an den Endpunkten mit der geraden Verbindung zum nächsten Punkt übereinstimmen (Abb.3.30). Würde man nun mehrere Teile einfach aneinanderreihen, käme es zu Ecken (Abb.3.31).

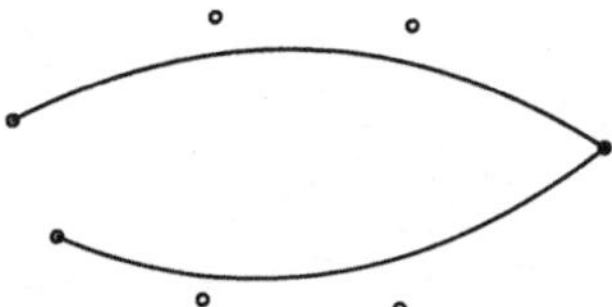

Abb. 3.31. Enstehen von Ecken beim Zusammensetzen von Bezier-Kurven

Glatte Übergänge kann man erreichen, wenn man zusätzliche Punkte geeignet einfügt. Wenn sich drei Punkte auf einer Geraden befinden, und der mittlere ist der Verknüpfungspunkt, so ist ein glatter Übergang gewährleistet. Man kann also entweder zwischen zwei Punkte einen dritten einfügen, oder auf beiden Seiten eines bereits gewählten Verknüpfungspunktes je einen Punkt plazieren.

Die erste Methode ist eindeutig, wenn man den Mittelpunkt wählt, bei der zweiten wird die Kurve von der Wahl der zusätzlichen Punkte wesentlich mitbestimmt (Abb.3.32). Jedenfalls kann die Steigung im Übergangspunkt so beliebig gewählt werden. Auf diese Weise können Bezier-Kurven also stückweise berechnet und zusammengesetzt werden, die Ergebniskurven interpolieren dann die Zusammensetzpunkte und approximieren alle anderen Stützpunkte.

Bezier-Kurven weisen einige nicht zu unterschätzende Vorteile auf. Die Darstellung in parametrisierter Form garantiert Achsenunabhängigkeit, die Punkte können also gedreht werden, ohne daß sich die Kurve ändert. Weiters sind alle Kurvenpunkte gewisser-

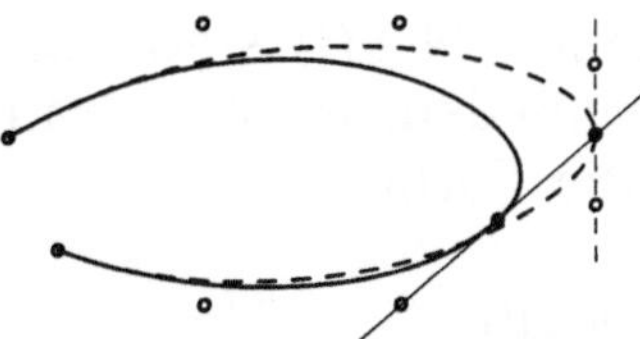

Abb. 3.32. Zwei Möglichkeiten um beim Zusammensetzen von Bezier-Kurven glatte Übergänge zu erreichen: Für die durchgezogene Kurve wurde zwischen zwei gegebene Stützpunkte ein zusätzlicher Punkt eingefügt, und die Verbindung in diesen verlegt. Für die strichlierte Kurve wurden zwei zusätzliche Punkte vorgegeben, durch sie wird die Tangentialrichtung im Verknüpfungspunkt festgelegt.

maßen gewichtete Mittelwerte der Stützpunkte, daher können Bezier-Kurven nie überschwingen. Wenn man einzelne Stützpunkte mehrfach definiert, so erreicht man, daß sie „stärker" werden, also die Kurve mehr anziehen, als die anderen.

Beispiel: 4 Stützpunkte $(n=3)$.

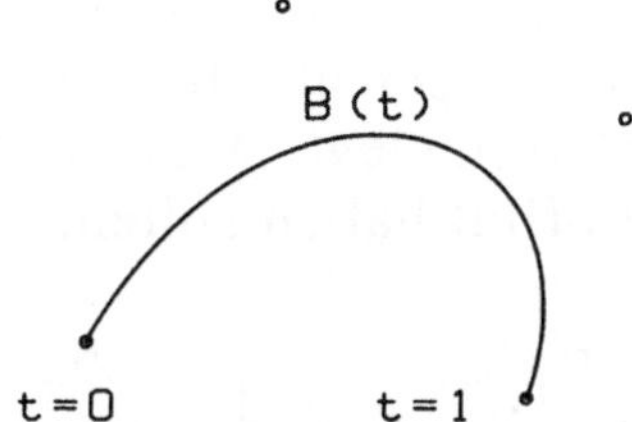

Abb. 3.33. Bezierkurve mit vier Stützpunkten

$$B_{0,3}=(1-t)^3 \qquad B_{1,3}=3t(1-t)^2 \qquad B_{2,3}=3t^2(1-t) \qquad B_{3,3}=t^3$$

$$B(t)=(1-t)^3 p_0+3t(1-t)^2 p_1+3t^2(1-t)p_2+t^3 p_3 \qquad t\in[0,1]$$

Die auf diese Weise erstellten Bezier-Kurven in der Ebene können ganz analog im Raum berechnet werden, indem den p_i einfach eine dritte Komponente hinzugefügt wird. Die Formel für die Kurve bleibt die gleiche.

B-Splines

Der schwerwiegendste Mangel der Bezier-Kurven ist der globale Einfluß aller Stützpunkte auf jeden Punkt der Kurve. Ursache sind die Bezier-Funktionen $B_{i,n}(t)$, die auf dem gesamten Intervall [0,1] ungleich null sind.

B-Splines haben prinzipiell genau dieselbe Struktur wie die Bezier-Kurven, nur werden statt der $B_{i,n}(t)$ andere Funktionen gewählt. Diese Funktionen $N_{i,k}(t)$ sind nur in der Nähe der Stützpunkte von Null verschieden, sonst überall null.

B-Splines haben die Form

$$B(t) = \sum_{i=0}^{n} p_i \cdot N_{i,k}(t)$$

wobei

$$N_{i,1}(t) = \begin{cases} 1 & \text{wenn } t_i \leqq t < t_{i+1} \\ 0 & \text{sonst} \end{cases}$$

$$N_{i,k}(t) = \frac{(t - t_i) \cdot N_{i,k-1}(t)}{t_{i+k-1} - t_i} + \frac{(t_{i+k} - t) \cdot N_{i+1,k-1}(t)}{t_{i+k} - t_{i+1}}$$

$$\text{für } t \in [0, n-k+2]$$

$$t_i = \begin{cases} 0 & \text{für } i < k \\ i-k+1 & \text{für } k \leqq i \leqq n \\ n-k+2 & \text{für } i > n \end{cases}$$

Diese ti sind global, ändern sich also für die ganze Kurve nicht. Dies sieht um einiges komplizierter aus, als bei den Bezier-Kurven. Zum Verständnis ist die mathematische Struktur der $N_{i,k}$ aber wieder wesentlich unwichtiger als ihr Aussehen (Abb.3.34). Durch den Parameter k wird festgelegt, wieviele Stützpunkte jeweils auf einen Kurvenpunkt Einfluß haben sollen.

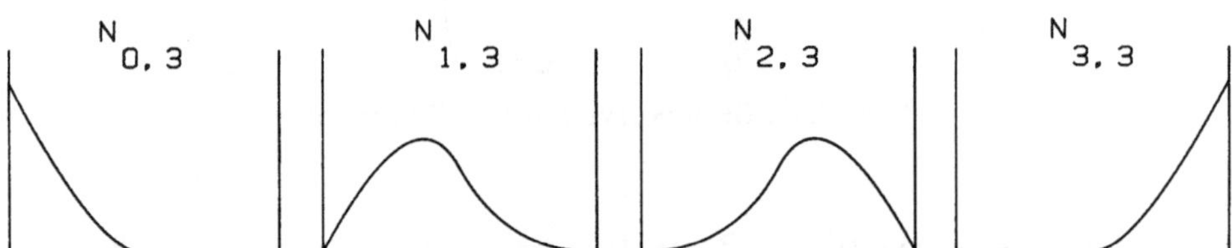

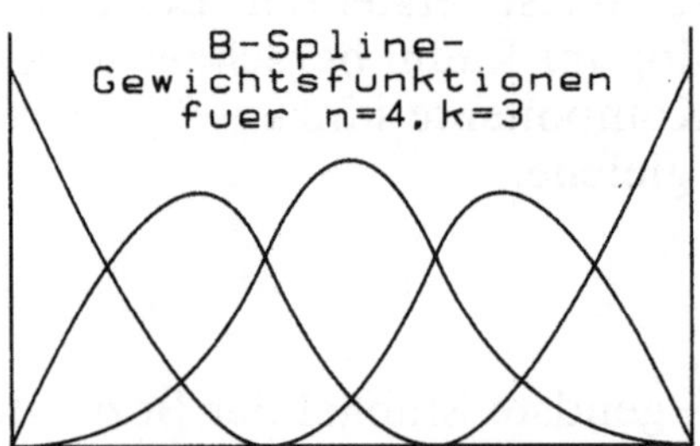

Abb. 3.34. Gewichtsfunktionen für die B-Spline-Approximation

Wie man sieht, sind die Gewichtsfunktionen $N_{i,k}$ nur im Bereich von k Intervallen ungleich null. Dadurch ist der Einfluß eines Stützpunktes auf diesen Bereich beschränkt (Abb.3.35). Der Aufwand zur Berechnung der Kurve steigt folglich nur linear mit der Anzahl der Punkte, ein Zerteilen der Kurve bei großen Punktmengen ist unnötig. Die übrigen Eigenschaften sind denen der Bezier-Kurven sehr ähnlich. Lediglich die Verwendung mehrfacher Punkte hat stärkere Folgen. Bereits für k-fache Punkte gibt es einen Kurvenpunkt, auf den nur noch dieser eine Stützpunkt Einfluß hat, folglich geht die B-Spline-Kurve durch diesen Punkt. Dabei entsteht im allgemeinen eine Ecke.

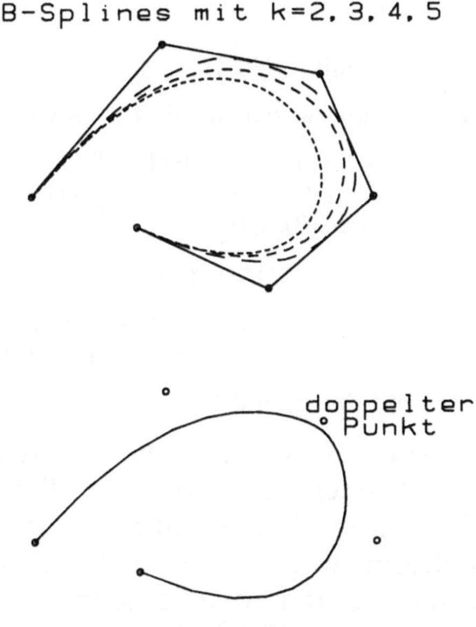

Abb. 3.35. Beispiele für die Approximation mit B-Splines. Für k = 2 erhält man den Polygonzug durch die Stützpunkte, je größer k gewählt wird, desto weiter entfernt sich die Kurve von den Stützpunkten. Die Verwendung eines doppelten Punktes bewirkt, daß die Kurve näher an diesen Punkt herankommt.

Auch B-Splines können ganz analog zu den Bezier-Kurven im Raum definiert werden.

3.4.4 Flächen

Für viele Anwendungen braucht man frei formbare Flächen (z.B. Autokarosserien, Flugzeuge, Schiffe, Maschinenteile, Glas usw.). Diese können nur sehr schwer analytisch beschrieben werden. Sie werden daher entweder zwischen Kurven im Raum eingefügt oder selbst mittels Stützpunkten definiert.

Coons-Flächen

Die allgemeine Darstellung einer Fläche in parametrischer Form ist

$$x = f(t,u)$$
$$y = g(t,u)$$
$$z = h(t,u).$$

Wenn nun von einer Fläche mit vier Ecken die vier umschließenden Kantenkurven in Parameterdarstellung gegeben sind, also

1. Kante: $x = f_1(v)$
$y = g_1(v)$
$z = h_1(v)$ mit $v \in [0,1]$,

2., 3., 4. Kante analog, wobei für die Ecken gilt

$$f_1(0) = f_3(0),\ f_1(1) = f_4(0),\ f_2(0) = f_3(1),\ f_2(1) = f_4(1),$$
$$g_1(0) = g_3(0),\ g_1(1) = g_4(0),\ g_2(0) = g_3(1),\ g_2(1) = g_4(1),$$
$$h_1(0) = h_3(0),\ h_1(1) = h_4(0),\ h_2(0) = h_3(1),\ h_2(1) = h_4(1),$$

so kann die Fläche wie folgt definiert werden:

$$x = f_1(t)\cdot(1-u) + f_2(t)\cdot u + f_3(u)\cdot(1-t) + f_4(u)\cdot t -$$
$$- f_1(0)\cdot(1-t)\cdot(1-u) - f_2(0)\cdot(1-t)\cdot u - f_1(1)\cdot t\cdot(1-u) - f_2(1)\cdot t\cdot u$$

y und z analog mit den g_i und h_i.

Jedem Parameterpaar (t,u) entspricht dann genau ein Punkt der Fläche. Man kann auch leicht überprüfen, daß an den Kanten die Fläche mit den definierenden Kurven übereinstimmt. Wegen der Linearität der Darstellung werden diese Flächen auch „Lineare Coons-Flächen" genannt. Bei den allgemeinen Coons-Flächen werden die Randkurven noch variabel gewichtet.

Bezier-Flächen

Bezier-Flächen sind eine Erweiterung des Konzeptes der Bezier-Kurven auf den Raum. Entsprechend liegen wieder nur die Eckpunkte eines Flächenstückes auf der Fläche, wogegen die anderen Punkte die Fläche nur approximieren.

Gegeben sei eine $(n+1) \times (m+1)$-Matrix von Stützpunkten $p_{i,j}$, so wird eine Bezier-Fläche definiert durch

$$F(t,u) = \sum_{i=0}^{n} \sum_{j=0}^{m} p_{i,j} \cdot B_{i,n}(t) \cdot B_{j,m}(u)$$

wobei die $B_{i,n}$ die von den Kurven her bekannten Bezier-Funktionen sind. Bezier-Flächen sind also einfach das kartesische Produkt von Bezier-Kurven. Wenn man etwa nur den Rand $u = 0$ der Fläche betrachtet, so stellt man fest, daß die Summe über j wegfällt (wegen $B_{j,m}(0)=0$ für $j>0$). Der Rest entspricht genau der Bezier-Kurve über die Randpunkte.

Mit ähnlichen Methoden wie bei den Kurven können auch Bezier-Flächen aus mehreren Teilstücken so zusammengesetzt werden, daß die Übergänge glatt sind.

B-Spline-Flächen

B-Splines können auf exakt die gleiche Weise zu Flächen erweitert werden, wie Bezier-Kurven.

Durch

$$F(t,u)=\sum_{i=0}^{n}\sum_{j=0}^{m} p_{i,j}\cdot N_{i,k}(t)\cdot N_{j,l}(u)$$

wird eine B-Spline-Fläche ebenfalls als kartesisches Produkt von B-Spline-Kurven definiert. Bei Flächen hat man natürlich zwei Freiheitsgrade k und l, die die Form der Fläche beeinflussen.

3.5 Raster- und Farbgraphik

In diesem Kapitel werden einige Probleme behandelt, die speziell im Zusammenhang mit der Verwendung von Rastergeräten anstelle von Vektorgeräten stehen.

Der Hauptunterschied dabei ist, daß die Zeichnungen nicht aus (geraden) Linien zusammengesetzt werden, sondern aus Punkten. Die damit zusammenhängenden Aufgaben sind zum Beispiel die Umwandlung von Linien in Punktmuster. Andererseits hat man aber natürlich eine Vielfalt von zusätzlichen Möglichkeiten wie Flächenfüllen und -schattieren.

Ein Raster ist ein rechteckiges Feld von äquidistanten Punkten, die als ein zweidimensionales Feld angesprochen werden. Man verwendet dabei Bezeichnungen wie in einem rechtwinkeligen Koordinatensystem. Eine „Scan-Line" („Abtastlinie") ist die Menge aller Pixel (Punkte) mit gleichen y-Werten, also eine horizontale Linie der Rasterung, die einer Bildschirmzeile entspricht. Der Nullpunkt dieses Koordinatensystems wird entweder links unten oder links oben angenommen.

Prinzipiell hat man bei Rastergeräten, je nach deren Fähigkeiten, die Kontrolle über jeden einzelnen Bildpunkt bezüglich Helligkeit und Farbe. Meist stehen aber auch komplexere Möglichkeiten in einfacher Weise zur Verfügung, etwa das Zeichnen einer Linie oder eines Kreises, oder das Füllen eines Polygonzuges. Diese Fähigkeiten sind dann entweder in Hardware oder in Firmware implementiert, um die Ausführungsgeschwindigkeit zu erhöhen. Dabei werden dieselben Algorithmen verwendet, wie sie in diesem Kapitel beschrieben sind.

Ein Raster-Wiederholgerät arbeitet mit einem Bildwiederholspeicher, in dem die Bildpunkte einzeln definiert werden. Dabei entspricht jedem Pixel mindestens ein Bit dieses Videospeichers (bei Schwarz/Weiß-Schirmen), oder auch wesentlich mehr (oft je acht Bit für die Grundfarben Rot, Grün, Blau). Die Veränderung des Bildschirminhaltes erfolgt jedenfalls durch Beschreiben des Video-Speichers, der 25 bis 60 mal pro Sekunde durch eine getrennte Steuereinheit auf den Bildschirm abgebildet wird; jede Veränderung dieses Speichers wird sofort sichtbar (vergleiche Abb.2.3).

Beispiel:

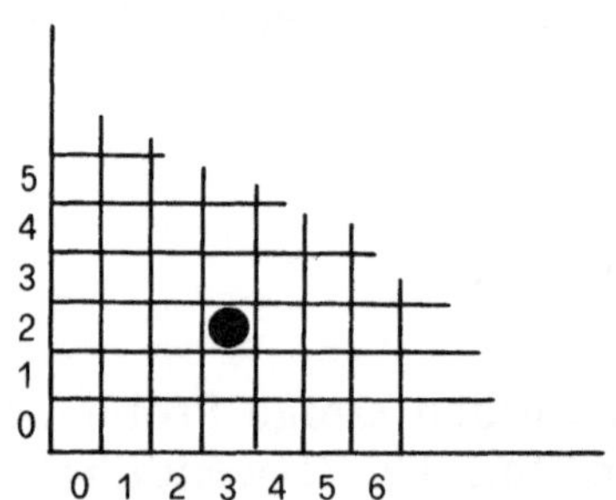

Abb. 3.36. Gesetztes Pixel

Man sagt, das Pixel (3,2) ist gesetzt. Dabei wird vorausgesetzt, daß es sich um ein Gerät handelt, das keine farbigen Darstellungen ermöglicht. Das Pixel kann dann entweder in weiß, grün, gelb (oder ähnlich) auf schwarzem Hintergrund sein, oder auch dunkel auf hellem Hintergrund. Bei farbfähigen Geräten ist dieser Sachverhalt etwas aufwendiger.

3.5.1 Farben

Eine Revolution in der graphischen Datenverarbeitung haben sicherlich die Anfang der 80er Jahre breit auf den Markt gekommenen Farbrasterschirme ausgelöst. Die ursprünglichen Fähigkeiten von graphikfähigen Bildschirmen waren ausschließlich auf die Darstellbarkeit zweier unterschiedlicher Helligkeiten beschränkt, meist Schwarz und Weiß oder Grün. Dazu wurde pro Pixel der Auflösung genau ein Bit an Bildwiederholspeicher benötigt. Durch die Verwendung mehrerer Bits/Pixel wurden auch Graustufen ermöglicht.

Bei Farbgeräten funktioniert das prinzipiell genauso. Von der Farbfernsehtechnologie her ist bekannt, daß fast alle unterscheidbaren Farben durch additive Mischung der drei Grundfarben Rot, Grün und Blau erzeugt werden können. Dies beruht auf der Tatsache, daß der Mensch zur Farbwahrnehmung Rezeptoren für diese drei Farben besitzt. Auch bei graphikfähigen Terminals entstehen Farben im allgemeinen durch Mischung dieser Grundfarben. Für Ink-Jet-Plotter, die mit subtraktiver Farbmischung arbeiten, verwendet man Gelb, Magenta (rötliches Lila) und Cyan (helles, etwas grünliches Blau) als Basisfarben.

Neben dem Rot-Grün-Blau-Farbmodell (RGB) gibt es noch ein zweites häufig verwendetes, das dem menschlichen Farbverständnis viel eher entspricht, und daher gerne für Benutzerschnittstellen verwendet wird. Dabei wird jede Farbe durch die drei Größen Farbwert auf der Regenbogenskala („Hue"), Helligkeit („Lightness") und Sättigung („Saturation") festgelegt; man spricht vom HLS-Modell (Abb.3.37). Umrechnungsformeln zwischen diesen beiden Systemen ermöglichen die gleichzeitige Verwendung beider Modelle.

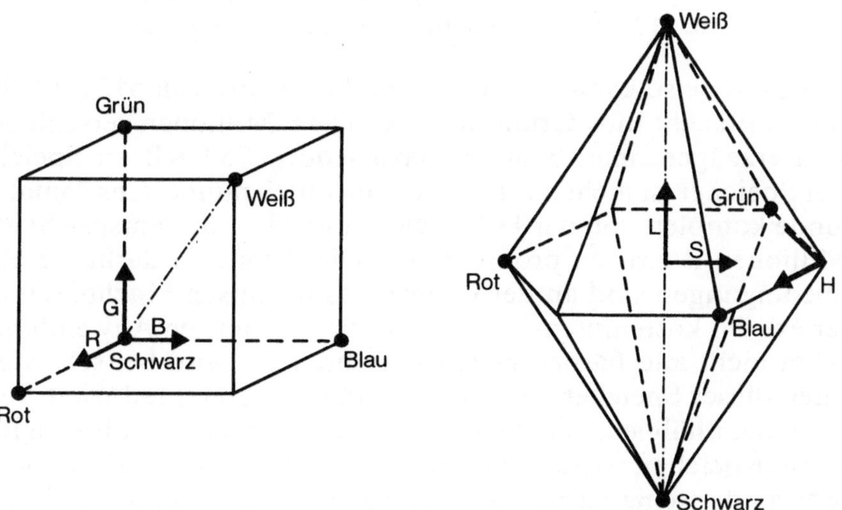

Abb. 3.37. RGB-Farbmodell (links) und HLS-Farbmodell (rechts). Alle Grauwerte befinden sich jeweils auf der strichpunktierten Geraden zwischen Schwarz und Weiß.

Da Geräte ausschließlich das RGB-System verwenden, beschränken sich die weiteren Betrachtungen auf dieses. Mit drei Bit/Pixel, wobei je eines für eine der drei Grundfarben angibt, ob sie hell oder dunkel ist, lassen sich auf einem Bildschirm insgesamt acht verschiedene Farben darstellen. Wenn man pro Bildpunkt mehr Speicherplatz zur Verfügung stellt, kann man entsprechend mehr Farben erzeugen, indem mehrere Bits die Helligkeit jeder Grundfarbe auf diesem Punkt festlegen (Abb.3.38).

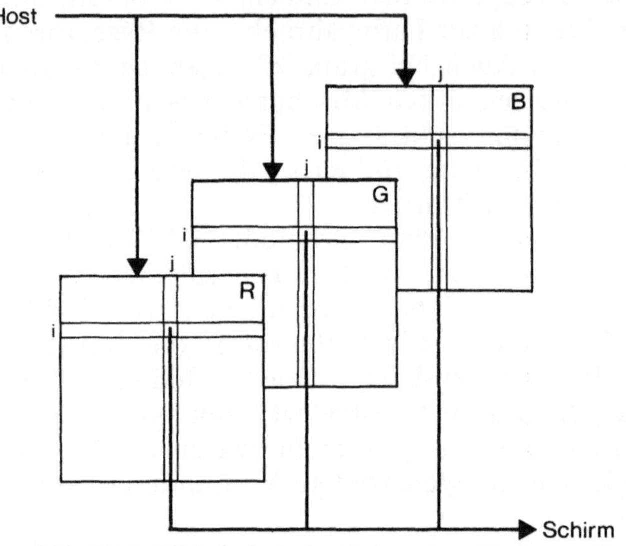

Abb. 3.38. Bildwiederholspeicher eines Rastergerätes

Beispielsweise kann man bei einer Auflösung von 512x512 Bildpunkten und acht Bits/Grundfarbe sechzehn Millionen verschiedene Farben erzeugen, man benötigt dazu jedoch 750 KB an Speicher. Dieser Speicher ist nicht nur teuer, er muß auch mindestens 25mal pro Sekunde komplett von der DPU gelesen werden, das entspricht etwa 20 Millionen Zugriffen pro Sekunde. Die dazu erforderlichen Rahmenbedingungen sind an der Grenze des technisch Machbaren und daher extrem kostenintensiv. Da man für die meisten Anwendungen ohnehin nicht alle Farben gleichzeitig braucht, wird bei sehr vielen Geräten dieser Speicheraufwand mit einer Farbtafel reduziert. Jeder Bildpunkt enthält jetzt nicht mehr direkt die Farbinformation im Bildwiederholspeicher, sondern nur die Adresse in der Farbtafel („lookup table"), an der seine Farbe steht (Abb.3.39). Die Farbtafel ist ein Feld von Farbinformationen, die die Intensitäten der drei Grundfarben für jede mögliche Farbe festlegt, und die der Benutzer ändern kann. Die Länge des Feldes bestimmt die Anzahl der gleichzeitig verfügbaren Farben.

In unserem Beispiel könnte die Farbtabelle 256 Farben beinhalten, für jeden Bildpunkt werden jetzt nur noch acht Bit für den entsprechenden Farbindex benötigt. Der Gesamtspeicherbedarf

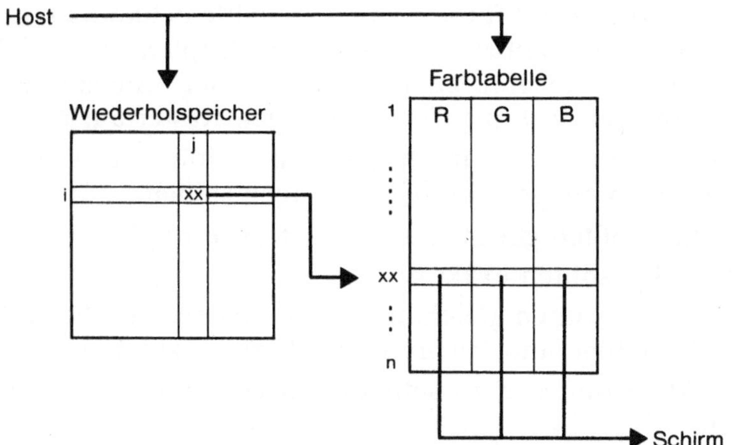

Abb. 3.39. Verwendung einer Farbtabelle

wurde dadurch etwa gedrittelt, es sind jedoch nur noch „256 Farben gleichzeitig aus 16 Millionen“ möglich.

Farbtafeln sind auch sehr praktisch, wenn alle Bildteile einer Farbe gleichzeitig geändert werden sollen, man muß nur die entsprechende Eintragung in der Tabelle ändern.

3.5.2 Raster-Konversion

Jede Zeichnung, die auf einem Rastergerät ausgegeben werden soll, muß vorher in ein Punktmuster umgewandelt werden. Insbesondere zur Darstellung von Strichzeichnungen müssen die errechneten Linien in entsprechende Punktfolgen konvertiert werden. Diesen Vorgang nennt man Raster-Konversion oder „Scan-Conversion“, die Auswahl der einzelnen Rasterpunkte auch Sampling. Die Wahl dieser Rasterpunkte ist nicht eindeutig und führt, je nach verwendeter Methode, oft zu Unschönheiten (Abb.3.40).

Genaugenommen fallen alle weiteren Kapitel bis zu einem gewissen Grad in das Gebiet Raster-Konversion, da sie alle die Pro-

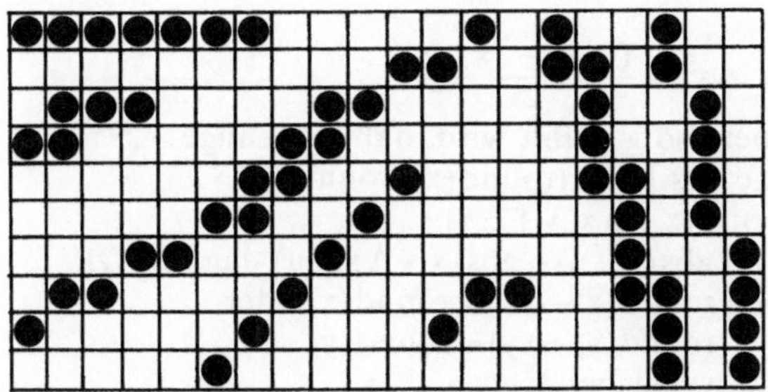

Abb. 3.40. Rasterkonversion gerader Linien

bleme der Punktauswahl für verschiedene Fälle behandeln. Der besseren Strukturierung halber wird in diesem Kapitel nur auf die unmittelbaren Aufgaben eingegangen, die bei der Umwandlung von Bildbeschreibungen in Linienform auf einen Raster auftreten.

An die Algorithmen zur Raster-Konversion von Linienzeichnungen muß man einige Grundforderungen stellen.

1. Strecken sollten gerade aussehen, Kreise rund usw.

2. Eckpunkte sollten exakt sein.

3. Alle Linien sollten gleichmäßig hell erscheinen, die Helligkeit sollte von der Länge und Richtung der Linie unabhängig sein.

4. Der Algorithmus wird sehr oft durchlaufen und muß daher schnell sein.

5. Es sollte die Möglichkeit bestehen, ihn sehr maschinennah zu implementieren, möglichst direkt in der Hardware (z.B. in einem Chip).

Die erste Folgerung aus diesen Regeln ist die Forderung an jedes Gerät, daß der waagrechte und senkrechte Abstand zweier benachbarter Pixel gleich groß sein muß, d.h. also, daß die Form des einzelnen Pixels quadratisch sein soll. Viele Geräte erfüllen diese Bedingung, bei anderen muß man sich mit Tricks helfen, um z.B. eine waagrechte und eine senkrechte Linie gleich hell und gleich breit erscheinen zu lassen.

Symmetrischer DDA

Der symmetrische Digital Differential Analyzer konvertiert gerade Linien auf einen Raster. Er wurde speziell für maschinennahe, schnelle Programme entwickelt und enthält keine echten Divisionen oder Multiplikationen.

Um eine Linie von (x/y) nach (u/v) zu ziehen, geht man folgendermaßen vor:

1. $(\Delta x, \Delta y) := \frac{(u, v) - (x, y)}{2^i}$
   wobei i so gewählt wird, daß $2^i \geqq \text{Länge} > 2^{i-1}$.
2. Setze das Pixel (round(x)/round(y)).
3. $(x, y) := (x + \Delta x, y + \Delta y)$.
4. Wenn $\text{abs}(x - u) < \text{abs}(x + \Delta x - u)$ dann STOP.
5. Wenn $\text{round}(x - \Delta x) \neq \text{round}(x)$ oder
   $\text{round}(y - \Delta y) \neq \text{round}(y)$
   dann weiter bei 2,
   andernfalls weiter bei 3.

Das Dividieren durch 2^i läßt sich durch eine Shift-Operation bewerkstelligen. Leider liefert der symmetrische DDA keine sehr schönen Bilder, vor allem erscheinen die Linien nicht gleich dick, was auf die variierenden Längen von Δx und Δy zurückzuführen ist.

Einfacher DDA

Der einfache Digital Differential Analyzer versucht diesem Mangel dadurch beizukommen, daß Δx und Δy günstiger gewählt werden. Es gilt $\max(\Delta x, \Delta y) = 1$, folglich wird in der längeren Richtung genau ein Pixel pro Einheit angesprochen. Leider braucht man aber für diese Wahl von Δx und Δy einen komplexeren Divisionsvorgang.

Algorithmus von Bresenham

Der Algorithmus von Bresenham geht etwas anders vor. Er wird hier nur für solche Linien dargestellt, die einen Anstieg zwischen 0 und 45 Grad haben, alle anderen Fälle können durch Drehung und Vertauschung von Anfangs- und Endpunkt auf diesen Fall reduziert werden.

Für jede senkrechte Pixelreihe wird entschieden, welches Pixel gesetzt wird. Es wird ein dy berechnet, das den y-Unterschied zweier benachbarter wahrer Schnittpunkte der Geraden mit senkrechten Pixelreihen angibt. Dann geht man inkremental vor. In jedem Schritt wird dy zum alten Wert von s (siehe Abb.3.41) addiert, und, falls s dabei größer wird als der Abstand a zweier Punkte, s um diesen Abstand vermindert. Also:

s: = (s + dy) <u>mod</u> a

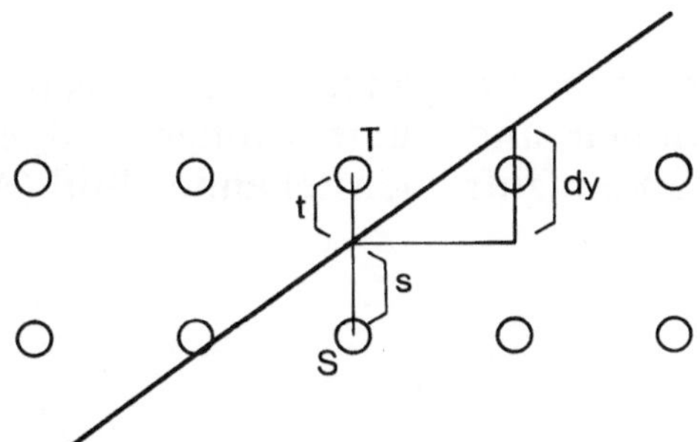

Abb. 3.41. Entscheidungsfindung beim Algorithmus von Bresenham

Entsprechend berechnet man t. Wenn nun t größer ist als s, so wird der untere Punkt S ausgewählt, ist s größer als t, wählt man den oberen Punkt T (siehe Abb.3.41).

Dies läßt sich als PASCAL-Programm leicht formulieren:

```
y:=ymin;
sminust:=-0.5;
dy:=(ymax-ymin)/(xmax-xmin);
for x:=xmin to xmax do
  begin setzepixel(x,y);
    sminust:=sminust+dy;
    if sminust>0
    then
      begin y:=y+1;
        sminust:=sminust-1
      end
  end
```

Zur Berechnung von dy wird eine Division benötigt; dies kann durch eine leichte Modifizierung verhindert werden:

```
y:=ymin;
e:=-(xmax-xmin)/2;
dy:=(ymax-ymin);
for x:=xmin to xmax do
  begin setzepixel(x,y);
    e:=e+dy;
    if e>0
    then
      begin y:=y+1;
        e:=e-(xmax-xmin)
      end
  end
```

Jetzt wird nur noch mit ganzen Zahlen gerechnet, und man kommt mit Additionen und Subtraktionen und einem Shift aus. Dennoch erhält man ein zufriedenstellendes Bild (Abb.3.42).

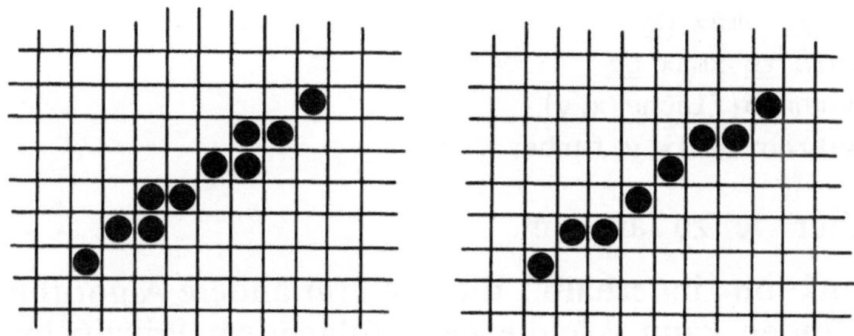

Abb. 3.42. Von zwei verschiedenen Algorithmen erzeugte Linie: links symmetrischer DDA, rechts Methode von Bresenham.

Kreise und Kreisbögen

Kreise können durch eine größere Anzahl gerader Linien angenähert werden. Schönere Ergebnisse erhält man meist, wenn Methoden verwendet werden, die direkt eine Punktfolge derart ermitteln, daß alle Punkte nah am wahren Kreis liegen. Man kann dazu die gleiche Grundidee wie für Bresenhams Linienalgorithmus verwenden. Es sollte jedenfalls in gleicher Weise großer Wert darauf gelegt werden, daß das Verfahren inkremental arbeitet, d.h. es wird nicht jeder Punkt aus den Angaben einzeln ermittelt, sondern aus dem zuletzt berechneten Punkt. Dadurch werden meist viele Multiplikationen durch Additionen ersetzt.

3.5.3 Flächenfüllen

Rastergeräte, vor allem Farbterminals, ermöglichen schöne, flächige Bilder statt der früher üblichen Linienzeichnungen. Um diese Möglichkeit optimal ausnützen zu können, braucht man schnelle Algorithmen zum Ausfüllen vorgegebener Flächen mit einer Farbe.

Es wäre zu aufwendig, für jede denkbare Fläche einen eigenen Füllalgorithmus zu erfinden. Man begnügt sich daher meist mit Methoden zum Füllen von Polygonen (Vielecken), da sich jede andere Fläche durch ein Polygon beliebig genau approximieren läßt, wenn die Kanten nur kurz genug gewählt werden (z.B. der Abstand zweier Rasterpunkte).

Eine einfache Möglichkeit zum Polygonfüllen wäre

```
for y:=ymin to ymax do
  for x:=xmin to xmax do
    if innerhalb(fläche,x,y)
    then setzepixel(x,y,farbe,...)
```

diese ist aber viel zu langsam.

Die Funktion „innerhalb", die auch für andere Algorithmen Verwendung finden kann, könnte nach folgendem Prinzip implementiert werden (Abb.3.43).

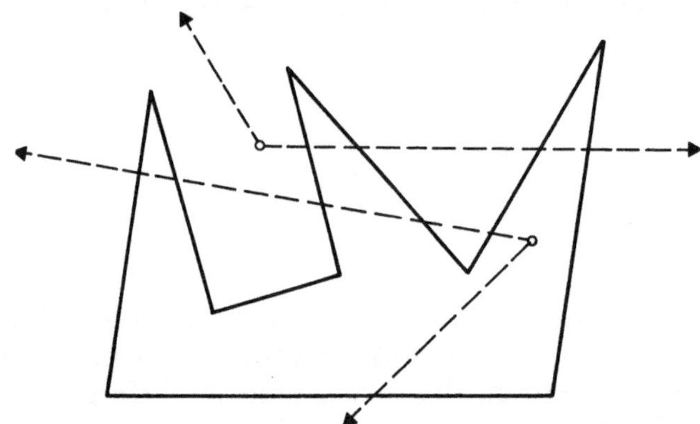

Abb. 3.43. Feststellung, ob ein Punkt innerhalb eines Polygons liegt

Vom untersuchten Punkt ausgehend wird ein (beliebiger) Halbstrahl gelegt. Wenn dieser eine gerade Anzahl von Schnittpunkten mit den Polygonkanten hat, so liegt der Punkt außerhalb desselben, bei einer ungeraden Schnittanzahl liegt er innerhalb. Diese Methode gilt immer; auch wenn das Polygon Löcher hat oder aus mehreren Teilen besteht, erhält man korrekte Ergebnisse.

Im folgenden werden drei schnellere Algorithmen zum Flächenfüllen erklärt. Die ersten beiden funktionieren ebenfalls in allen Fällen, beim dritten muß das Polygon zusammenhängend sein.

(YX)-Algorithmus

1. Für jede Polygonkante werden alle Schnittpunkte mit allen Scan-Lines berechnet (z.B. mit DDA).

2. Die Liste wird sortiert nach y- und x-Werten, d.h. (x1/y1) steht vor (x2/y2) genau dann, wenn (y1 < y2) <u>oder</u> ((y1 = y2) <u>und</u> (x1 < x2)) gilt.

3. Wenn man diese Liste von vorne beginnend durchläuft, so definiert jedes Punktepaar einen auszufüllenden Teil einer Scan-Line.

Es ist auch sichergestellt, daß jedes solche Punktepaar gleiche y-Werte hat.

Wie auch an vielen anderen Stellen in der graphischen Datenverarbeitung ist hier ein Sortieren nötig. Eine wesentliche Voraussetzung für die Schnelligkeit einer derartigen Methode ist die Verwendung eines schnellen Sortierverfahrens.

Y-X-Algorithmus

Diese Methode heißt nicht nur ähnlich wie die vorhergehende, sie ist ihr auch recht ähnlich. Der Unterschied im Namen rührt daher, daß hier nicht nach x- und y-Werten der Schnittpunkte gleichzeitig sortiert wird, sondern nur für jeden y-Wert getrennt nach x-Werten. Es wird also jeweils nur eine Scan-Line betrachtet, berechnet und gezeichnet. Bei dieser Berechnung nützt man aus, daß sich die meisten Horizontalen von der vorhergehenden nur unwesentlich unterscheiden, sodaß also kein allzu großer Mehraufwand bei der Berechnung anfällt. Man spart auf diese Weise das Speichern und Sortieren einer riesigen Punktmenge.

Bei beiden dargestellten Algorithmen sind bestimmte Sonderfälle zu beachten. Wenn ein Eckpunkt des Polygons genau auf eine Scan-Line zu liegen kommt, so muß man diesen Punkt manchmal einmal und manchmal null- oder zweimal berücksichtigen, da es sonst zu falschen Ergebnissen kommt (Abb.3.44). Eine Möglichkeit, dieses Problem zu lösen, ist die betreffenden Punkte geringfügig (nicht merkbar) in y-Richtung zu verschieben, sodaß sie nicht mehr auf dieser Linie liegen.

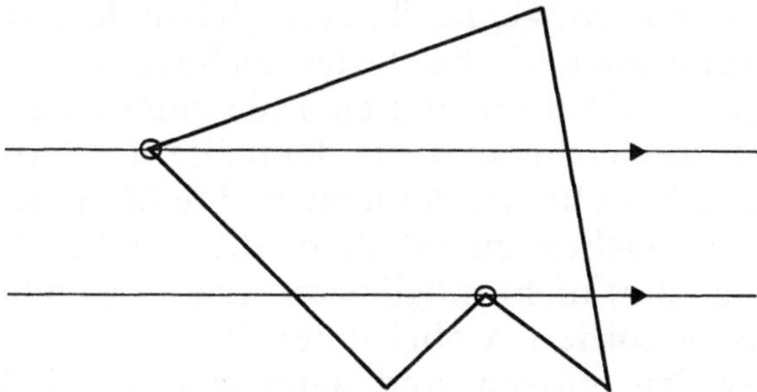

Abb. 3.44. Sonderfälle: Bei der oberen Linie muß der linke Schnittpunkt einmal gezählt werden, bei der unteren Linie muß der mittlere Schnittpunkt null- oder zweimal berücksichtigt werden.

Grenzen Ausfüllen

Ein völlig anderer Ansatz geht davon aus, daß zuerst die Grenzen der Fläche gezeichnet werden, und von einem innerhalb liegenden Punkt aus in jede Richtung bis zur Grenze gefüllt wird. Es wird also für jedes Pixel, das gefärbt wird, die unmittelbare Umgebung betrachtet, ob dort schon alle Punkte die gleiche Farbe haben, und diese gegebenenfalls gefärbt. Das Verfahren hört an den Grenzen auf, da diese ja bereits die richtige Farbe haben.

Das funktioniert natürlich nur, wenn die Grenze geschlossen ist, und wenn keine anderen Linien dieser Farbe quer durch das Polygon führen. Den zweiten Fall kann man lösen, indem man in einem anderen Speicherbereich den Algorithmus ebenfalls ablaufen läßt. In diesem ist dann sichergestellt, daß keine anderen, störenden Bildteile zufällig als Rand interpretiert werden. Nun wird der Rand nicht nur in der gewünschten Farbe auf den Bildschirm gezeichnet, sondern auch in den zweiten Speicherbereich. Den Algorithmus führt man dann in beiden Bereichen gleichzeitig durch, wobei die Steuerung vom nicht sichtbaren Teil übernommen wird. Dadurch erhält man immer korrekte Ergebnisse.

Sichtbarkeit von Flächen

Wenn zwei Flächen gezeichnet werden sollen, die sich teilweise überdecken, muß entschieden werden, welche davon oberhalb zu liegen kommt. Dies passiert insbesondere beim Füllen von Flächen, die einen Teil eines räumlichen Objektes bilden, wo natürlich darauf geachtet werden muß, nur die sichtbaren Teile darzustellen. Dafür gibt es mehrere Möglichkeiten (vergleiche Kapitel 3.3).

Einerseits kann man wie bei Strichzeichnungen verfahren, also bei allen Polygonen die unsichtbaren Teile eliminieren und die verbleibenden Teile auszeichnen, die ja dann alle sichtbar sein müssen.

Andererseits gibt es bei Rastergeräten eine Methode, die richtige Sichtbarkeit von Flächen zu erhalten, die bei Strichzeichnungen (Plotter, Vektorgeräte) nicht möglich ist. Die Polygone werden von hinten nach vorne sortiert, wobei unter Umständen einzelne Polygone zerteilt werden müssen, und dann in dieser Reihenfolge gezeichnet (ausgefüllt). Dadurch werden alle unsichtbaren Teile übermalt, man nennt das auch die „Maler-Methode“.

Man kann aber auch nach dem Sortieren der Polygone jede Scan-Line getrennt vollständig generieren. Dabei entsteht das Bild vollständig von oben nach unten. Das ist zum Beispiel für Ink-Jet-Plotter sehr brauchbar.

3.5.4 Schattierungen

Mit den bisher beschriebenen Techniken kann man Strichzeichnungen in vielen Farben erzeugen, Flächen einfärbig ausfüllen und somit einfache Farbbilder erstellen. Um aber wirklichkeitsgetreue Abbildungen zu erhalten, muß man noch viele Eigenschaften der Szene beachten, wie die Richtung des einfallenden Lichtes, die Oberflächenbeschaffenheit der Teile und deren Lichtdurchlässigkeit. Diese Komponenten bewirken, daß in Wirklichkeit die wenigsten Flächen wirklich einfärbig sind, es werden Schattierungen, Schatten, Spiegelbilder und durchscheinende Bilder das Ergebnis beeinflussen. Mit solchen Erscheinungen befaßt sich dieses Kapitel.

Ein Großteil der bisher für einfachere Bilder beschriebenen Methoden kann für schattierte Bilder unverändert oder nur leicht modifiziert übernommen werden. Einige relativ einfache Ansätze gehen davon aus, daß der einzige Zweck der Schattierung die Vorspiegelung der dritten Dimension ist, um also Tiefenwirkung zu erzeugen. Man nimmt eine einzige punktförmige Lichtquelle (meist im Unendlichen) an und bestimmt die Helligkeit einer Fläche ausschließlich aus dem Winkel zwischen der Oberflächennormalen und der Richtung des eintreffenden Lichtes. Dabei wird angenommen, daß der Anteil des jeweils reflektierten Lichtes gleich dem Cosinus des angegebenen Winkels ist (Lambert'sche Regel). Wenn L die Intensität der Lichtquelle ist, und w der Winkel zwischen der Normalen einer Fläche und der Richtung des eintreffenden Lichtes, so kann man also mit

$$H = L \cdot \cos w$$

die Helligkeit dieser Fläche näherungsweise angeben. Natürlich wird nicht jedes Material gleich stark reflektieren. Mit Hilfe einer Materialkonstanten K, die zwischen 0 und 1 liegt, und den Prozentsatz des reflektierten Lichtes angibt, kann man auch diesen Effekt in die Formel einbauen:

$$H = L \cdot K \cdot \cos w$$

Diese Methode erzeugt mit vergleichsweise geringem Rechenaufwand erstaunlich gute Bilder (Abb.3.45). Besonders wenn alle darzustellenden Teile von Polygonen begrenzt sind, ist die Berechnung auch einfach; für kompliziertere Figuren trifft das nicht immer zu. Außerdem werden damit natürlich keine Schatten, Spiegelungen usw. berücksichtigt. Dies kann man erreichen, indem man auf analytisch geometrische Weise die Schlagschatten der einzelnen Teile aufeinander bestimmt. Für etwas komplexere Szenen kann das sehr kompliziert und aufwendig sein.

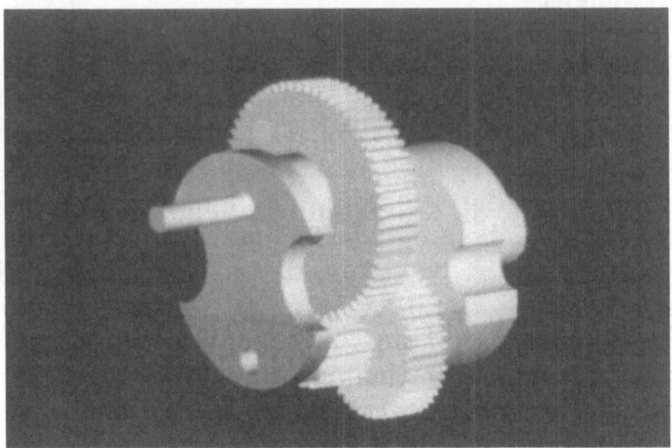

Abb. 3.45. Zahnräder, die mit einem einfachen Schattierungsalgorithmus bereits sehr echt wirken

Ray-Tracing

Die zukunftsweisendere Methode dürfte jedoch die punktweise Berechnung des Bildes sein, d.h. es wird für jeden Bildpunkt getrennt berechnet, welche Intensität und Farbe er hat. Dabei wird die Realität bestmöglich simuliert. Man arbeitet mit Lichtstrahlen und berechnet die auftretenden Änderungen seiner Intensität, wenn Gegenstände getroffen werden. Die wirklichkeitsnächste Vorgangsweise dazu wäre es, von den Lichtquellen Strahlen der gewünschten Intensität ausgehen zu lassen, und zu beobachten, welche Intensitäten die Bildebene treffen. Dabei würden nur wenige Strahlen den Betrachter tatsächlich erreichen, dieser Ansatz ist daher viel zu rechenaufwendig.

Umgekehrt kommt man viel schneller ans Ziel. Es wird durch jedes Pixel ein Strahl gelegt und mit der darzustellenden Szene geschnitten. Auf Grund der Beschaffenheit des in Strahlrichtung vordersten Punktes wird entschieden, wie das Pixel gefärbt werden muß. Unter Umständen (etwa beim Spiegeln) werden dazu ein oder mehrere weitere Strahlen von diesem Punkt aus untersucht, die in gleicher Weise eine Intensität liefern, und deren Werte das Gesamtergebnis mitbestimmen. Diese Methode nennt man „Ray-Tracing" oder auch „Ray-Casting".

Ray-Tracing kann natürlich nicht überall eingesetzt werden. Die zugrundeliegende Datenstruktur muß zumindest ein dreidimensionales Flächenmodell sein (siehe Kapitel 2.2). Das verwendete Ausgabegerät muß über die Fähigkeit verfügen, eine gewisse Mindestanzahl von Farben oder Grautönen gleichzeitig zu zeichnen, und dabei jeden Bildpunkt einzeln ansprechen zu können. Der zugrundeliegende Computer braucht eine hohe Leistungsfähigkeit, denn der Rechenaufwand zur Erstellung eines einzigen Bildes ist sehr groß. Und trotzdem wird auch bei Verwendung eines sehr schnellen Rechners die Bildausgabe zu langsam erfolgen, um interaktive Anwendungen damit schreiben zu können.

Drei Arten von Angaben beeinflussen das Ergebnis. Die Beschaffenheit der in der Szene befindlichen Teile definiert, wie glatt die Oberflächen sind, welche Farben und Muster sie haben, ob der Körper transparent ist und, wenn ja, welche Dichte er hat (zur Berechnung der korrekten Lichtbrechung). Die Beschreibung der Lichtquellen und einer eventuellen gleichmäßigen Allgemeinhelligkeit muß die Lage, Stärke und Richtung des Lichtes beinhalten. Und letztlich können noch zeitliche Komponenten von Bedeutung sein, wenn eine Bewegung dargestellt werden soll.

Durch eine geeignete Definition der Kamera, mit der die Szene eingefangen wird, kann man perspektivische Bilder oder Bilder in Parallelprojektion erhalten, bei Simulierung einer Linse können auch unterschiedliche Tiefenschärfen erreicht werden.

Da eine exakte Wiedergabe der physikalischen Gesetze bei weitem zu aufwendig wäre, verwendet jedes Ray-Tracing-System eine modellhafte, vereinfachte Abbildung dieser Regeln. Die Verwendung der drei Grundfarben Rot, Grün und Blau etwa, aus denen alle anderen Farben zusammengesetzt werden, ist ja auch nur ein Modell, mit dem man lediglich die meisten Farben sehr gut annähern kann. Im übrigen wird sich das vorgestellte Modell nur mit Grautönen begnügen. Farben erhält man, indem die selbe Berechnung nacheinander für die drei Grundfarben durchgeführt wird, und die Ergebnisse im Bild zusammengesetzt werden.

Schattierungsmodell

Bei diesem einfachen Modell wird das jeweils von einem Körperpunkt in Richtung zum Blickpunkt ausgesandte Licht in vier Komponenten zerlegt. Dies sind eine allgemeine Helligkeit des Raumes, hier Umgebungslicht genannt, der Einfluß aller konkreten Lichtquellen, Anteile die durch Spiegelung entstehen und der Einfluß der hinter dem Körper liegenden Teile, falls dieser zumindest teilweise transparent ist.

1. Umgebungslicht

Unter Umgebungslicht versteht man Licht, das gleichmäßig auf alle Teile einer Szene fällt. Es stellt also gewissermaßen eine Grundhelligkeit des Raumes dar. Sei U die Helligkeit des Umgebungslichtes und K eine Konstante, die angibt, wieviel Licht der Körper reflektiert. Dann gilt für die durch das Umgebungslicht bewirkte Helligkeit Hu

$$Hu = D \cdot K$$

2. Konkrete Lichtquellen

Der Einfachheit halber wird angenommen, daß jede Lichtquelle punktförmig ist, flächige Lichtquellen müssen in eine Anzahl punktförmiger aufgeteilt werden. Für jede Lichtquelle mit Helligkeit L gilt nun wieder die am Anfang dieses Kapitels beschriebene Lambert'sche Regel (siehe Abb.3.46). Wenn also w der Winkel zwischen dem einfallenden Lichtstrahl und der angetroffenen Oberflächennormalen ist, so gilt für jede Lichtquelle

$$Hl = L \cdot K \cdot \cos w$$

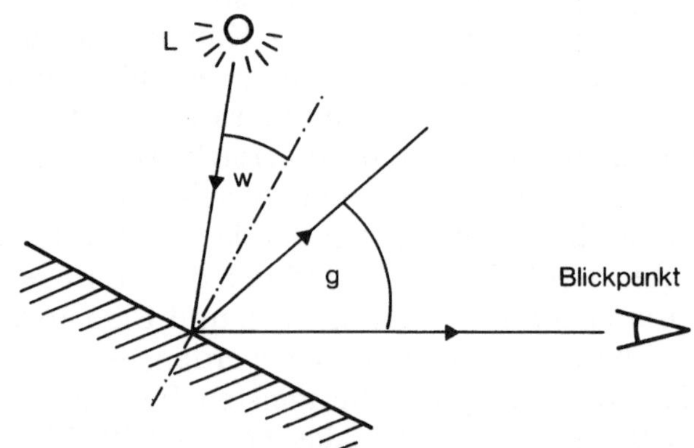

Abb. 3.46. Winkel des auftreffenden Lichtes und des Blickstrahls

Davor wird noch untersucht, ob die direkte Verbindung des abzubildenden Punktes mit der Lichtquelle durch irgendeinen Körper unterbrochen ist; in diesem Fall darf die Lichtquelle nicht berücksichtigt werden, sonst entstehen keine Schlagschatten.

Um Glanz-Effekte erzeugen zu können, muß man von jedem Material einen Glanzkoeffizienten G kennen. Wenn man mit g den Winkel zwischen der Blickrichtung und der exakten Reflexion des Lichtstrahls einer Lichtquelle bezeichnet (Abb.3.46), so haben sich Formeln der Gestalt

$$L \cdot G \cdot \cos g$$

als brauchbare Näherung für den Glanzeffekt bewährt. Wenn man dabei den Cosinus noch mit einem Exponenten versieht, so kann man damit außerdem steuern, wie glatt poliert die Oberfläche erscheint.

Der gesamte Anteil einer Lichtquelle am Bild eines Punktes beträgt also

$$Hl = L \cdot (K \cdot \cos w + G \cdot \cos g)$$

3. Reflexion

Wenn ein Lichtstrahl auf eine spiegelnde Oberfläche auftrifft, so wird er um die Oberflächennormale gespiegelt abprallen. Dieses Gesetz läßt sich leicht auf unser Modell übertragen. Sei S der Spiegelungskoeffizient des Materials und Hs die Helligkeit des Strahls, der genau aus der reflektierten Richtung auf den Oberflächenpunkt auftrifft. Dann gilt ganz einfach

$$Hr = S \cdot Hs$$

Das dabei verwendete Hs kann genauso ermittelt werden, wie die Gesamthelligkeit selbst, meist durch einen rekursiven Aufruf der berechnenden Programmteile.

4. Transparenz

Wenn Licht die Grenze zweier Medien passiert, die unterschiedliche Dichte haben (z.B. Luft und Glas), so erfährt es eine Brechung. Der Winkel des Lichtstrahls zur Oberflächennormalen ist stets auf der dichteren Seite kleiner. Auf Grund dieser Tatsache wird die Dichte eines Materials meist durch seine Brechungszahl n angegeben. Beim Übergang vom Vakuum in einen Körper gilt dann für die Winkel (siehe Abb.3.47)

$$\sin w = n \cdot \sin d$$

Nun erhält noch jeder Körper einen Transparenzkoeffizienten T, der den Anteil des durchgehenden Lichtes angibt. Dann läßt sich die durch Transparenz bewirkte Helligkeit anschreiben als

$$Ht = T \cdot Hh$$

wobei Hh die Helligkeit des Strahles ist, der von hinten im Winkel d auf diesen Körper auftrifft. Hh wird wieder rekursiv ermittelt.

Klarerweise muß für die verschiedenen Koeffizienten gelten

$$K + S + T \leqq 1$$

da sich ein Lichtstrahl nicht in mehr als 100% aufspalten läßt. Die Summe wird dann kleiner als eins sein, wenn ein Teil des Lichtes vom Körper absorbiert und in Wärme umgewandelt wird.

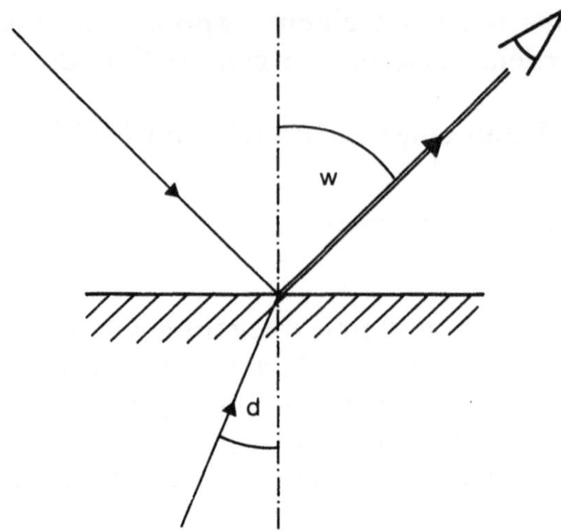

Abb. 3.47. Brechung eines Lichtstrahles an der Grenze zweier Medien mit unterschiedlicher Dichte

Zusammenfassung:

Die Helligkeit eines Punktes setzt sich aus mehreren Komponenten zusammen. Beim Auftreffen des Strahls wird die Berechnung nicht beendet, sondern es werden weitere Strahlen untersucht: Einer für den Spiegel-Effekt, einer für den Transparenz-Effekt und je einer zu jeder Lichtquelle. Die Gesamthelligkeit ergibt sich dann als Summe der einzelnen Werte. Wenn n die Anzahl der vorhandenen Lichtquellen ist, so gilt also

$$H = Hu + \sum_{i=1}^{n} Hl_i + Hr + Ht$$

Selbstverständlich sind auch bei diesem Modell noch zahlreiche Verbesserungen möglich. Zur Erklärung des Prinzips, wie man ganz allgemeine Schattierungen erzeugen kann, ist diese einfache Ableitung jedoch hinreichend.

3.5.5 Anti-Aliasing

Mit Aliasing bezeichnet man alle Unschönheiten in Bildern, welche durch einen Unterschied zwischen der internen (exakten) Darstellung und der externen (approximierten) Darstellung entstehen. Diese Effekte treten hauptsächlich bei Rastergeräten auf, da hier jedes Pixel nur einen Wert haben kann, aber in Wahrheit eine kleine Fläche repräsentiert.

Am bekanntesten sind wohl die Treppeneffekte bei schrägen Linien. Es treten aber noch viel schlimmere Fehler auf. Völlig gleiche Teile sehen auf Grund ihrer Lage völlig anders aus (Größe, Umriß).

Relativ kleine oder schmale Teile verschwinden sogar ganz oder teilweise, wenn sie sich sozusagen zwischen den einzelnen Bildpunkten durchschwindeln. Ein weiterer Effekt tritt nur beim Zusammensetzen einzelner Bilder zu einem Film auf. Da jedes Bild perfekt scharf ist, wirken die Bewegungen, wie in den meisten Zeichentrickfilmen, sehr ungleichmäßig und sprunghaft.

Alle diese Probleme lassen sich auf zwei Arten mildern; entweder man verbessert die physischen Eigenschaften der Geräte (höhere Auflösung, mehr Bilder pro Sekunde) oder man verbessert die einzelnen Bilder softwaremäßig.

Das Erhöhen der Auflösung (bzw. Erhöhen der Bildanzahl) ist nicht nur teuer und rechenzeitaufwendig (es müssen ja nun viel mehr Informationen berechnet werden), es werden auch nicht alle Effekte beseitigt. Nach wie vor werden sehr feine Details mit den gleichen Problemen kämpfen. Insbesondere wenn Teile verschwinden, ist das für das Auge noch wahrnehmbar. Auch die Probleme mit den sprunghaften Bewegungen in Filmen werden dadurch nicht zufriedenstellend gelöst.

Andererseits gibt es verschiedene Methoden, Aliasing-Effekte softwaremäßig zu mindern, diese Methoden werden Anti-Aliasing genannt. Diese Möglichkeit geht davon aus, daß bei gleicher Auflösung ein für das Auge schöneres und vor allem vollständigeres Bild erzielbar ist. Man muß sich natürlich jederzeit dessen bewußt sein, daß es unmöglich ist, mehr Details auf das Bild zu bringen, als es die Auflösung erlaubt. Was aber möglich ist, ist eine unter vorgegebener Auflösung optimale Approximation der Bilder, die wenigstens nichts falsches beinhaltet.

Bei der Darstellung einer Linie auf einem Rasterschirm liegen im allgemeinen die meisten dargestellten Punkte nicht genau auf der Linie. Durch Variation der Helligkeit der Punkte der Linie - und eventuell auch der umgebenden Punkte - kann man den Eindruck einer glatter verlaufenden Linie erzielen. Die Abb.3.48 soll das verdeutlichen. Links werden nur Punkte mit gleicher Intensität verwendet, dadurch entstehen zwangsläufig Stufen. Rechts wird durch Variation der Helligkeit der gleichen Basispunkte versucht, die Ecken etwas zu mindern. Dadurch wird die Linie natürlich auch etwas unschärfer, aber die störenden Ecken sind fast ganz verschwunden.

Die Berechnung, welche Punkte wie hell leuchten sollen, kann auf verschiedene Weisen erfolgen. Die dabei verwendeten Algorithmen sind imstande, die meisten Aliasing-Effekte zu vermindern. Die Methoden lassen sich auch für alle anderen Strichzeichnungen adaptieren, und selbstverständlich gelten auch für die Kanten von (ausgefüllten) Polygonen ähnliche Gesetze.

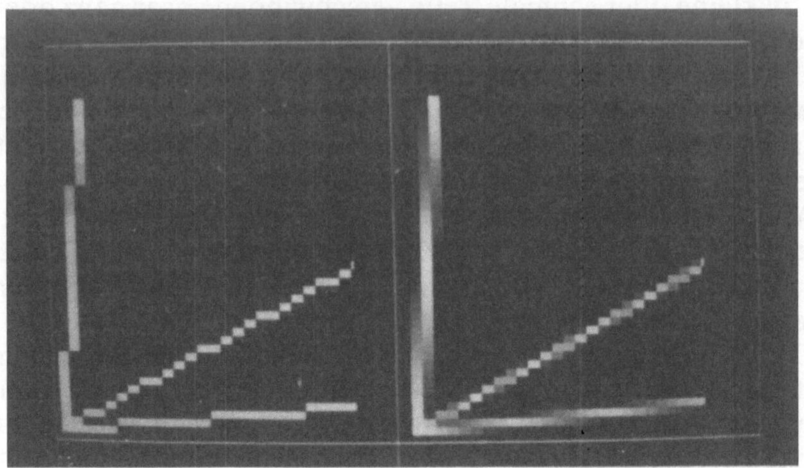

Abb. 3.48. Beispiel für Anti-Aliasing bei Linien

Die Aliasing-Effekte, die bei der Rasterkonversion von Bildern entstehen, die auf herkömmliche Weise erstellt wurden (Strichgraphiken,...), lassen sich mit solchen Verfahren einigermaßen beheben (Abb.3.49). Man geht teilweise sogar dazu über, Anti-Aliasing-Algorithmen dieser Art in die Geräteintelligenz einzubauen, also entweder in die Firmware des geräteeigenen Prozessors zu integrieren, oder direkt Chips zu erzeugen, die Linien ohne Aliasing generieren.

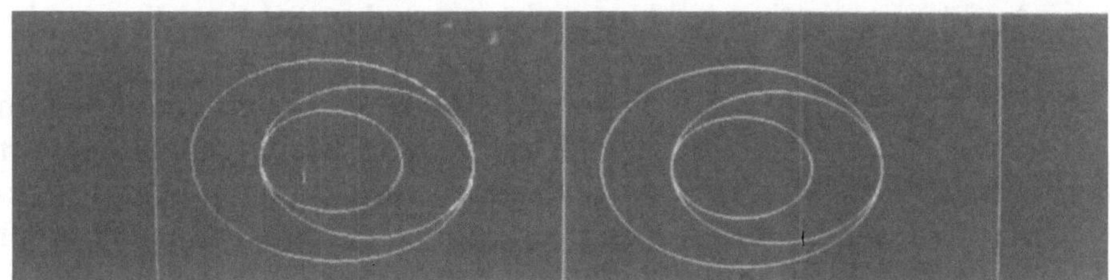

Abb. 3.49. Beispiel für Kurven ohne (links) und mit (rechts) Anti-Aliasing

Bilder, zu deren Erstellung Ray-Tracing oder ähnliche punktweise Methoden angewandt werden, lassen sich klarerweise nicht auf diese Art verbessern; es ist ja kein Zusammenhang zwischen den einzelnen Bildpunkten mehr bekannt. Hier muß man versuchen, für jeden einzelnen Pixelwert mehr Informationen zu erhalten, als dies durch die einfache Berechnung der Fall ist, wenn man Aliasing vermeiden oder zumindest mildern möchte. Dieses Mehr an Informationen pro Pixel kann man wieder auf zwei Arten erhalten. Entweder man versucht im fertigen Bild die Informationen der einzelnen Pixel anders zu verteilen, versucht also nachträglich Zusammenhänge zwischen den Punkten zu ermitteln (Postprocessing), oder man erhebt bereits bei der Erstellung mehr Daten.

Postprocessing-Methoden sind eigentlich aus der Bildverarbeitung übernommen, alle dort geläufigen Verfahren, die harte Konturen etwas aufweichen, können prinzipiell verwendet werden.

Blurring („verwischen") bewirkt, daß das Bild einfach unschärfer gemacht wird. Dies kann z.B. dadurch geschehen, daß jedes Pixel den Mittelwert aller benachbarten Punkte erhält („Averaging") (Abb.3.50). Naturgemäß verschwimmen dabei alle scharfen Kanten, sodaß auch die störenden Ecken kaum mehr sichtbar sind. An den ohnehin glatten Stellen, wo also alle Pixel ähnliche Werte haben, wird sich durch diese Prozedur praktisch nichts ändern. Wenn bei der Mittelwertsbildung die einzelnen Pixel verschieden gewichtet werden, so kann man noch bessere Resultate erzielen („Weighting"). Dabei erhalten Bildpunkte, die näher zu dem zu berechnenden Pixel liegen, höhere Gewichte als weiter entfernt liegende. Insbesondere erhält das betrachtete Pixel selbst meist das höchste Gewicht (Abb.3.51).

Es ist ganz klar, daß bei Auflösungen von 512×512 und mehr die Rechenarbeit zur Ausführung eines derartigen Anti-Aliasing-Algorithmus einige Zeit in Anspruch nimmt. Man kann nun berücksichtigen, daß an den meisten Stellen überhaupt keine Verbesserungen notwendig sind, sondern lediglich einige kritische Stellen verbessert werden sollen. Es werden in einem ersten Schritt die kritischen Bereiche gesucht, auf diese Stellen werden dann die oben beschriebenen (Averaging, Weighting), aber auch andere, ähnliche Filter angewendet. Methoden, die auf diesem Prinzip beruhen, nennt man auch „Prefiltering".

Blurring ist eine relativ billige und einfache Methode, die auch nur mäßige Resultate zeigt. Eine weitere manchmal angewendete Technik ist noch wesentlich einfacher und erzeugt nur in einem Spezialfall bessere Bilder. Man verändert alle (oder einige) Bildpunkte mit Hilfe eines Zufallsgenerators leicht, verschlechtert also das Bild bewußt („Noise"). Wenn ein Film, auf dem man das Ergebnis abbildet, eine gröbere Körnung hat, als die Auflösung des Bildes ist, werden die Treppeneffekte gemildert und das ganze Bild wirkt natürlicher.

In der Bildverarbeitung gibt es unzählige Methoden, um die Kanten eines Bildes aufzuspüren. Diese kann man verwenden, um kritische Stellen zu finden, wie es beim Blurring beschrieben wurde. Man kann aber auch die gefundenen Kanten mit den Algorithmen

	⋮	⋮	⋮	
...	g1	g2	g3	...
...	g8	g0	g4	...
...	g7	g6	g5	...
	⋮	⋮	⋮	

Abb. 3.50. Beispiel für Averaging: Das mittlere Pixel (mit dem Wert g0) soll neu berechnet werden. Beim einfachen Averaging erhält es den Wert $\frac{1}{9} \sum_{i=0}^{8} gi$

	⋮	⋮	⋮	
...	1	2	1	...
...	2	4	2	...
...	1	2	1	...
	⋮	⋮	⋮	

Abb. 3.51. Beispiel für Weighting: Beim Weighting erhalten die einzelnen Felder Gewichte, etwa so wie sie in der Abbildung eingetragen sind, sodaß der neue Wert lautet: $\frac{1}{16}(4g0 + 2(g2+g4+g6+g8) + (g1+g3+g5+g7)$

nachziehen, die bei der Raster-Konversion von Strichzeichnungen Verwendung finden. Manche Effekte, vor allem Treppeneffekte, lassen sich damit relativ effizient und hochwertig behandeln.

Alle Postprocessing-Methoden (Blurring, Noise, Kantenverfolgen, ...) sind jedenfalls dem Bereich der Bildverarbeitung entnommen, und erzielen auf relativ einfache Art oft erstaunliche Verbesserungen. Man darf allerdings nicht übersehen, daß verlorengegangene Informationen auf diese Weise nie wiedergewonnen werden können. Wenn ein Detail beim ersten Schritt, der Abbildung auf den Raster (Sampling), verlorengeht (z.B. zwischen zwei Punkten liegt), so wird man es durch noch so gute Postprocessing-Algorithmen nicht wieder herzaubern können.

Einige Beispiele für verlorengegangene Informationen

In den Abbildungen 3.52 bis 3.55 sind einige Fälle aufgezeigt, bei denen verschiedene Aliasing-Effekte auftreten.

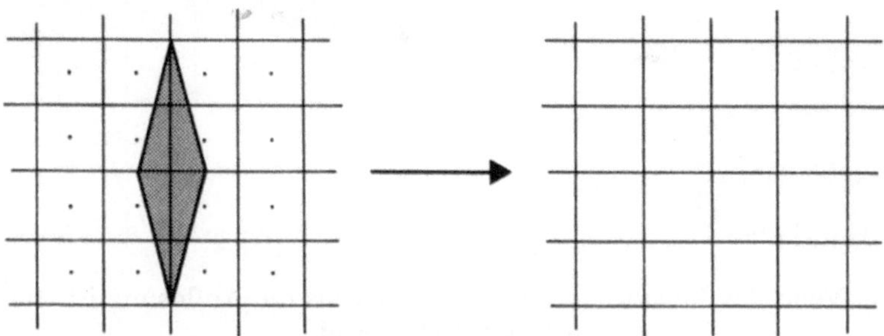

Abb. 3.52. Kleine Teile können ganz verschwinden.

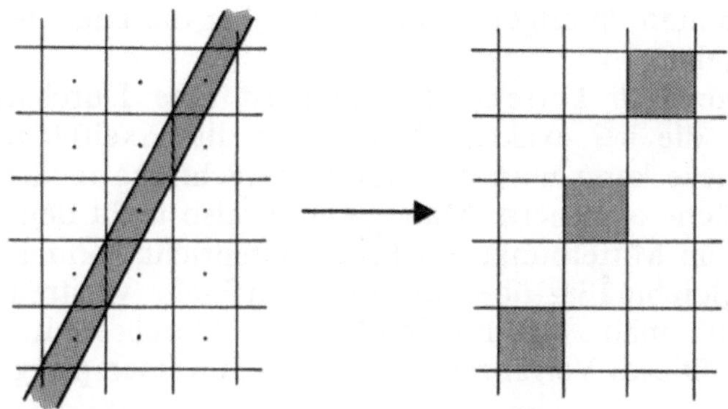

Abb. 3.53. In schmalen Teile können Löcher entstehen.

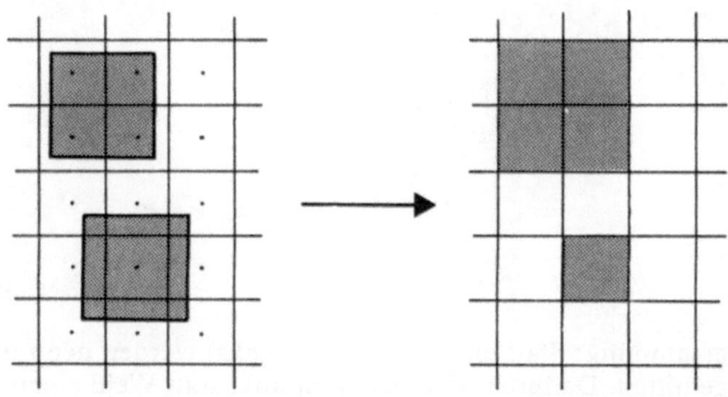

Abb. 3.54. Teile gleicher Größe erscheinen nicht gleich groß.

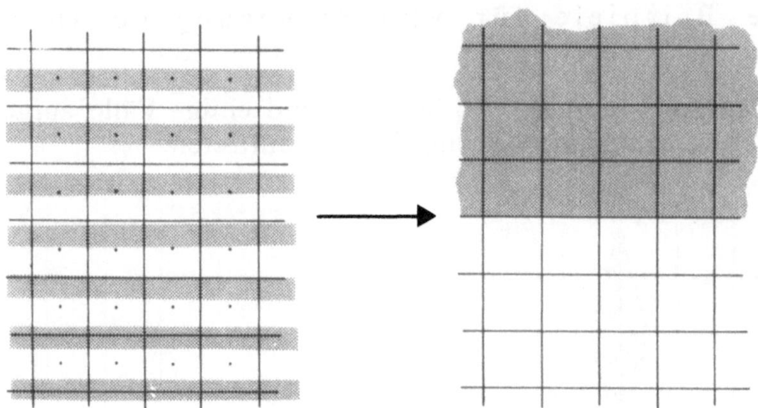

Abb. 3.55. Wenn das Muster einer Fläche feiner als die Auflösung ist, entsteht ein völlig falsches Bild

Das eigentliche Problem liegt also in der Auswahl der Punkte, an denen der Bildwert bestimmt wird, an denen also das Sampling stattfindet. Trifft man dabei einen Teil nicht, so verschwindet er. Dabei weiß man im allgemeinen nichts über die Lage der darzustellenden Objekte.

Das eigentlich korrekte Ergebnis ist eine Durchschnittsfarbe aller Teile, die bei exakter Darstellung die Pixelfläche bedecken würden. Diese kann man nur durch Berechnung mehrerer Punkte der Pixelfläche annähern. Man ermittelt also nicht den einen Bildwert, der dem Mittelpunkt des Pixels entspricht, sondern die Werte mehrerer gleichmäßig über dessen Oberfläche verstreuter Punkte, von denen man anschließend den Durchschnitt berechnet (Abb.3.56). Dieses Verfahren nennt man „Oversampling".

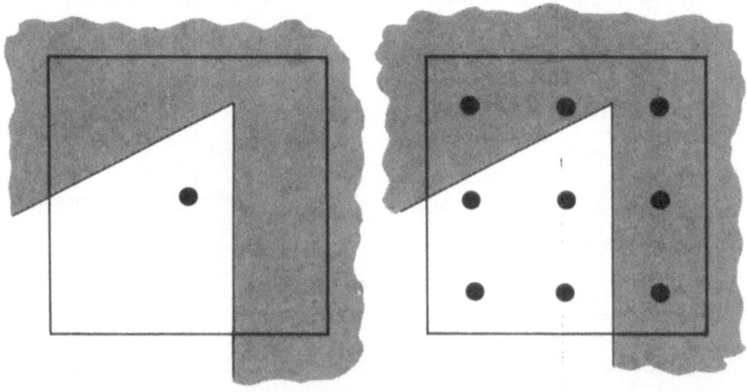

Abb. 3.56. Oversampling: Statt einem Bildwert (links) werden neun berechnet und anschließend gemittelt. Dadurch wird der Bildpunkt statt Weiß einen Grauwert bekommen.

Man kann diese Technik noch verbessern; dies geschieht ähnlich wie beim Postprocessing, indem den verschiedenen erhobenen Werten ihrer Lage entsprechend Gewichte zugeordnet werden. Wie diese Gewichte über das einzelne Pixel verteilt sind, bestimmt die Qualität des Ergebnisses wesentlich mit. Abb.3.57(a) entspricht der nicht gewichteten Oversampling-Methode, d.h. alle berechneten Werte erhalten unabhängig von ihrer Lage das gleiche Gewicht. In Abb.3.57(b)+(c) wird eine Verbesserung dadurch erzielt, daß die Werte, die dem Rand der betrachteten Fläche näher sind, geringere Gewichte erhalten, als die in der Mitte befindlichen. Auf diese Art kann man Bilder herstellen, die weitgehend frei von Aliasing-Effekten sind.

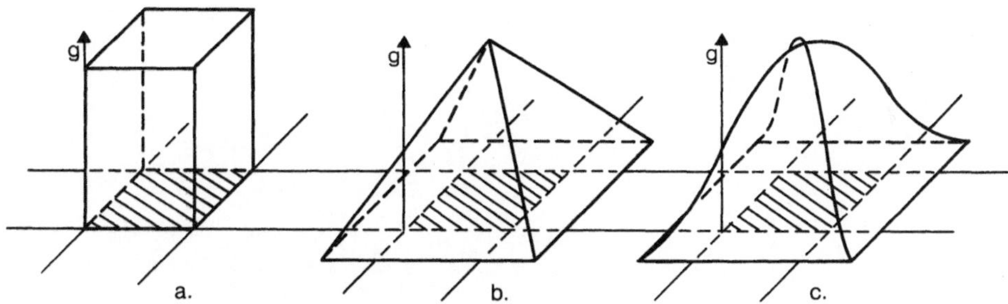

Abb. 3.57. Gewichtsfunktionen für Oversampling

Auch ungleichmäßige Bewegungen lassen sich auf ähnliche Weise eliminieren, oder zumindest verbessern. Bei Filmen, die mit einer Kamera in der Natur aufgenommen werden, sind die Teile, die sich bewegen, nie völlig scharf abgebildet. Dies kommt daher, daß die Kamera eine bestimmte Belichtungszeit pro Bild benötigt, um es aufzunehmen. Als Folge davon erscheinen die Bewegungen im ablaufenden Film nicht eckig, sondern sehr sanft. Ähnliches erreicht man bei künstlich generierten Bildern, indem man auch hier eine gewisse Belichtungszeit für jede Aufnahme vorgibt. Wie bei der Verteilung der berechneten Punktwerte über die Pixelfläche, ermittelt man nun diese Werte für mehrere verschiedene, knapp aufeinanderfolgende Zeitpunkte, und mittelt sie anschließend. Den entstehenden Effekt der Bewegung durch Unschärfe bezeichnet man als „Motion Blur“.

Anhang A

Vektor- und Matrizenrechnung

Diese kurze Zusammenstellung der wichtigsten Regeln soll denjenigen, die mit Vektoren und Matrizen nicht so vertraut sind, helfen, die entsprechenden Passagen des Buches leichter verstehen zu können.

Definition Vektor

Ein *Vektor* ist die Zusammenfassung mehrerer Zahlenwerte zu einer Einheit, bei n Werten spricht man von einem *n-dimensionalen* Vektor. Die einzelnen Werte (auch Elemente, Komponenten) werden entweder neben- oder übereinander geschrieben und in Klammern eingefaßt.

Addition und Subtraktion von Vektoren

Man kann zwei Vektoren gleicher Dimension addieren bzw. subtrahieren, indem man ihre Komponenten paarweise addiert bzw. subtrahiert. Das Ergebnis ist jeweils wieder ein Vektor dieser Dimension. Für zwei Vektoren v1 und v2 gilt

$$v1 + v2 = v2 + v1$$

man nennt diese Tatsache das *kommutative Gesetz.*

Beispiel:

$$\begin{pmatrix}1\\3\\6\end{pmatrix} + \begin{pmatrix}4\\1\\3\end{pmatrix} = \begin{pmatrix}5\\4\\9\end{pmatrix} \qquad \begin{pmatrix}7\\4\\3\end{pmatrix} - \begin{pmatrix}8\\8\\8\end{pmatrix} = \begin{pmatrix}-1\\-4\\-5\end{pmatrix}$$

Vektoren werden meist verwendet, um die Koordinatenwerte eines Punktes entlang der Achsen eines Koordinatensystems zu beschreiben.

Definition Matrix

Eine *Matrix* ist ein rechteckiges Feld von Zahlen, das von Klammern eingeschlossen dargestellt wird. Wenn dieses Feld m Zeilen und n Spalten hat, so spricht man von einer *m × n-Matrix.* Wenn m = n gilt heißt die Matrix *quadratisch.* Die einzelnen *Elemente* oder Komponenten einer Matrix werden mit der Zeilennummer und der Spaltennummer indiziert, eine 3 × 3-Matrix hat also folgendes Aussehen:

$$\begin{pmatrix} m_{11} & m_{12} & m_{13} \\ m_{21} & m_{22} & m_{23} \\ m_{31} & m_{32} & m_{33} \end{pmatrix}$$

m_{13} ist das Element in der ersten Zeile und dritten Spalte. Die Elemente m_{11}, m_{22}, m_{33} bilden bei quadratischen Matrizen die *Diagonale.* Zwei Matrizen sind genau dann *gleich,* wenn alle ihre Elemente übereinstimmen. Eine *Nullmatrix* besteht ausschließlich aus Nullen, eine *Einheitsmatrix* besteht ebenfalls aus Nullen, außer in der Diagonalen, hier stehen nur Einser:

$$\begin{pmatrix} 1 & 0 & 0 \\ 0 & 1 & 0 \\ 0 & 0 & 1 \end{pmatrix}$$

ist die 3 × 3-Einheitsmatrix.

Man kann n-dimensionale Vektoren also auch auffassen als n × 1-Matrizen.

Addition und Subtraktion

Die Addition und Subtraktion von Matrizen erfolgt elementweise, d. h. das Element e_{ij} des Ergebnisses setzt sich bei der Addition aus der Summe der beiden Elemente a_{ij} und b_{ij} der Summanden zusammen ($e_{ij} = a_{ij} + b_{ij}$), analog die Subtraktion ($e_{ij} = a_{ij} - b_{ij}$). Als Folge davon ist die Addition natürlich kommutativ, d.h. für zwei Matrizen A und B gilt $A + B = B + A$.

Beispiel:

$$\begin{pmatrix} 1 & 2 & 3 \\ 4 & 5 & 6 \\ 7 & 8 & 9 \end{pmatrix} + \begin{pmatrix} 1 & 8 & 7 \\ 2 & 9 & 6 \\ 3 & 4 & 5 \end{pmatrix} = \begin{pmatrix} 2 & 10 & 10 \\ 6 & 14 & 12 \\ 10 & 12 & 14 \end{pmatrix}$$

Multiplikation einer Matrix mit einem Vektor

Das Ergebnis dieser Multiplikation ist wieder ein Vektor. Voraussetzung für die Durchführbarkeit ist, daß die Anzahl der Spalten der Matrix gleich ist der Dimension des Vektors. Die Multiplikation erfolgt dann nach der Regel:

$$\begin{pmatrix} a_{11} & a_{12} & a_{13} \\ a_{21} & a_{22} & a_{23} \\ a_{31} & a_{32} & a_{33} \end{pmatrix} \cdot \begin{pmatrix} v_1 \\ v_2 \\ v_3 \end{pmatrix} = \begin{pmatrix} a_{11}v_1 + a_{12}v_2 + a_{13}v_3 \\ a_{21}v_1 + a_{22}v_2 + a_{23}v_3 \\ a_{31}v_1 + a_{32}v_2 + a_{33}v_3 \end{pmatrix}$$

Wenn man den Ergebnisvektor mit

$$\begin{pmatrix} e_1 \\ e_2 \\ e_3 \end{pmatrix}$$

bezeichnet, dann kann das auch kürzer mit einer einzigen Formel angeschrieben werden:

$$e_i = \sum_{k=1}^{n} a_{ik} \cdot v_k \qquad \text{für } i = 1, .., n$$

Multiplikation von Matrizen

In der graphischen Datenverarbeitung wird vor allem von der Matrixmultiplikation Gebrauch gemacht. Die Multiplikation erfolgt nicht elementweise. Eine Komponente des Ergebnisses ergibt sich zu

$$e_{ij} = \sum_{k=1}^{n} a_{ik} \cdot b_{kj}$$

Um dies zu ermöglichen muß natürlich die Anzahl der Spalten der ersten Matrix mit der Anzahl der Zeilen der zweiten Matrix übereinstimmen, ansonsten kann man aber auch Matrizen verschiedener Größe miteinander multiplizieren. Die Matrizenmultiplikation ist nicht kommutativ, es läßt sich leicht ein Beispiel finden, für das gilt $A \cdot B \neq B \cdot A$. Wohl aber gelten das Assoziativgesetz $(A \cdot B) \cdot C = A \cdot (B \cdot C)$ und die Distributivgesetze $A \cdot (B + C) = A \cdot B + A \cdot C$ und $(A + B) \cdot C = A \cdot C + B \cdot C$. Jede Matrix ergibt, wenn man sie mit der entsprechenden Einheitsmatrix multipliziert, sich selbst.

Beispiele:

$$\begin{pmatrix} a_{11} & a_{12} & a_{13} \\ a_{21} & a_{22} & a_{23} \\ a_{31} & a_{32} & a_{33} \end{pmatrix} \cdot \begin{pmatrix} b_{11} & b_{12} & b_{13} \\ b_{21} & b_{22} & b_{23} \\ b_{31} & b_{32} & b_{33} \end{pmatrix} =$$

$$\begin{pmatrix} a_{11}b_{11} + a_{12}b_{21} + a_{13}b_{31} & a_{11}b_{12} + a_{12}b_{22} + a_{13}b_{32} & a_{11}b_{13} + a_{12}b_{23} + a_{13}b_{33} \\ a_{21}b_{11} + a_{22}b_{21} + a_{23}b_{31} & a_{21}b_{12} + a_{22}b_{22} + a_{23}b_{32} & a_{21}b_{13} + a_{22}b_{23} + a_{23}b_{33} \\ a_{31}b_{11} + a_{32}b_{21} + a_{33}b_{31} & a_{31}b_{12} + a_{32}b_{22} + a_{33}b_{32} & a_{31}b_{13} + a_{32}b_{23} + a_{33}b_{33} \end{pmatrix}$$

$$\begin{pmatrix} 3 & 4 & 2 \\ 1 & 9 & 8 \\ 2 & 4 & 1 \end{pmatrix} \cdot \begin{pmatrix} 1 & 0 & 0 \\ 0 & 1 & 0 \\ 0 & 0 & 1 \end{pmatrix} = \begin{pmatrix} 3 & 4 & 2 \\ 1 & 9 & 8 \\ 2 & 4 & 1 \end{pmatrix}$$

Determinante

Die Determinante ist eine eindeutige Zahl, die sich aus einer quadratischen Matrix berechnen läßt, und für viele Zwecke von Bedeutung ist. Man bezeichnet die Determinante einer Matrix A meist mit $|A|$. Die Berechnung der Determinante einer größeren Matrix ist eher kompliziert und wird meist rekursiv durchgeführt. Für unsere Zwecke reicht es, 3×3-Matrizen zu betrachten. Für diese läßt sich die Determinante einfach angeben:

$$\begin{vmatrix} a_{11} & a_{12} \\ a_{21} & a_{22} \end{vmatrix} = a_{11}a_{22} - a_{12}a_{21}$$

$$\begin{vmatrix} a_{11} & a_{12} & a_{13} \\ a_{21} & a_{22} & a_{23} \\ a_{31} & a_{32} & a_{33} \end{vmatrix} = a_{11} \cdot \begin{vmatrix} a_{22} & a_{23} \\ a_{32} & a_{33} \end{vmatrix} - a_{12} \cdot \begin{vmatrix} a_{21} & a_{23} \\ a_{31} & a_{33} \end{vmatrix} + a_{13} \cdot \begin{vmatrix} a_{21} & a_{22} \\ a_{31} & a_{32} \end{vmatrix}$$

Beispiel:

$$\begin{vmatrix} 1 & 2 & 3 \\ 4 & 8 & 6 \\ 2 & 2 & 4 \end{vmatrix} = 1 \cdot (32-12) - 2 \cdot (16-12) + 3 \cdot (8-16) = -12$$

Inverse Matrix

Zu jeder quadratischen Matrix A, deren Determinante von Null verschieden ist, gibt es genau eine *inverse* Matrix A^{-1}, d.h. eine Matrix für die gilt

$$A \cdot A^{-1} = E$$

wobei E die Einheitsmatrix ist. Die Berechnung einer inversen Matrix ist eher aufwendig, zum Verständnis reicht die Tatsache, daß es sie gibt.

Beispiel:

$$\begin{pmatrix} 1 & 2 & 3 \\ 1 & 3 & 3 \\ 1 & 2 & 4 \end{pmatrix} \cdot \begin{pmatrix} 6 & -2 & -3 \\ -1 & 1 & 0 \\ -1 & 0 & 1 \end{pmatrix} = \begin{pmatrix} 1 & 0 & 0 \\ 0 & 1 & 0 \\ 0 & 0 & 1 \end{pmatrix}$$

Anhang B

Glossar

für Ausdrücke und Abkürzungen, die häufig in der graphischen Datenverarbeitung verwendet werden, oder in diesem Buch ohne weitere Erklärungen verwendet wurden.

Abtaster: Scanner oder Digitalisierer als Datenerfassungsgeräte, z.B. um die Form von Gegenständen zu erfassen.

Adressierbare Punkte: Die Menge der Punkte einer Abbildungsfläche, die ein System verarbeiten kann. Diese Menge muß nicht übereinstimmen mit der Menge der darstellbaren Punkte.

Aliasing: Unschönheiten in Bildern, die durch einen Unterschied zwischen der internen (exakten) Darstellung und der externen (approximierten) Darstellung entstehen (hauptsächlich bei Rastergeräten).

Anti-Aliasing: Hierunter werden alle Methoden verstanden, die Aliasing-Effekte bei der Darstellung von Bildern mindern sollen. Zum Beispiel werden bei Linien verschiedene Helligkeitsstufen verwendet, um den Treppeneffekt zu entfernen.

Arbeitsplatz(rechner) (oder Workstation): Konfiguration einer Computerausstattung, die zur gleichen Zeit nur von einer Person benutzt werden kann. Eine Workstation besteht aus einem Terminal (oder anderen Geräten), die mit einem größeren Computer (Host) verbunden ist, oder es ist ein „stand-alone“-System mit lokalem Prozessor.

ASCII (American Standard Code for Information Interchange): Standardisierter Code zum Austausch von Daten und zur internen Verarbeitung.

Auffrischrate:= Bildwiederholrate.

Auflösung:= Darstellbare Punkte.

Benutzerkoordinaten:= Weltkoordinaten.

Betriebssystem: Zentrales Steuerprogramm eines Rechners.

Bildpuffer:= Bildwiederholspeicher.

Bildspeicherschirm: Graphisches Ausgabegerät, siehe Kapitel 1.2.1.

Bildwiederholrate: Anzahl der Bildwiederholungen bei einem Bildwiederholschirm, die in jeder Sekunde erzeugt werden. Um ein einigermaßen flimmerfreies Bild zu erhalten, muß diese Rate mindestens 25 Bilder/sec sein.

Bildwiederholschirm: Graphisches Ausgabegerät, siehe Kapitel 1.2.1.

Bildwiederholspeicher: Speicherbereich bei Bildwiederholschirmen, in dem die Bildinformation abgelegt ist. Ein eigener Prozessor, die sogenannte DPU (Display Processing Unit), erzeugt aus dieser Information 25- bis 60mal pro Sekunde ein Bild auf dem Schirm.

Blurring: Erzeugen von Unschärfen um Aliasing-Effekte zu mindern.

Buffer:= Puffer.

CAD (Computer Aided Design): Unter CAD versteht man alle Methoden, den Computer zur Unterstützung bei der technischen Konstruktion einzusetzen.

CAE (Computer Aided Engineering): CAE ist der Einsatz des Computers in allen Bereichen des ingenieurmäßigen Arbeitens, also gewissermaßen ein Sammelbegriff für CAD, CAM und CAP.

CAM (Computer Aided Manufacturing): Verwendung der Ergebnisse von CAD-Systemen zur automatischen Steuerung der Produktionsanlagen (NC-Maschinen).

CAP (Computer Aided Planning): Rechnerunterstützte Arbeitsplanung, das sind vor allem Aufgaben der Arbeitsvorbereitung und Fertigungsplanung.

CG (Computer Graphics): Graphische Datenverarbeitung.

CIM (Computer Integrated Manufacturing): Die Verbindung von CAD und CAM, oft auch CAD/CAM genannt.

Clipping: Entfernen (Abschneiden) von Zeichnungsteilen, die außerhalb eines Darstellungsbereiches liegen.

CPU (Central Processing Unit): Rechen- und Steuerwerk (Prozessor) eines Computers.

CRT (Cathode Ray Tube):= Kathodenstrahlröhre.

Cursor: Markierung auf dem Bildschirm zur Anzeige einer aktuellen Eingabeposition. Bei graphischen Bildschirmen kann der Cursor verschiedenste Formen haben und mit einem graphischen Eingabegerät gesteuert werden.

Darstellbare Punkte: Menge der Bildpunkte, die ein graphisches Ausgabegerät (verschieden) zeichnen kann; wird auch als Auflösung bezeichnet.

Dehnlinienverfahren:= Gummibandverfahren.

Dezentrale Intelligenz: Fähigkeit eines Gerätes, unabhängig vom steuernden Computer komplexere Aufgaben durchzuführen, z.B. die Fähigkeit eines Plotters, selbständig Kreise zu zeichnen.

Dialog: Wechselseitige Kommunikation des Computers mit dem Benutzer.

Digitalisierer: Graphisches Eingabegerät, siehe Kapitel 1.2.1.

Digitizer:= Digitalisierer.

Display: Anzeigeeinheit (z.B. Bildschirm).

DNC (Direct Numerical Control): Von DNC spricht man, wenn NC-Maschinen on-line (direkt) von einem Prozeßrechner gesteuert werden.

DPU (Display Processing Unit): Prozessor, der für die Übertragung des Bildwiederholspeicherinhaltes zum Bildschirm sorgt.

Dragging (dt.: Ziehen): Bewegen von Bildern auf einem Bildschirm durch Nachvollziehen der Bewegungen eines graphischen Eingabegerätes, das Bild wird gewissermaßen als Cursor verwendet.

Drum Plotter:= Trommelplotter.

DVST (Direkt View Storage Tube):= Bildspeicherschirm.

EBCDIC (Extended Binary Coded Decimal Interchange Code): Code zum Austausch von Daten und zur internen Verarbeitung.

Elektronenstrahlröhre:= Kathodenstrahlröhre.

FEA (Finite Elemente Analyse):= FEM.

FE-Methode:= FEM.

FEM (Finite Elemente Methode): Rechenmethode, bei der die physikalische Strukur eines Objektes (Kontinuum) in endlich große mechanisch/mathematisch berechenbare Elemente zerlegt wird. Die Elemente sind an einzelnen Knotenpunkten miteinander verbunden. Der Zustand eines komplexeren Objektes unter diversen Einflüssen (Last, Temperatur,...) läßt sich nun durch schrittweises Übertragen der Zustandsgrößen an den Knoten durch numerische Näherungsverfahren berechnen.

Fenster: Bezeichnung für einen darzustellenden Ausschnitt eines Koordinatensystems, wird etwas uneinheitlich sowohl für Window als auch für Viewport verwendet (siehe dort).

Firmware: In einem Gerät fix eingebautes Programm (z.B. in einem ROM) zur Erweiterung der Geräteintelligenz.

Flachbettplotter: =Tischplotter.

Flimmern (Flickern, Flackern): Mit Flimmern bezeichnet man bei Bildschirmen die Unruhe im Bild, die entsteht, wenn das Bild nicht oft genug aufgefrischt wird.

Frame Buffer:= Bildwiederholspeicher.

Funktionstastatur: Ein Tastenfeld, das weitgehend die gleichen Funktionen erfüllt wie ein Menü-Tablett. Durch einen Tastendruck wird eine Funktion aktiviert, bei vielen Geräten sind die Funktionstasten frei programmierbar.

GDV: Abkürzung für Graphische Datenverarbeitung.

Geräteintelligenz: = Dezentrale Intelligenz.

Gerätekoordinaten: Koordinatensystem, mit dem ein graphisches Ausgabegerät angesprochen werden kann.

GKS (Graphisches Kern-System): Standardisierte, geräteunabhängige Schnittstelle von Graphikprogrammen zu Geräten. Dadurch ist es möglich ohne Umstellungsaufwand Graphik-Programme an verschiedenen Rechnern laufen zu lassen, siehe Kapitel 2.5.

GSPC: Graphics Standard Planning Committee.

Gummibandverfahren: Bewegen einer Linie durch Veränderung nur eines Endpunktes, während das andere Ende fix bleibt. Dies kann auch mit mehreren Linien gleichzeitig geschehen.

Hardcopy: Wiedergabe eines Bildes auf einem nichtflüchtigen Medium (z.B. Papier, Film).

Hidden Lines (dt.: verdeckte Linien): Kanten, die von anderen Objektteilen verdeckt werden.

HLS (Hue-Lightness-Saturation): Farbmodell, bei dem die Freiheitsgrade Farbe, Helligkeit und Sättigung sind (vergleiche RGB).

Host(-Computer): = Zentral-Computer.

Hue: Farbe, Farbwert.

IGES (Initial Graphics Exchange Specification): Standardisierte Geometrieschnittstelle zum Austausch von Bauteildaten zwischen verschiedenen CAD-Systemen.

Ink-Jet-Plotter: Graphisches Ausgabegerät, siehe Kapitel 1.2.1.

Inking: Freihandzeichnen mit einem Cursor am Bildschirm.

Intelligentes Terminal: Datenstation mit lokaler Rechnerleistung, die stufenlos bis zum autonomen Rechnersystem mit Kopplungsmöglichkeit an einen Großcomputer ausbaubar sein kann (vgl. dezentrale Intelligenz).

Interaktiv: Im Dialog, durch Einflußnahme des Benutzers mitbestimmter Handlungsablauf.

Interface: Schnittstelle.

Interlacing: Verfahren bei Rasterschirmen, bei dem in einer Bildwiederholphase zuerst die geraden Zeilen gezeichnet werden, und dann die dazwischenliegenden ungeraden. Dadurch wird das Flimmern vermindert.

Joystick: Graphisches Eingabegerät, siehe Kapitel 1.2.1.

Kathodenstrahlröhre: Bildröhre zur Anzeige alphanumerischer oder graphischer Daten auf einem Bildschirm. Dies ist eine Vakuumröhre, bei der ein Elektronenstrahl von einer Kathode (negative Elektrode) ausgesandt wird, um beim Auftreffen auf einer hinter dem Bildschirm angebrachten Fluoreszenzschicht (meist Phosphor) einen Lichtpunkt mit einer gewissen Leuchtdauer zu erzeugen. Durch Ablenken des Elektronenstrahls können beliebige

Figuren dargestellt werden. Die Bildröhre eines Fernsehgerätes ist eine Kathodenstrahlröhre.

KB (Kilo-Byte): Speicher-Einheit, 1 KB = 1024 Byte.

Keyboard: = Tastatur.

Kompatibilität: Hardware- oder Softwarekomponenten heißen kompatibel, wenn sie ohne weiteren Aufwand gegeneinander ausgetauscht werden können.

LCD-Schirm: Graphisches Ausgabegerät, siehe Kapitel 1.2.1.

Lichtgriffel: Graphisches Eingabegerät, siehe Kapitel 1.2.1.

Lichtstift: = Lichtgriffel.

Lokale Intelligenz: = Dezentrale Intelligenz.

Lokalisierer: = Digitalisierer.

Maus: Graphisches Eingabegerät, siehe Kapitel 1.2.1.

MB (Mega-Byte): Speicher-Einheit, 1 MB = 1024 KB, also ca. 1 Mill. Byte.

Menü: Angebot zur Auswahl mehrerer Möglichkeiten (Funktionen).

MIPS (Mega Instructions per Second): Einheit für die Anzahl der Anweisungen, die ein Rechner in einer Sekunde ausführen kann (in Millionen). Diese relative Leistungsangabe läßt sich nur bedingt vergleichen. Durch unterschiedliche Rechnerarchitektur und unterschiedlichen Befehlsvorrat, leistungsfähigere Betriebssysteme, Mikrocode, Mehrfachprozessoren usw. kann die Leistung eines Rechners wesentlich höher sein, als die eines anderen mit gleichem MIPS. Stuft also die Leistungsfähigkeit nur ungefähr ein.

Monochromer Schirm: Bildschirm, der nur in einer einzigen Farbe schreiben bzw. zeichnen kann.

Motion Blur: Unschärfe in Bildern, die durch eine Bewegung verursacht wird.

Mouse: = Maus.

Nachleuchtdauer: Zeitspanne, die der durch einen Kathodenstrahl zum Leuchten gebrachte (Bildschirm-)Phosphor nach dem Ende der Bestrahlung weiterleuchtet.

NC (Numerical Control): Maschinen, die durch Datenübertragung softwaremäßig gesteuert werden können (numerische Steuerung) werden als NC-Geräte bezeichnet. Die Steuerung erfolgt über Lochstreifen, Magnetband oder direkt (auch DNC = „Direct NC“).

Normalisierte Koordinaten: Koordinatensystem, das bei manchen Systemen (z.B. GKS) zur Vereinheitlichung der Abbildungstransformationen zwischen die Weltkoordinaten und die Gerätekoordinaten eingeschoben wird. Jedes Bild wird also zuerst ins Normalkoordinatensystem projiziert und von dort zum Gerät übertragen.

Optischer Lesestift: 1. Bezeichnung für einen Lichtgriffel. 2. Strichcodeleser, z.B. in Supermärkten.

Panning (dt.: Schwenken): Fortschreitendes Verschieben des ganzen Bildes, sodaß der sichtbare Eindruck einer seitlichen Bewegung entsteht.

PASCAL: Höhere Programmiersprache, die besonders für strukturierte Programmierung geeignet ist.

PASCAL/Graph: Erweiterung von PASCAL für die graphische Datenverarbeitung, siehe Kapitel 2.6.

Pen: 1. Stift eines Plotters. Es gibt Filz-, Nylon-, Tusche- und Kugelstifte. 2. = Lichtgriffel.

Peripherie: Darunter versteht man alle von einen Computer gesteuerten Geräte, das sind also Terminals, Drucker, Plotter, Eingabegeräte, Plattenstationen, Bandstationen, Diskettenlaufwerke usw.

Picker: Bezeichnung für ein Eingabegerät, das zum Identifizieren verwendet wird.

Pixel: Bezeichnung für einen Rasterpunkt eines Rastergerätes, das ist der kleinste separat ansprechbare Teil eines Bildes. Pixel ist eine Abkürzung für „picture element".

Plasmabildschirm: Graphisches Ausgabegerät, siehe Kapitel 1.2.1.

Plotter: Graphisches Ausgabegerät, siehe Kapitel 1.2.1.

Pop-Up-Menü: Menüfeld, das erst bei Bedarf an der Cursorposition entsteht und nach der Auswahl einer Komponente wieder verschwindet.

Postprozessor: Nachübersetzer, Nachverarbeiter. Manche Ergebnisse entstehen nicht in der benötigten Form, mit einem Programm (Postprozessor) können sie geeignet umgewandelt werden.

Preprozessor: Vorübersetzer, Vorverarbeiter. Manche Daten oder Programme liegen nicht in einer adäquaten Form vor, sie können von einem Programm (Preprozessor) entsprechend angepaßt oder erzeugt werden.

Printer-Plotter: Bezeichnung für Matrixdrucker oder elektrostatische Drucker, die neben der alphanumerischen Ausgabe auch Bilder im Rasterverfahren wiedergeben können.

Puffer: Zwischenspeicher.

RAM (Random Access Memory): Speicherbereich, der sowohl gelesen als auch beschrieben werden kann (vgl. ROM).

Rändelräder: Graphisches Eingabegerät, bei dem zwei senkrecht zueinanderstehende Räder einen Cursor in waagrechter bzw. senkrechter Richtung steuern.

Rastergraphik: Technik, Bilder aus einzelnen Bildpunkten zusammenzusetzen (im Gegensatz zur Vektorgraphik).

Rasterschirm: Graphisches Ausgabegerät, siehe Kapitel 1.2.1.

Ray-Tracing: auch Ray-Casting. Methode, ein Bild punktweise zu berechnen, indem Lichtstrahlen durch die Darstellungsfläche verfolgt werden.

Refresh-Rate:= Bildwiederholrate.

Rendering: Andere Bezeichnung für „ein Bild erzeugen". Wird oft mit der Nebenbedeutung der gleichzeitigen Berechnung dieses Bildes verwendet.

RGB (Rot-Grün-Blau): Farbmodell, das auf der additiven Farbmischung der Grundfarben Rot, Grün und Blau basiert (vergleiche HLS).

Rollkugel: Graphisches Eingabegerät, siehe Kapitel 1.2.1.

ROM (Read Only Memory): Speicherbereich, aus dem zwar gelesen werden kann, der aber nicht geändert werden kann (vgl. RAM).

Rubberbanding:= Gummibandverfahren.

Scan-Line: Bildschirmzeile, Menge alle Pixel, die auf einer horizontalen Zeile liegen.

Scanner: Abtastgerät, das die geometrische Form eines Modells automatisch abtastet und die Koordinaten einem Computer übermittelt. Es gibt Scanner mit zwei- und dreidimensionaler Abtastung.

Schlüsselfertiges System: Computersystem, das inklusive Software von einer Firma so geliefert wird, daß man es nur noch Aufstellen und Anschalten braucht, um alle gewünschten Operationen durchführen zu können. Die Systembetreuung und -verantwortung werden von einer einzigen Firma übernommen. Der Ausdruck wird vor allem bei CAD-Systemen gebraucht, um sie von solchen zu unterscheiden, die nur eine gewisse Grundsoftware mitliefern, die Erstellung oder Konfigurierung des eigentlichen Anwendungsprogrammes aber dem Benutzer überlassen, oder die Software völlig getrennt von der Hardware gekauft werden muß.

Scrolling: Technik, das Bild innerhalb eines Fensters so horizontal oder vertikal zu verschieben, daß es auf einer Seite verschwindet, und auf der anderen Seite etwas neues erscheint. Wird oft verwendet um weiterschreiben oder -zeichnen zu können, wenn man an einen Rand stößt.

Semigraphik: Halbgraphik; Geräte mit dieser Fähigkeit ermöglichen Darstellungen, bei denen ein Pixel etwa 3×4 Bildpunkte umfaßt. Auf diese Weise lassen sich nur sehr grobe Bilder herstellen.

Softcopy: Repräsentation eines Bildes auf einem flüchtigen Medium, z.B. einem Bildschirm. Die Abbildung verschwindet mit dem Abschalten des Schirmes.

Speicherbildschirm:= Bildspeicherschirm.
Steuerknüppel:= Joystick.
Storage-Tube:= Bildspeicherschirm.
Tablett: Graphisches Eingabegerät, siehe Kapitel 1.2.1.
Time-Sharing-Betrieb: Verfahren, mehrere Benutzer gleichzeitig mit demselben Computer rechnen zu lassen, indem die zur Verfügung stehende Rechnerleistung nach Bedarf verteilt wird. Wenn mehrere Benutzer den Rechner stark belasten, kann es auch bei einfachen Aktionen zu langen Wartezeiten kommen.
Tischplotter: Graphisches Ausgabegerät, siehe Kapitel 1.2.1.
Treppeneffekt: Bei der Darstellung von schrägen Linien auf einem Rasterschirm entstehende Stufen.
Trommelplotter: Graphisches Ausgabegerät, siehe Kapitel 1.2.1.
Tumbling (dt.: Torkeln): Dynamisches Darstellen der Rotation von Darstellungselementen um eine Achse, deren Orientierung sich stetig ändert. Bewirkt einen sehr räumlichen Eindruck des Objektes.
Turnkey-System:= schlüsselfertiges System.
Valuator: Eingabegerät, siehe Kapitel 1.2.1.
Variantenprinzip: CAD-Verfahren, bei dem aus einer vorhandenen Grundkonstruktion durch Veränderung einzelner Teile oder Parameter neue Konstruktionen entstehen.
Vektorbildschirm: Bildschirm, bei dem die (Strich-)Zeichnung durch direkte Führung des Kathodenstrahls entlang der Linien des Bildes erzeugt wird. Dies kann entweder einmal geschehen, und das Bild leuchtet dann weiter (Speicherschirm), oder dauernd, um ein flackerfreies Bild zu erhalten (Wiederholschirm).
Vektorgraphik: Technik, Zeichnungen aus einzelnen Strichen zusammenzusetzen (im Gegensatz zur Rastergraphik).
Video-RAM:= Bildwiederholspeicher.
Viewport: Ausschnitt der Bildfläche, auf den, getrennt von allen anderen Ausgaben, eine bestimmte Zeichnung plaziert werden soll. Die Bildschirmfläche wird in einen oder mehrere Unterbereiche, in die jeweils verschiedene Darstellungen gezeichnet werden können, z.B. verschiedene Ansichten eines Objektes, unterteilt.
Virtuelles Modell: Im Rechner abgelegtes Modell eines wahren Gegenstandes. Obwohl am Bildschirm nur zwei Dimensionen zur Verfügung stehen, kann im Rechner doch ein Modell gespeichert werden, das der Wirklichkeit (3D) weitgehend entspricht.
VLSI (Very Large Scale Integration): Technik, Schaltungen mit riesigen Mengen von Bauteilen (z.B. Dioden, Transistoren) auf wenigen Quadratmillimetern unterzubringen (Chips).
Weltkoordinaten (engl.:world coordinates): Geräteunabhängiges Ko-

ordinatensystem, in dem der Benutzer denkt, in dem also seine Objekte liegen (auch Benutzerkoordinaten).

Wertgeber: Eingabegerät, siehe Kapitel 1.2.1.

Wiederhol-Bildschirm:= Bildwiederholschirm.

Wiederholgenauigkeit: Genauigkeit, mit der ein Plotter eine Position wiederholt ansteuern kann.

Window: Ausschnitt des Benutzerkoordinatensystems (Weltkoordinaten), der in einem Bildschirm- oder Plotterbereich (viewport) dargestellt werden soll.

Wireframe:= Drahtmodell, siehe Kapitel 2.2.

WOM (Write Only Memory): Speicherbereich, der nur beschrieben werden kann, nicht aber gelesen. Diese Speicher sind vor allem für solche Informationen interessant, die man nicht mehr braucht.

Workstation:= Arbeitsplatz(rechner).

Z-Clipping: Beim z-Clipping wird nicht (nur) an einem Fensterrand das Bild abgeschnitten, sondern auch an einer Wand, die parallel zur Bildebene liegt. Auf diese Weise kann man Bildteile, die zu weit weg oder zu nah liegen, eliminieren.

Zeichenmaschine:= Plotter.

Zentral-Computer: Rechner, der die zentrale Kontrolle über alle Abläufe in einem Computersystem hat, also alle Terminals und peripheren Geräte steuert.

Zooming: Darunter versteht man die Möglichkeit, den Maßstab des sichtbaren Ausschnittes eines Gesamtbildes beliebig variieren zu können. Dabei hat der Beobachter den Eindruck der Bewegung zu ihm oder weg von ihm (wie ein Zoom-Objektiv bei Kameras).

Literatur

Ein Grundlagenbuch gibt vorwiegend bekannte Inhalte wieder, die als „Allgemeingut“ betrachtet werden können. Deshalb wurden keine Literaturverweise in den Text aufgenommen, obwohl sich sicherlich einzelne Passagen an bekannte Vorbilder anlehnen. Die folgende Aufstellung allgemeiner Literatur soll es dem Leser ermöglichen, die Thematiken und Problemstellungen dieses Bandes, die teilweise nur überblicksmäßig beschrieben wurden, zu vertiefen.

Bücher

Angell, I.: Graphische Datenverarbeitung. Hanser-Verlag, München, 1983.

Earnshaw, R. A. (Hrsg.): Fundamental Algorithms for Computer Graphics. NATO ASI Series, Springer-Verlag, Berlin - Heidelberg - New York, 1985.

Encarnacao, J., Straßer, W.: Entwurf und Anwendung von graphisch-interaktiven Systemen. R. Oldenbourg-Verlag, München, 1986.

Encarnacao, J., Schlechtendahl, E.: Computer Aided Design. Springer-Verlag, Berlin - Heidelberg - New York, 1983.

Enderle, G., Kansy, K., Pfaff, G.: Computer Graphics Programming - GKS. Springer-Verlag, Berlin - Heidelberg - New York, 1984.

Foley, J., Van Dam, A.: Fundamentals of Interactive Computer Graphics. Addison-Wesley Pb.Comp., Reading, Mass., 1982.

Giloi, W.: Interactive Computer Graphics. Prentice-Hall, Englewood Cliffs, N.J., 1978.

Handbuch der modernen Datenverarbeitung, Heft 109: CAD - Computer Aided Design. Forkel-Verlag, Wiesbaden, 1983.

Handbuch der modernen Datenverarbeitung, Heft 127: Graphische Datenverarbeitung (VLSI). Forkel-Verlag, Wiesbaden, 1986.

Harrington, S.: Computer-Graphics - A Programming Approach. McGraw-Hill, New York, 1983.

Huttar, E., Weiß, J., Reinauer, G.: Konstruktion und Fertigung computerunterstützt durch CAD/CAM. WIFI-Schriftenreihe Rationalisieren, Nr.144, Wien, 1983.

Magnenat-Thalmann, N., Thalmann, D.: Computer Animation. Springer-Verlag, Berlin - Heidelberg - New York - Tokyo, 1985.

Newman, W., Sproull, R.: Principles of Interactive Computer Graphics. 2. Auflage, McGraw-Hill, Tokyo, 1979.

Raster Graphics Handbook. Conrac Corporation. 2. Auflage, Van Nostrand Reinhold Co, New York, 1985.

Rogers, D., Adams, J.: Mathematical Elements for Computer Graphics. McGraw-Hill, New York, 1976.

Schrack, G.: Graphische Datenverarbeitung. B.I.Wissenschaftsverlag, Band 28, Mannheim, 1978.

Zeitschriften zur Graphischen Datenverarbeitung

CAD - Computergraphik und Konstruktion. Herausgeber: Austrian Computer Graphics Association, Wien (ACGA).

Computer Aided Design. Herausgeber: Butterworth & Co Ltd, Guildford, G.B.

Computer Graphics. Herausgeber: ACM/SIGGRAPH.

Computer Graphics and Applications. Herausgeber: IEEE Computer Society.

Computer Graphics Forum. Herausgeber: European Association for Computer Graphics.

Computers and Graphics. Herausgeber: Pergamon Press, New York.

Computer Vision, Graphics and Image Processing. Herausgeber: Academic Press Inc., New York.

The Visual Computer. Herausgeber: Springer-Verlag, Berlin - Heidelberg - New York - London - Paris - Tokyo.

Transactions on Graphics. Herausgeber: ACM.

Sachverzeichnis

Abfrage 88
Abfragefunktionen 74, 88, 98
Achsenunabhängigkeit 142
Akima-Interpolation 145—146
Aktuelle Zeichenposition 46, 72
Algorithmus siehe unter der Bezeichnung
Aliasing 172—173, 177—178, 185
Alpha-Puffer-Algorithmus 133—134
Alphanumerisch 14, 51
Analytische Kurven und Flächen 140—142
Aneinanderhängen 55, 95, 96
Anforderung 88
angle 100
Animation 2, 35—37, 179
Anti-Aliasing 172—179, 185
Anwendungen 2, 27—37, 138—139
Anwendungsprogramm 71—72, 83, 93, 103
app 96, 104
Approximation 148—153
Arbeitsplatz 25—26, 83—84, 185, 193
arc 93, 94
area 100
Areales Modell 55
Area-Subdivision-Algorithmus 135—137
Assoziativgesetz 116
Attribute 86, 99—100
Auflösung 11, 185
Ausführungsgeschwindigkeit 71
Ausgabegeräte 3—13, 25—26, 46—51, 97
auskunft 74—76
Auswähler 88
Averaging 175, 176

Balkendiagramm 27, 29
Bäume 37
Benutzerkoordinaten 73, 79, 86—87, 109—110, 185
Berge 37
Bewegungen 173, 179
Bezier-Flächen 154—155
Bezier-Kurven 148—151
Bildbaum 67
Bildbeschreibungsschema 95
Bilddatei 87—88, 100
Bildentstehung 54
Bildgraph 104—106
Bildoperator 95, 96
Bildpuffer 48, 185
Bildschirme 8—12, 25, 47—51
Bildspeicherschirm 10, 47, 185
Bildverarbeitung 1, 175
Bildwiederholschirm 9, 47, 186
Bildwiederholspeicher 47—50, 59—60, 133, 156, 186
Bitmapped 49
Blurring 175, 186
Brechung 171
Bresenham-Algorithmus 161—163
B-Spline-Flächen 155
B-Splines 151—153
Buchstaben 55, 73, 76, 85, 88, 94, 96, 126—127
Business Graphics 2, 27—31

CAD 2, 26, 31—35, 69, 138—139, 186
CAE 32, 186
CAM 32, 56, 186
circle 93, 94
Clippen 74, 87, 121—130, 186
Cohen-Sutherland-Algorithmus 123—125
Compilierend 25
Computer Aided Design 2, 26, 31—35, 69, 138—139, 186
Computergraphik 1
Computerspiele 2
conn 95, 96, 98, 104, 107
Coons-Flächen 154
copy 102
Cursor 15, 18—21, 25, 52, 186

Datenbank 69
Datenstrukturen 54, 58—69, 105—106
Datenübertragung 45
DDA 160—161, 163
Dehnlinienverfahren 25, 186
Depth-Sort-Algorithmus 131—133
Determinante 184
Dezentrale Intelligenz 47, 50—51, 53, 106, 121, 186, 188
Dialog 23—25, 34, 40, 81, 187
Dialogformen 23—25
Digitale Anzeige 16, 24
Digitalisierer 16—17, 26, 187
Digitizer 16—17, 26, 187
Dimensionen 53—58, 111—120
Display-File 9, 48, 59—60
Display-Funktionen 91
Distributivgesetz 183
DPU 47, 48, 187
Dragging 25, 187
Drahtmodell 56, 131, 193
draw 97, 98, 107, 108
Drehen 79—81, 96, 98, 111—118
Drehknöpfe 20
Dreidimensionale Geräte 13, 22

Ebene Interpolation 146—147
EGP 72—81
Einfacher DDA 161
Einfachheit 70
Eingabefunktionen 81, 88, 91, 98
Eingabegeräte 3, 14—23, 52, 98
Eingabesprache 23, 24
Einheitsmatrix 182
Elektrostatischer Plotter 7
ellarc 94, 95
Ellipse 55, 56, 94, 95
empty 95, 107
encl 96, 104
Entwurfsregeln 70, 160
epsilon 101
erase 97
Ereignis 88
Ergonomie 9, 12, 22, 32—33, 38—41
ersetzen 102
event 88

Farben 4, 6, 7, 9, 156—159, 169
Farbtabelle 158—159
FEM 187
Fenster 73, 74, 86—87, 97, 122, 187
Fensterfunktion 73, 86—87, 97
Fernsehgerät 10, 11, 48
Finger 21—22
Finite Elemente 187
Flachbettplotter 4, 187
Flache Schirme 11—12
Flächen 57, 65, 85, 100, 128—130, 138—142, 153—155
Flächen füllen 55, 85, 100, 163—166
Flächenmodell 56, 131
Flächen-Test 131
Flimmern 11, 187
FORTRAN 89, 90—92
Fotografische Geräte 5
Frame-Buffer 48, 187
Funktionstastatur 15, 24, 187

Geometrische Transformationen 68, 74, 79—81, 86—87, 96, 97, 109—120
Gerade 55, 73, 93, 138, 159—163
Geräte der GDV 3—23, 45
Geräteintelligenz 47, 50—51, 53, 106, 121, 188
Gerätekoordinaten 73, 79, 86—87, 109—110, 188
Gerätesteuerprogramme 45—53, 72, 106
Geräteunabhängigkeit 71, 103—104
getvector 100
GKS 47, 82—89, 188
Glanzeffekt 170—171
Glättung 143
Globaler Einfluß 142
GPL/I 92
GRAF 90—92
Graphische Datenverarbeitung 1—2, 187
Graphische Interaktion 24—25, 40
Graphische Primitive 72—73, 84—85, 91, 93—95
Graphisches Kernsystem 47, 82—89, 188
Graphisches Objekt 53
Graphisches Tablett 15, 52—53
Grenzen ausfüllen 166
Griffel 21—22, 33, 189
Gummibandverfahren 25, 188

Hard-Clipping 121
Hardcopy 3, 188
Hardware-Ergonomie 22, 38—39
Hidden-Line-Eliminierung 130—137, 188

Hidden-Surface-Eliminierung 130—137
Hierarchie 54, 64—67
Hintergrund 135
HLS-Modell 157, 188
Hodgman-Sutherland-Algorithmus 129—130
Höhere graphische Programmiersprache 90—108
Hologramme 13
Homogene Koordinaten 113—115, 117—118
Host 45, 188

identifiziere 81
Identifizieren 14, 24, 81, 88, 101—102
IGES 69, 188
Implementierung von PASCAL/ Graph 103—106
init 97, 98, 107
initgraphik 74—76, 78
Inking 25, 188
Ink-Jet-Plotter 6, 188
Inkremental 46, 121
Interaktion 24, 33
Interaktive Graph. DV 23—24, 188
Interlacing 11, 188
Interpolation 142—147
Interpretativ 25
inunit 98, 108
inv 97
Inverse Matrix 184
item 99, 106

Joystick 14, 18, 188

Kalligraphisch 9
Kantenverfolgen 175
Kartographie 2, 35—37
Kathodenstrahlröhre 9, 10, 188
Kinofilm 36
Knüppel 18
Kommando 24
Kommunikation 23
Kommutativgesetz 181
Komponenten der GDV 3—26
Konsistenz 70
Koordinate 14, 86—87, 109—120, 181
Kopieren 102
Kreis 27, 29, 55, 56, 93, 94, 127—128, 138, 163
Kreisdiagramm 27, 29
Kubische Splines 144—145
Kugel 57, 138
Kurven 138—153

Lambert'sche Regel 167
Laserstrahlbildschirm 13
Laufzeitsystem 104—106
LCD-Schirm 11, 189
Leerbild 95
Leistungsstufen 89
letter 94, 95
Lichtgriffel 21—22, 33, 189
Lichtquellen 170—171
liespunkt 81
line 93, 94, 98, 107
Lineales Modell 55
Lineare Liste 61—63
Linie 73, 75—81, 93, 122—126, 159—163
Liniendiagramm 27—28
link 98
loeschen 74
loeschesegment 77—78
Logische Operationen 55
Lokaler Einfluß 142
Lokalisierer 88, 189
Löschen 10, 62, 74, 77, 97

Malen 55
Maler-Methode 166
Markierungen 84, 85
Masken 24
Matrix 112—120, 182—184
Matrixdrucker 6
Maus 19, 20, 33, 189
Mengenoperation 57, 66—67
Menü 24, 34, 108, 189
Metafile 87—88
Midpoint-Subdivision-Algorithmus 125—126
Mikrofilmplotter 8
Minimax-Test 132
Modelle für graphische Objekte 53—58, 192
Motion Blur 179, 189
Mustererkennung 1

Naturphänomene 37
NC-Fräsen 13, 189
Nebel 37
nletters 94, 95
Noise 175

Normalisiertes Koordinatensystem 86—87, 189
Normung 69, 82
Nullmatrix 182
number 94, 95

Oberflächennormale 69, 170
Objekt 53, 65
Octree 67—69
oeffnesegment 77—79
openoutunit 97, 98, 107
Operator 67, 92, 95, 96
othercolour 100
otherlinefont 100
outunit 97, 98, 107, 108
over 95, 96, 98, 104, 108
Oversampling 178—179

Parallelprojektion 118—119
Parameterdarstellung 140—141
PASCAL 75, 89, 93—108, 124—125, 162, 190
PASCAL/Graph 24, 93—108, 190
Passive Graph. DV 23
Periphere Intelligenz 47, 50—51, 53, 106, 121, 186, 188
Perspektive 119—120
Photographische Geräte 5
picfile 100
picin 100
picked 101
pickedpart 102
Picker 88, 190
piclength 100
picout 100
picture 93, 98, 104, 107, 108
Pixel 11, 49, 156, 178—179, 190
PL/I 92
Plasmabildschirm 12, 190
Plotter 4—8, 25, 46—47, 190
Polarisierte Brillen 13
Polygondiagramm 27—28
Polygonzug 56, 84, 85, 128—130, 131, 163—166
Polynominterpolation 143—144
Portabilität 71, 103—104
position 73—80
Positionieren 14, 24, 33, 55, 81, 88, 91, 98, 108
Postprocessing 175—176, 190
Präsentationsgraphik 2, 27—31
Precompiler 103—104
Primitive 72—73, 84—85, 91, 93—95
Prioritätsverfahren 133
Programmiersprache 24, 71, 82, 89, 90—108
Programmierung 45—108
Pseudo-3D 58
Puck 15, 16
Punkt-Test 131

Quader 66
Quadrat 67—69
Quadtree 67—69
Querverweise 62, 63

Rändelräder 20, 190
Rasterbilder 6—7, 85, 155—179, 190
Rastergeräte 6—7, 10—12, 55
Raster-Konversion 159—163
Rasterschirm 10, 49, 59—60, 191
Ray-Tracing 137, 168—169, 191
readchar 98
readcoord 98, 108
readreal 98
refl 96
Reflexion 96, 112—114, 118, 171
request 88
RGB-Modell 157, 191
Robustheit 70
Rollkugel 18—19, 191
rot 96, 98
Rot-Grün-Brillen 13
Rubberbanding 25, 191

sample 88
Sampling 159, 176—179
scal 96
scalxy 96
Scan-Line 134—135, 155, 191
Scan-Line-Algorithmus 134—135
Schattierungen 167—172
Schattierungsmodell 169—172
Schichtenmodell 83
schliessesegment 77—78
Schlüsselfertiges System 191, 192
Schnitt 56—57
Schrift 73, 76, 85, 88, 94, 95, 126—127
search 101
Segment 77—79, 85—86
Sementtransformation 79
sichtbar 78—79
Sichtbarkeit 57, 130—137, 166
Simulation 2, 31

Skalieren 79, 96, 111, 112, 114, 117
Soft-Clipping 121
Softcopy 3, 191
Software-Ergonomie 39—41
Soziale Aspekte 32—33, 41—43
Spiegeln 96, 112—114, 118, 171
Splines 55, 144—145, 151—153
Sprachschalen 89
Stabdiagramm 27, 29
Stetigkeit 142
Steuerknüppel 18, 192
Steuerung graphischer Geräte 45—53
Stift 15, 21—22, 46—47, 52
Strichgeber 88
subst 102
substpicked 102
Symbole 79
Symbolische Befehle 50
Symmetrischer DDA 160—161, 163
Systempflege 26
Systemstruktur 71
Szene 65, 168

Tablett 15—16, 25, 33, 52, 192
Tangentialrichtung 69, 170
Tastatur 14, 187
Teilbilder 100—102
Terminals 8—12, 39, 47—51
Text 73, 76, 85, 88, 94, 95, 126—127
Tintenspritzplotter 6
Tischplotter 4, 192
Tortendiagramm 27, 29
trans 97, 98, 108
transfholen 80—81
Transformationen 68, 74, 79—81, 86—87, 96, 97, 109—120
Transformationsmatrix 112—120
transfspeichern 80—81
Translation 97, 98, 108, 111, 113, 115, 118
Transparenz 171
Treppeneffekt 172, 192
Trickfilme 2, 35—37, 179
Trommelplotter 5, 192

übereinanderlegen 55, 95, 96
überschwingen 143
übersetzung 25, 103
Umgebungslicht 169—170
Umsatz 2

unsichtbar 78
Unterprogramme 53, 70, 81, 91
Unterprogrammsystem 70—81, 90

Valuator 23, 192
VDEL 85
Vektor 92, 112, 181
Vektorschirm 48, 59, 60, 192
Verallgemeinertes Darstellungselement 85
Verkettete Liste 62—65
Verschieben 79—81, 97, 98, 108, 111, 113, 115, 118
Vibrierender Schirm 13
Video-RAM 48, 192
Viewport 74—76, 79, 109, 192
Vollständigkeit 70
Volumen 56, 57
Volumenmodell 57

Wasser 37
Weighting 175, 176
Weltkoordinaten 73, 79, 86—87, 109—110, 192
Wertgeber 23, 88, 193
Window 73—79, 109, 193
Window-Viewport-Transformation 74, 86—87, 97, 109—110
Wirtschaftlichkeit 2, 10, 33, 71
Wolken 37
Workstation 25—26, 83—84, 185, 193
Würfel 57, 68

(YX)-Algorithmus 164—165
Y-X-Algorithmus 165

Zahlen 94, 95
Z-Clipping 193
Zeichenfläche 34
Zeichnung 53, 54, 97
Zeigerlisten 59, 62—67
Zentralcomputer 45, 193
Zooming 193
Z-Puffer-Algorithmus 133—134
Zugänglichkeit 70
Zukunft 2, 41
Zusammensetzen von Transformationen 115—117
Zustandslisten 88
Zylinder 57, 138